国家出版基金项目
NATIONAL PUBLICATION FOUNDATION

★ ★ ★
"十三五" ★
国家重点出版物出版规划项目
现代航空制导炸弹设计与工程

国之重器出版工程
国防现代化建设

制导炸弹结构
可靠性分析与设计

Structural Reliability Analysis and Design of Guided Bomb

谢里阳 杜 冲 李 佳 钱文学 王博文 编著

U0195207

西北工业大学出版社
西 安

【内容简介】 本书面向制导炸弹可靠性分析与可靠性设计的工程需求,针对典型制导炸弹的载荷环境和失效模式,阐释结构系统可靠性评估方法和可靠性分配方法、机构可靠性分析方法,以及结构零部件的可靠性分析和可靠性设计方法,并以典型零部件为例,展示可靠性分析和可靠性设计方法的应用。

本书着力反映结构可靠性理论、方法与技术的最新进展:在结构系统可靠性分析及可靠性模型方面,着重介绍反映、表达零部件之间的失效相关性和不同失效模式之间的失效相关性对系统可靠性影响的方法;在零部件可靠性分析及可靠性设计模型方面,着重介绍随机载荷统计风险效应和动态载荷-强度干涉分析原理及相应的模型。为了保证在可靠性理论与方法方面内容的完整性,本书还简单介绍了在可靠性分析、可靠性建模中用到的概率统计知识。

本书可供从事制导炸弹可靠性分析与可靠性设计的研究人员和工程技术人员使用,也可作为高等学校相关专业的研究生或本科生教材。

图书在版编目(CIP)数据

制导炸弹结构可靠性分析与设计 / 谢里阳等编著
. —西安:西北工业大学出版社,2020.12
ISBN 978 - 7 - 5612 - 7503 - 0

Ⅰ.①制⋯ Ⅱ.①谢⋯ Ⅲ.①制导炸弹-结构可靠性
Ⅳ.①TJ414

中国版本图书馆 CIP 数据核字(2020)第 263912 号

ZHIDAO ZHADAN JIEGOU KEKAOXING FENXI YU SHEJI
制 导 炸 弹 结 构 可 靠 性 分 析 与 设 计

责任编辑:张 友		策划编辑:杨 军	
责任校对:朱晓娟		装帧设计:李 飞	

出版发行:西北工业大学出版社
通信地址:西安市友谊西路 127 号　　　邮编:710072
电　　话:(029)88491757,88493844
网　　址:www.nwpup.com
印 刷 者:陕西奇彩印务有限责任公司
开　　本:710 mm×1 000 mm　　　1/16
印　　张:16.125
字　　数:316 千字
版　　次:2020 年 12 月第 1 版　　　2020 年 12 月第 1 次印刷
定　　价:88.00 元

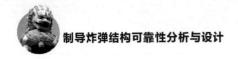
专家委员会委员（按姓氏笔画排列）：

于　全　　中国工程院院士

王　越　　中国科学院院士、中国工程院院士

王小谟　　中国工程院院士

王少萍　　"长江学者奖励计划"特聘教授

王建民　　清华大学软件学院院长

王哲荣　　中国工程院院士

尤肖虎　　"长江学者奖励计划"特聘教授

邓玉林　　国际宇航科学院院士

邓宗全　　中国工程院院士

甘晓华　　中国工程院院士

叶培建　　人民科学家、中国科学院院士

朱英富　　中国工程院院士

朵英贤　　中国工程院院士

邬贺铨　　中国工程院院士

刘大响　　中国工程院院士

刘辛军　　"长江学者奖励计划"特聘教授

刘怡昕　　中国工程院院士

刘韵洁　　中国工程院院士

孙逢春　　中国工程院院士

苏东林　　中国工程院院士

苏彦庆　　"长江学者奖励计划"特聘教授

苏哲子　　中国工程院院士

李寿平　　国际宇航科学院院士

李伯虎　中国工程院院士

李应红　中国科学院院士

李春明　中国兵器工业集团首席专家

李莹辉　国际宇航科学院院士

李得天　国际宇航科学院院士

李新亚　国家制造强国建设战略咨询委员会委员、中国机械工业联合会副会长

杨绍卿　中国工程院院士

杨德森　中国工程院院士

吴伟仁　中国工程院院士

宋爱国　国家杰出青年科学基金获得者

张　彦　电气电子工程师学会会士、英国工程技术学会会士

张宏科　北京交通大学下一代互联网互联设备国家工程实验室主任

陆　军　中国工程院院士

陆建勋　中国工程院院士

陆燕荪　国家制造强国建设战略咨询委员会委员、原机械工业部副部长

陈　谋　国家杰出青年科学基金获得者

陈一坚　中国工程院院士

陈懋章　中国工程院院士

金东寒　中国工程院院士

周立伟　中国工程院院士

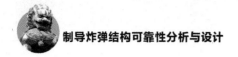

郑纬民　中国科学院院士

郑建华　中国科学院院士

屈贤明　国家制造强国建设战略咨询委员会委员、工业
　　　　和信息化部智能制造专家咨询委员会副主任

项昌乐　中国工程院院士

赵沁平　中国工程院院士

郝　跃　中国科学院院士

柳百成　中国工程院院士

段海滨　"长江学者奖励计划"特聘教授

侯增广　国家杰出青年科学基金获得者

闻雪友　中国工程院院士

姜会林　中国工程院院士

徐德民　中国工程院院士

唐长红　中国工程院院士

黄　维　中国科学院院士

黄卫东　"长江学者奖励计划"特聘教授

黄先祥　中国工程院院士

康　锐　"长江学者奖励计划"特聘教授

董景辰　工业和信息化部智能制造专家咨询委员会委员

焦宗夏　"长江学者奖励计划"特聘教授

谭春林　航天系统开发总师

《现代航空制导炸弹设计与工程》
编 纂 委 员 会

主　　任：王兴治

副 主 任：

樊会涛　尹　健　王仕成　何国强　岳曾敬

郑吉兵　刘永超

编　　委（按姓氏笔画排列）：

马　辉　王仕成　王兴治　尹　健　邓跃明

卢　俊　朱学平　刘兴堂　刘林海　刘剑霄

杜　冲　李　斌　杨　军　何　恒　何国强

吴催生　陈　军　陈　明　欧旭晖　岳曾敬

胡卫华　施浒立　贺　庆　高秀花　谢里阳

管茂桥　樊会涛　樊富友

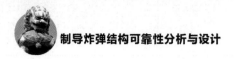

总 主 编：杨　军

执行主编：

　　　　杨　军　　刘兴堂　　胡卫华　　樊富友　　谢里阳

　　　　何　恒　　施浒立　　欧旭晖　　陈　军　　刘林海

　　　　袁　博　　邓跃明

前　言

　　可靠性是产品的重要质量指标,只有可靠性高的产品才能很好地服役。制导炸弹的全生命周期包括设计、制造、运输、贮存、战备值班和挂机使用等多个阶段,寿命影响因素多,失效模式多,需要在设计、制造、维护维修及使用过程中采取先进的理论方法和有效的技术措施,确保其使用可靠性。

　　本书比较全面地讲述制导炸弹结构(包括机构)可靠性分析、可靠性设计、可靠性评估方法,力求方法正确、先进、合理、实用,不含不合实际的假设。基于制导炸弹的工作环境、主要失效模式与失效机理,针对航空炸弹可靠性分析、可靠性设计与可靠性评估的需要,本书介绍失效模式、影响及危害性分析,故障树分析等简单易用的定性分析方法,零部件可靠性模型、系统可靠性模型、机构可靠性模型,相应的可靠性设计方法和可靠性分配方法,基于产品寿命数据的可靠性评估方法,制导炸弹的贮存和服役环境载荷,以及提高制导炸弹可靠性的技术途径。

　　本书的主要特色体现在澄清了传统结构系统可靠性分析及可靠性模型中存在的混乱认识和不合理假设。关于产品的失效率曲线,剖析了传统上的错误解释,展示了零部件失效率曲线的各种可能形态;在结构零部件可靠性设计和可靠性预计方面,阐释了传统应力-强度干涉模型在不同载荷环境、不同失效机理下的应用,引入了载荷多次作用下存在强度退化时的可靠性模型;在系统可靠性模型方面,详细分析了零部件之间失效相关的原因,在不作"零部件失效相互独立"假设的前提下建立了能客观、真实地反映零部件失效相关性的系统可靠性模型。

　　本书共 10 章,第 1 章、第 5 章和第 9 章由谢里阳撰写,第 2 章和第 10 章由

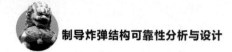

杜冲撰写,第 3 章和第 4 章由李佳撰写,第 6 章和第 7 章由钱文学撰写,第 8 章由王博文撰写。

在撰写本书的过程中,参考了大量文献资料,在此,谨向其作者表示深深的谢意。

由于水平有限,书中疏漏及不足之处在所难免,恳请广大读者批评指正。

著　者

2020 年 2 月

目 录

第1章　绪论　…………………………………………………………　001

　1.1　制导炸弹结构可靠性分析与设计的目的　……………………　003

　1.2　制导炸弹结构可靠性分析与设计的主要内容　………………　004

　1.3　制导炸弹结构可靠性分析与设计流程　………………………　008

　1.4　可靠性工作在制导炸弹研制中的应用　………………………　009

　1.5　可靠性指标　……………………………………………………　016

第2章　环境载荷　………………………………………………………　021

　2.1　载荷环境　………………………………………………………　022

　2.2　寿命剖面　………………………………………………………　022

　2.3　环境影响因素　…………………………………………………　023

　2.4　环境载荷谱　……………………………………………………　026

第3章　失效机理及失效模式与影响分析　…………………………　032

　3.1　典型失效机理　…………………………………………………　033

　3.2　FMECA 实施原则与方法步骤　………………………………　036

　3.3　危害性分析　……………………………………………………　043

　3.4　应用举例　………………………………………………………　046

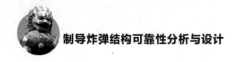

第 4 章　故障树分析⋯⋯⋯⋯⋯⋯⋯⋯⋯⋯⋯⋯⋯⋯⋯⋯⋯⋯　053

　4.1　故障树基本概念　⋯⋯⋯⋯⋯⋯⋯⋯⋯⋯⋯⋯⋯⋯⋯　055

　4.2　建立故障树的方法与步骤　⋯⋯⋯⋯⋯⋯⋯⋯⋯⋯　056

　4.3　故障树定性分析　⋯⋯⋯⋯⋯⋯⋯⋯⋯⋯⋯⋯⋯⋯　060

　4.4　故障树定量分析　⋯⋯⋯⋯⋯⋯⋯⋯⋯⋯⋯⋯⋯⋯　064

　4.5　制导炸弹控制舱故障树　⋯⋯⋯⋯⋯⋯⋯⋯⋯⋯⋯　067

第 5 章　系统可靠性评估与可靠性分配⋯⋯⋯⋯⋯⋯⋯　073

　5.1　概述　⋯⋯⋯⋯⋯⋯⋯⋯⋯⋯⋯⋯⋯⋯⋯⋯⋯⋯⋯　074

　5.2　串联系统可靠性模型　⋯⋯⋯⋯⋯⋯⋯⋯⋯⋯⋯⋯　075

　5.3　并联系统可靠性模型　⋯⋯⋯⋯⋯⋯⋯⋯⋯⋯⋯⋯　077

　5.4　串并混联系统可靠性模型　⋯⋯⋯⋯⋯⋯⋯⋯⋯⋯　078

　5.5　表决系统可靠性模型　⋯⋯⋯⋯⋯⋯⋯⋯⋯⋯⋯⋯　080

　5.6　复杂载荷及强度条件下的系统可靠性模型　⋯⋯　081

　5.7　系统可靠性分配　⋯⋯⋯⋯⋯⋯⋯⋯⋯⋯⋯⋯⋯⋯　083

第 6 章　结构零件可靠性设计方法⋯⋯⋯⋯⋯⋯⋯⋯⋯　091

　6.1　概述　⋯⋯⋯⋯⋯⋯⋯⋯⋯⋯⋯⋯⋯⋯⋯⋯⋯⋯⋯　092

　6.2　设计变量的概率分布　⋯⋯⋯⋯⋯⋯⋯⋯⋯⋯⋯⋯　093

　6.3　静强度可靠性设计理论与模型　⋯⋯⋯⋯⋯⋯⋯　096

　6.4　结构静强度可靠性设计方法与过程　⋯⋯⋯⋯⋯　101

　6.5　疲劳可靠性设计　⋯⋯⋯⋯⋯⋯⋯⋯⋯⋯⋯⋯⋯⋯　120

第 7 章　结构零件可靠性评估方法⋯⋯⋯⋯⋯⋯⋯⋯⋯　138

　7.1　静强度可靠性评估　⋯⋯⋯⋯⋯⋯⋯⋯⋯⋯⋯⋯⋯　139

　7.2　疲劳可靠性评估　⋯⋯⋯⋯⋯⋯⋯⋯⋯⋯⋯⋯⋯⋯　154

　7.3　稳定性评估　⋯⋯⋯⋯⋯⋯⋯⋯⋯⋯⋯⋯⋯⋯⋯⋯　166

第 8 章　机构可靠性分析⋯⋯⋯⋯⋯⋯⋯⋯⋯⋯⋯⋯⋯　176

　8.1　机构可靠性分析方法　⋯⋯⋯⋯⋯⋯⋯⋯⋯⋯⋯⋯　177

　8.2　机构可靠性仿真技术　⋯⋯⋯⋯⋯⋯⋯⋯⋯⋯⋯⋯　191

　8.3　弹翼展开与锁紧机构可靠性　⋯⋯⋯⋯⋯⋯⋯⋯　198

第 9 章 基于寿命数据的可靠性评估方法 ································· 202

9.1 可靠性试验数据类型 ································· 203

9.2 寿命分布参数估计方法 ································· 204

9.3 非参数估计方法 ································· 213

第 10 章 提升弹体结构及机构可靠性的途径 ································· 222

10.1 概述 ································· 223

10.2 载荷控制 ································· 223

10.3 传力路线优化 ································· 225

10.4 弹体结构材料选取与控制 ································· 228

10.5 弹体结构细节控制 ································· 233

参考文献 ································· 243

第 1 章

绪　　论

可靠性是制导炸弹的重要质量指标。为保证制导炸弹结构(机构)的可靠性,需要在选材及方案设计阶段充分考虑材料性能和炸弹贮存及服役环境不确定性对其可靠性的影响,需要采用可靠性设计方法设计、校核其固有可靠性,在制造过程中控制变异性,确保设计可靠性指标的实现。同时,还需要通过一定量的试验验证其可靠性。

制导炸弹始于第二次世界大战后期的德国。随着工业技术的进步,制导炸弹得到了快速发展。至今,美国已发展了几十种类型的制导炸弹,许多产品均已系列化。英国、俄罗斯、以色列等军事强国也已经装备了多种类型的制导炸弹。近年来,随着国防战略重心的转变,我国加大了制导炸弹的研发力度,先后开展了多种类型的制导炸弹研制工作,其中两种典型制导炸弹外形如图1-1所示。

图1-1　典型制导炸弹外形

制导炸弹具有独特的优点,广泛用于现代战争中战斗轰炸机、强击机等空中力量对地(海)面建筑物、桥梁、指挥所、机场跑道、雷达阵地、水面舰艇等多种军用目标实施精确打击,是世界上装备规模最大、使用数量最多的精确制导武器。

制导炸弹使用环境恶劣,在挂机飞行及投放离机时,存在载机振动、噪声、温度、气压以及高空气流等多种影响因素。若炸弹产生故障,轻则降低命中精度,重则导致机毁人亡。高价值载机平台的使用,对制导炸弹的可靠性水平提出了

更高的要求。

　　制导炸弹主体结构是由弹身、气动力面（弹翼、舵翼）、弹上机构及一些零、部、组件连接组合而成的具有良好气动外形的壳体。在制导炸弹使用的过程中，制导炸弹结构应具有良好的环境适应性，足够的强度、刚度和稳定性，能够承受地面训练和飞行中的外力，并维持良好的气动外形。弹体结构可靠性设计水平直接影响制导炸弹的使用性能。

　　制导炸弹结构部件中，相互间不存在相对运动的受力部分，称为结构系统；除参与总体受力以外，还需完成规定的动作和运动的部分，称为机构系统，如折叠弹翼机构、折叠舵翼机构等。在本书中，结构和机构统称弹体结构。

　　制导炸弹结构零部件的服役载荷环境复杂，失效模式及其失效机理多种多样，结构系统中各零部件之间、同一零件的各失效模式之间，通常存在明显的失效相关性。同时，随着载机的挂载方式从外挂向内埋发展，制导炸弹的外轮廓尺寸要求缩小，弹翼及舵翼等要求采用折叠机构，制导炸弹结构零部件呈现出种类多、体积小、结构复杂等特点，失效模式多种多样。典型制导炸弹结构失效模式如图1-2所示。

 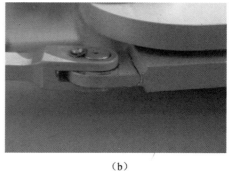

（a）　　　　　　　　　　　　　（b）

图1-2　典型制导炸弹结构失效模式

（a）涂层脱落；　（b）机构连接件断裂

1.1　制导炸弹结构可靠性分析与设计的目的

　　通过可靠性设计，可以有效提高产品性能，节约使用和维护费用。20世纪80年代，美国军方提出"可靠性加倍，维修性减半"的目标，针对航天产品及制导武器等开展了大量研究。

美国研制 F - 105 战斗机时,投资 2 000 万美元,使其可靠度从 0.8 提高到了 0.9,每年节约维修费用 5 000 余美元。美海军 F/A - 18 飞机,研制中强调管理、设计、验证,可靠性水平比 F - 4J 飞机大幅度提高,维修工时减少了一半。美国 F - 100 涡扇发动机,通过改进,可靠性达到了空军要求,发动机每飞行小时维修费用由 600 美元降至 300 美元,使配置该发动机的 F - 15 等飞机在 20 年内节约 100 亿美元维修费用,是改进改型所投入费用的 10 多倍。

对制导炸弹结构进行可靠性分析与设计:首先,需要分析炸弹全寿命周期的环境载荷因素,为后续可靠性分析与设计提供输入信息。其次,通过失效模式、影响及危害性分析,故障树分析等,确定炸弹结构潜在故障、薄弱环节、危害程度、故障原因和失效机理等,明确制导炸弹可靠性设计、分析、控制对象,同时也是对制导炸弹结构可靠性进行的定性分析。再次,进行制导炸弹结构静强度分析、运动学及动力学分析等,完成对制导炸弹结构薄弱部位失效的力学行为及响应分析,并确定失效判据。最后,通过对弹体结构进行可靠性设计与可靠性评估,结合系统可靠性模型,实现弹体结构可靠性定量分析,根据评估结果,采用有效的提升弹体结构可靠性的途径与方法,对结构进行改进与优化,保证其可靠性满足要求。

|1.2 制导炸弹结构可靠性分析与设计的主要内容|

制导炸弹作为重要的军工产品,其质量与可靠性问题备受重视。弹体结构是制导炸弹的重要组成部分,其可靠性问题不容忽视。制导炸弹结构可靠性分析与设计的主要内容如图 1 - 3 所示。

1. 载荷环境

制导炸弹在全寿命剖面中受到温度、湿热、雨水、盐雾、沙尘、气压、霉菌、振动冲击、加速度等自然和力学环境影响。环境因素复杂多变,且存在随机性。通过载荷环境分析与载荷谱编制,可为制导炸弹结构故障模式影响分析、可靠性设计分析等提供输入信息。

2. 失效模式影响及危害性分析

故障是炸弹结构的整体或零部件不能完成预定功能的事件,失效模式影响及危害性分析(FMECA)是分析产品故障原因及后果的通用方法。

制导炸弹作为一种高可靠性武器装备,具有"长期贮存、一次使用"的特点,在其全寿命周期内,受到温度、湿度、盐雾、外载荷等多应力作用,吊耳、舵翼折叠机构等弹体结构若发生失效,往往会产生灾难性后果。针对制导炸弹弹体结构进行 FMECA,确定其可能发生的所有潜在失效模式、失效机理及失效风险,确定导致结构发生故障的原因,确定产品薄弱环节,对典型故障模式提出可行的预防和补救措施,为后续弹体结构可靠性设计奠定基础。

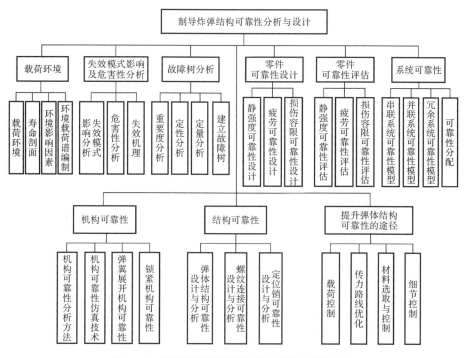

图 1－3　制导炸弹结构可靠性分析与设计的主要内容

3. 故障树分析

故障树分析(FTA)应用演绎逻辑,找出哪些事件的组合可以导致危及制导炸弹系统安全的故障,并给出其发生的概率,在航空、航天、兵器、汽车等领域得到了广泛应用。

本书主要从重要度分析、故障树定性分析、定量分析、应用案例等方面全面介绍故障树分析内容。通过故障树分析,可以对弹体结构、功能、故障等实现更加系统化的表达。故障树分析同样可为后续弹体结构可靠性设计提供帮助。

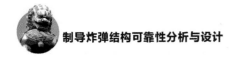

4. 零件可靠性设计

受复杂载荷环境影响,制导炸弹弹体结构零件可能发生疲劳、断裂、变形失效。零件可靠性设计方法内容主要包括静强度可靠性设计、疲劳强度可靠性设计、损伤容限可靠性设计等。

静强度可靠性设计的内容主要包括:在外载荷计算基础上进行传力路径分析,对结构进行合理简化,获取结构上作用的载荷数据,之后进行结构应力分析计算,运用强度判别准则,根据结构的受力状态确定其承载能力,最后根据计算结果做出强度是否符合可靠性要求的判断。

在产品挂机飞行过程中,受随机载荷影响,即使零部件没有失效情况发生,其剩余寿命分布参数(均值和方差)及可靠性也将发生明显变化。受制导炸弹挂载时间和挂载次数的影响,制导炸弹吊挂(吊耳)、吊耳座、主承力部件等挂机飞行时,容易产生疲劳失效故障。以上零部件作为制导炸弹的关键件,需要进行疲劳强度可靠性设计。

损伤容限可靠性设计以裂断力学理论为基础,以无损检测技术和疲劳裂纹扩展速率测定技术为手段,以断裂控制为保证,确保制导炸弹零部件在寿命周期内能够可靠使用。

5. 零件可靠性评估

零件可靠性评估内容主要包括静强度可靠性评估、疲劳强度可靠性评估、损伤容限可靠性评估等。

针对制导炸弹在寿命周期内可能出现的静强度失效、疲劳失效、断裂等失效模式,采用相应的定性和定量的评估方法,提出相应的可靠性设计措施,为设计人员提供指导。

6. 系统可靠性

系统可靠性问题主要包括串联系统可靠性评估、并联系统可靠性评估、冗余系统可靠性评估、可靠性分配等内容。

系统可靠性模型反映了制导炸弹弹体结构与其组成零部件或单元之间的故障逻辑关系。制导炸弹弹体结构系统组成中任一零部件发生故障都会导致系统故障的系统称为串联系统;组成系统的所有单元都发生故障时,系统才发生故障的系统称为并联系统;系统的 n 个单元只有一个单元工作,当工作单元发生故障时,转换至另一单元继续工作,直到所有单元都发生故障时系统才发生故障的

系统称为冗余系统。

当进行制导炸弹结构系统可靠性评估时,首先需要根据系统组成、工作原理及任务等,判断系统属于何种可靠性系统,需要什么样的可靠性模型,然后结合对应的可靠性框图及数学表达式,评估得出系统可靠性。

由于制导炸弹结构系统由众多零部件组成,因此在结构系统设计过程中,为保证系统可靠性水平,需要根据复杂程度、工作时间等对结构系统可靠性指标进行分配,在零部件可靠性满足要求以后,结构系统的可靠性即可以满足要求。

7. 机构可靠性

机构可靠性问题包括机构可靠性分析方法、机构可靠性仿真技术、弹翼展开机构可靠性仿真分析、锁紧机构可靠性仿真分析等内容。

制导炸弹结构系统中的机构主要包括折叠弹翼机构、折叠舵翼机构等。机构在制导炸弹任务剖面中具有至关重要的作用,制导炸弹在挂机飞行时,折叠翼面处于收拢状态,制导炸弹投放后,折叠翼打开。若折叠翼机构可靠性水平低,出现翼面机构不能打开并锁紧或者翼面机构在挂机飞行时意外动作展开等故障,轻则影响制导炸弹命中精度,重则影响载机安全。

机构可靠性分析方法包括机构失效判据的建立、机构运动学和动力学参数测试、可靠性仿真分析等内容。

8. 结构可靠性

结构可靠性问题包括弹体结构可靠性设计分析、螺纹连接可靠性设计分析、定位销可靠性设计分析等内容。从可靠性分析的角度,由于弹体结构上存在多个可能发生失效的薄弱环节,因此一个弹体应作为一个串联系统对待,其每一个可能失效的部位相当于系统中的一个零件或单元。

9. 提升弹体结构可靠性的途径

通过载荷控制、传力路线优化、材料选取、结构细节优化等途径,可以有效提升弹体结构可靠性。

在进行制导炸弹结构可靠性设计过程中,根据炸弹各种载荷工况,考虑满足可靠性要求的安全系数,进行载荷控制;通过弹体结构设计,对传力路线进行优化;从弹体轻量化、耐环境设计、强度、刚度、可靠性等方面进行材料选择与性能控制;从抗疲劳设计、焊接设计、胶接设计等方面的细节控制,提升弹体结构可靠性。

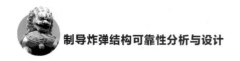

|1.3 制导炸弹结构可靠性分析与设计流程|

1. 制导炸弹可靠性分析流程

制导炸弹作为一个由多个零部件组成的系统,其可靠性分析包括零部件可靠性分析和系统可靠性分析两部分内容。总体上,可以把一枚制导炸弹看作是一个由多个零部件构成的串联系统。由于零部件之间存在失效相关性,因此系统可靠度并不等于各零部件可靠度的乘积。零部件的可靠度可以根据其载荷概率分布和强度(抵抗载荷的能力)概率分布获得,或通过试验测试获得。无论采用哪种方式获得零部件可靠性指标,都需要把载荷的不确定性及其对可靠性的影响反映出来。由于零部件之间的失效相关性,只由零部件的可靠度无法准确计算出系统的可靠度。

可靠性分析通常由载荷环境分析开始,包括失效模式影响及危害性分析、故障树分析、零部件可靠性分析和系统可靠性评估。根据载荷及环境影响因素,结合结构零部件性能,列出产品服役(包括贮存)过程中可能发生失效的部位及其失效模式,从而把系统(产品)分解为一系列单元(可能发生失效的部位及可能的失效模式),进而计算单元可靠性和系统可靠性。

弹体结构可靠性分析流程如图 1-4 所示。

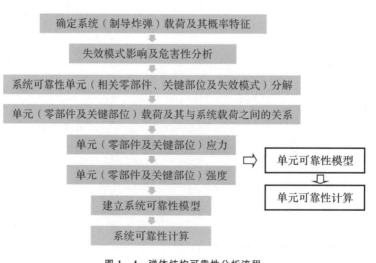

图 1-4 弹体结构可靠性分析流程

2. 制导炸弹可靠性设计流程

产品可靠性设计是根据系统可靠性要求确定其零部件的可靠性指标,设计出合格零部件的过程。根据系统可靠性确定零部件可靠性的过程称为可靠性分配,以可靠性为准则的设计称为可靠性设计。

弹体结构可靠性设计流程如图 1-5 所示。

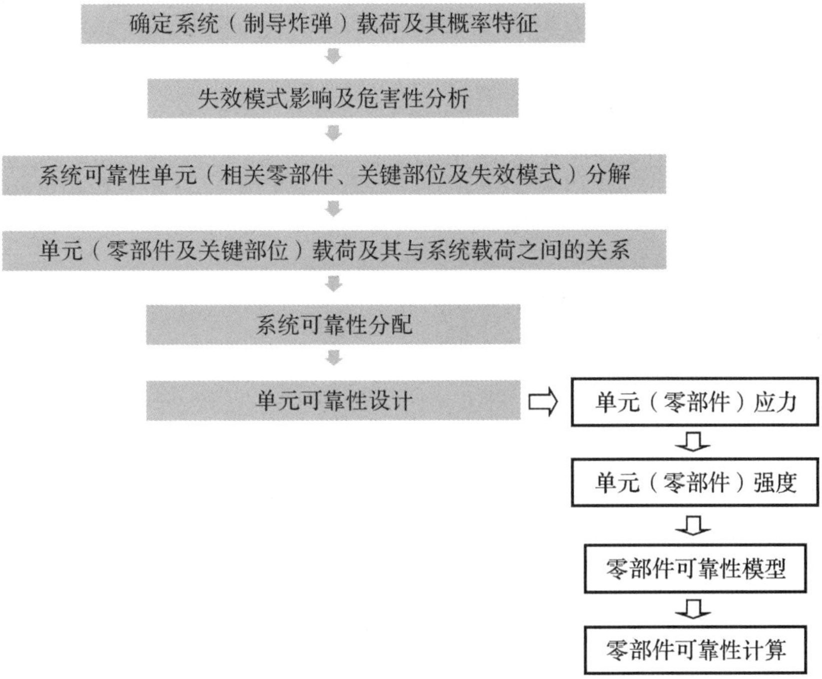

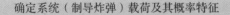

图 1-5 弹体结构可靠性设计流程

|1.4 可靠性工作在制导炸弹研制中的应用|

根据工作类别,一般将可靠性工作分为管理、技术、试验等。制导炸弹的研制周期一般分为方案阶段、工程研制阶段和设计定型阶段。可靠性工作在制导炸弹研制中的应用参见表 1-1。

表 1-1　可靠性工作在制导炸弹研制中的应用

序号	工作项目	工作类别	研制阶段			完成形式
			方案阶段	工程研制阶段	设计定型阶段	
1	制订可靠性工作计划	管理	√	△	△	计划文件
2	对承制方与供应方的监督与控制	管理	√	√	√	报告、资料
3	可靠性评审	管理	√	√	√	评审报告
4	元器件、零部件和原材料的选择与控制	管理	△	√	√	清单、文件
5	建立可靠性模型	技术	√	√	×	技术报告
6	可靠性分配	技术	√	√	×	技术报告
7	可靠性预计	技术	√	√	△	技术报告
8	故障模式与影响分析	技术	√	√	√	技术报告
9	故障树分析	技术	△	√	√	技术报告
10	确定可靠性关键件	技术	△	√	△	清单、文件
11	结构力学有限元分析	技术	△	√	√	技术报告
12	结构运动学、动力学分析	技术	△	√	√	技术报告
13	可靠性研制试验	试验	△	√	△	大纲及试验结果
14	可靠性鉴定试验	试验	×	×	√	大纲及试验结果
15	可靠性分析评估	管理	×	×	√	技术报告

　　注：√—适用，　△—根据需要选用，　×—不适用。

1.4.1　可靠性管理要求

1. 制订可靠性工作计划

　　可靠性工作计划应在方案阶段由总体单位制订。各分系统或设备承制单位制订分系统或设备的可靠性工作计划。可靠性工作计划应纳入制导炸弹的研制计划中。

可靠性工作计划应该包括以下主要内容：

（1）可靠性工作的项目、内容、工作进度、完成形式、责任单位等。

（2）可靠性工作进度和资源需求。

（3）可靠性评审点的设置。

（4）可靠性信息收集、传递的内容和程序。

（5）可靠性工作计划与制导炸弹研制计划的协调，包括与质量管理、维修性、安全性等工作计划之间的协调。

可靠性工作计划应随着制导炸弹研制进展不断完善，当订购方要求变更时，可靠性工作计划应作相应修改。

2. 对承制方与供应方的监督与控制

总体单位应保证承制方和供应方的可靠性工作与整个系统的可靠性工作协调一致，在与承制方和供应方的合同或任务书中应明确可靠性监督和控制要求。订购方代表参与各阶段的监督与控制工作，主要包括以下内容：

（1）可靠性的定性或定量要求。

（2）可靠性的验证、评定要求。

（3）承制方和供应方向总体单位提供可靠性相关资料的规定[包括可靠性工作计划、可靠性建模与预计报告、可靠性设计符合性验证报告、故障模式与影响分析（FMEA）报告、故障树分析（FTA）报告、超目录元器件清单、可靠性分析评估报告、可靠性试验数据等]。

（4）实施外协、外购件研制全过程监督与控制的规定。

（5）参加设计评审和重大试验的规定。

3. 可靠性评审

可靠性评审可单独进行，或与产品设计的其他质量特性（如性能、维修性、安全性、保障性等）的评审、设计评审结合进行，其管理办法与程序应符合《研制阶段技术审查》（GJB 3273 — 1998）和《可靠性维修性评审指南》（GJB/Z 72 — 1995）的规定。未通过可靠性评审的设计方案、产品不能转阶段或投产。总体应参加分系统的可靠性评审，分系统应参加设备的可靠性评审。评审主要包括以下内容：

（1）方案阶段：开展可靠性工作计划应组织专项评审；开展有关可靠性设计与分析的评审，一般与设计评审结合起来进行，必要时可单独进行。评审内容主要有：现有设计满足合同或任务书的可靠性要求的程序；采取的可靠性设计措施；现有的和可能出现的可靠性问题及其对产品可靠性的影响程度和解决办法；

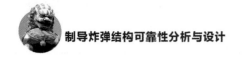

可靠性关键问题的解决情况。

（2）初样与正样阶段：试验前对可靠性试验大纲和试验方案组织专项评审，试验完成后应对可靠性试验结果及试验结果分析报告组织专项评审。

（3）设计定型阶段：对产品满足可靠性要求的情况进行专项评审。

4.元器件、零部件和原材料的选择与控制

方案阶段，总体单位、分系统和设备承制单位进行产品设计时，应按照《制导炸弹元器件优选目录》选用元器件，并最大限度地压缩选用的品种和厂商。如果选用优选目录外的元器件，应按规定履行相应的审批手续，并形成超目录清单，提交至总体单位。严格控制新研制和进口的元器件、零部件和原材料的选用。当选用无法进行复验和筛选的元器件、零部件和原材料时，必须经总设计师批准。选择元器件、零部件和原材料时，应根据产品的功能、环境及可靠性要求，正确选择质量等级。

1.4.2 可靠性分析与设计

1.建立可靠性模型

系统、分系统及设备承制单位应按照《可靠性模型的建立和可靠性预计》（GJB 813 — 1990）的规定建立产品的基本可靠性模型和任务可靠性模型（包括可靠性框图与可靠性数学模型）。

可靠性数学模型应随设计的进展和变更作相应修改，以保持模型与当时的产品技术状态一致。

可靠性模型的建立应随着设计的进展和深化逐步深入，并应随产品结构、性能、任务要求和使用条件的更改而改变。

2.可靠性分配

可靠性分配应根据建立的系统可靠性模型进行，在方案阶段，总体单位将系统的可靠性指标分配到分系统和设备，可靠性分配值应列入研制任务书中。在工程研制阶段早期，通过分系统和设备承制单位反馈的可靠性预计结果进行调整。

委托配套单位研制的关键模块应分配相应的可靠性要求，并列入订购合同，所有的可靠性分配值，均应与可靠性模型及其更改一致。

在研制过程中，可靠性指标分配可视情况进行适当调整。

3. 可靠性预计

估计系统、分系统和设备的可靠性，并确定所提出的设计在规定的保障条件下，能否满足规定的可靠性要求，找出潜在的薄弱环节。

可靠性预计按照 GJB 813 — 1990 的规定，预计系统、分系统和设备的基本可靠性和任务可靠性，并确定所提出的设计是否满足可靠性要求。如果基本可靠性和任务可靠性的可靠性模型一致，只进行基本可靠性模型预计。

在方案阶段，总体单位、分系统和设备承制单位应进行可靠性的初步预计，以确定方案的可行性；在工程研制阶段，随着设计的深化，总体单位、分系统和设备承制单位应进行可靠性的详细预计。在产品研制各阶段，可靠性预计应反复进行。可靠性预计值应大于可靠性的目标值，如果不能满足，应修改设计或与总体单位协调调整可靠性指标，并重新做预计。可靠性预计报告应提交设计评审。若产品设计出现重大修改，则应重做可靠性预计并提交评审。

在工程研制阶段，需按《电子设备可靠性预计手册》(GJB/Z 299C — 2006)的应力分析法进行可靠性预计，对复杂的机电产品、非机电产品及没有数据可查的产品，建议采用相似产品法进行可靠性预计。

4. 故障模式与影响分析

故障模式与影响分析（FMEA）按照《故障模式、影响及危害性分析指南》(GJB/Z 1391 — 2006)提供的程序和方法进行分析。

在方案阶段和工程研制阶段初期，由产品设计人员开展硬件、软件 FMEA 工作，即"谁设计、谁分析"，可靠性专业人员提供具体型号实施的方法和程序指导。

FMEA 应全面考虑寿命剖面和任务剖面的所有故障模式，分析对安全性、战备完好性、任务成功性以及对维修和保障资源要求的影响。

随着设计状态的变化，不断更新 FMEA 结果，以及时发现设计中的薄弱环节并加以纠正。

5. 故障树分析

从关心的顶事件开始，应用演绎法逐级分析，寻找导致顶事件发生的各种可能的直接原因和间接原因，直到最基本的原因，并通过逻辑关系分析及定量评估确定重要的硬件、软件故障，以便采取改进措施。

总体单位、分系统和设备承制单位可选用系统、分系统、设备的灾难性和致命性故障事件进行 FTA。尤其是对于火工品及可能危及人员和产品安全，影响

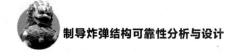

任务成败的重大隐患,应进行 FTA,找出隐患的根源并采取有效的措施予以消除。FTA 按《故障树分析指南》(GJB/Z 768A — 1998)执行。FTA 结果应提交设计评审。

6. 确定可靠性关键件

确定和控制关键件故障对安全性、战备完好性、任务成功性和保障要求有重大影响的产品,以及复杂性高、新技术含量高或费用高的产品十分重要。

对可靠性关键产品进行详细分析和可靠性增长试验等,可有效地提高系统的可靠性水平。

可靠性关键产品是指该产品一旦出现故障会严重影响安全性、可用性、任务成功及寿命周期费用的产品。对寿命周期费用来说,价格高的产品都属于可靠性关键产品。可靠性关键产品是进行可靠性设计分析、可靠性增长试验的主要对象,必须认真做好可靠性关键产品的确定和控制工作。

整个研制过程中,总体单位、分系统和设备承制单位应按《装备可靠性工作通用要求》(GJB 450A — 2004)和《特性分类》(GJB 190 — 1986)的要求确定并编制可靠性关键产品的清单,制定并实施识别、控制关键产品的程序和方法,定期审查控制程序和方法的实施情况和有效性。

对关键产品,需按照《关键件和重要件的质量控制》(GJB 909A — 2005)实施重点控制。

(1)关键产品所用器材被定为关键、重要特性时,其订货状态和质量标准及进厂复验项目必须明确规定;器材进厂后,应严格按复验项目进行复验,检验合格的产品应按技术要求规定的环境条件存放。

(2)对关键产品所用的外购器材应编制合格器材单位供应名单,实施定点供应;对影响关键、重要特性的辅助材料也应定点供应。如改变供应地点则必须按规定对其重新进行鉴定合格并经质量部门同意;如改变供应技术条件和生产条件,则必须按规定对其重新进行鉴定合格并经设计部门、质量部门同意方可订货。

(3)严格批次管理,确保关键产品的可追溯性(从器材开始直到最终产品)。每个关键产品除有正常标记外,还必须有专门的序号;如有无法(或不允许)标记的关键产品,承制单位应制定切实可行的追溯方法。

(4)应对所有关键的功能、可靠性关键产品和程序的设计、制造和试验文件做出标记以便识别,保证文件的可追溯性。

(5)所有关键产品的质量记录必须具有可追溯性,且质量记录必须从器材开始,操作者和检验人员应认真填写并签章,不得缺页,并应及时归档。

（6）要监督可靠性关键产品的装配、试验、维修及使用问题。

（7）关键产品存放、周转和运输过程中，应采取保护措施，防止锈蚀、变形；使用专用储运器具的，应在专用储运器具上做出醒目标记。

（8）设计人员编制产品的使用维护说明书时，应指明需要使用单位重点维护的关键件、重要件以及使用、维护注意事项。

7. 结构力学有限元分析

在设计过程中对产品的机械强度、刚度等进行分析和评价，尽早发现承载结构薄弱环节，以便及时采取改进措施。

在产品研制进展到设计和材料基本确定时应进行结构力学有限元分析。

对于安全和任务关键的机械结构件和产品应尽量实施有限元分析。

必须对涉及以下问题的关键部件进行有限元分析：

（1）新材料和新技术的应用。

（2）严酷的负载条件。

8. 结构运动学、动力学分析

在设计过程中对产品机构的展开到位时间、冲击等进行分析和评价，尽早发现机构和材料的薄弱环节，以便及时采取改进措施。

对于安全和任务关键的机构组件应尽量实施动力学分析。

必须对涉及以下问题的关键部件进行动力学有限元分析：

（1）新材料和新技术的应用。

（2）严酷的负载条件。

1.4.3 试验与评定

1. 可靠性研制试验

可靠性研制试验通过对产品施加适当的环境应力、工作载荷，寻找产品中的设计缺陷，以改进设计，提高产品的固有可靠性水平。

在正样研制阶段，将产品暴露于动态模拟的工作环境条件下，诱发产品的设计、工艺及生产中的缺陷，使之以故障形式暴露出来，再对这些故障进行分析和纠正，并用试验的方法进行验证。经过这样的激发故障、分析故障和改进设计并证明改进的有效性的过程，发现和消除故障，从而使产品的可靠性水平得到确实的提高。

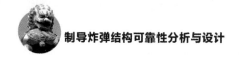

可靠性研制试验受试对象如下：

(1)新研制的复杂产品。

(2)对全弹或系统可靠性、安全性、维修性有重要影响的关键及重要产品。

根据以上原则,制导炸弹开展可靠性研制试验的产品为全弹和战斗部。

可靠性研制试验由承试单位编制试验大纲,并经总体及订购方会签、型号总师批准后方能实施。

2. 可靠性鉴定试验

可靠性鉴定试验的目的是验证产品设计是否达到了规定的可靠性要求。

可靠性鉴定试验一般用于关键的或新技术含量高的产品,在订购方确定的产品层次上进行,根据需要可结合产品的定型试验或寿命试验进行。可靠性鉴定试验前和试验后必须进行评审。

当确定需要进行可靠性鉴定试验时,承试单位应根据《可靠性鉴定和验收试验》(GJB 899A — 2009)中的规定编写试验大纲,并组织专项评审后方能实施试验。

3. 可靠性分析评估

可靠性分析评估通过综合利用与产品有关的各种信息,评价产品是否满足规定的可靠性要求。

利用制导炸弹在研制各阶段(工程研制、设计定型)进行的各类试验(如性能试验、环境试验、可靠性研制试验、可靠性鉴定试验、挂飞试验、空投试验等)数据,以及组成设备(或部件)的基本单元(结构零件)的数据,在设计定型时,按GJB 450A — 2004 的有关规定,对设备、分系统和系统的可靠性(包括寿命)等进行分析或统计评估。

|1.5 可靠性指标|

可靠性是产品(系统或零部件)具有时间属性的质量指标,是由设计、制造、使用、维护等多方面因素共同决定的。可靠性一般定义为在规定条件下,规定时间内,完成规定功能的能力。

"规定条件"是指产品的正常服役载荷环境。需要注意的是,载荷通常具有不确定性,服从一定的概率分布。在实验室或试验场进行的可靠性考核、评价试验,基本上都是在确定性载荷条件下进行的,没有很好地反映出产品服役载荷环境的不确定性。

"规定时间"是可靠性区别于其他技术属性的重要特征。一般来说,产品的可靠性水平会随着使用或贮存时间的增加而降低。因此以数学形式表示的可靠性特征量一般都是时间的单调减函数。这里的时间概念不限于一般的日历时间,可以是载荷作用次数、设备启动次数、运行时间等。

"规定功能"是要明确具体产品的功能是什么,何为完成规定功能、何为失效。产品丧失规定功能称为失效,对可修复产品通常称为故障。

1.5.1　可靠度

可靠度定义为产品在规定条件下,规定时间内,完成规定功能的概率,记为 $R(t)$。可靠度是时间的函数,故 $R(t)$ 也称为可靠度函数。

若产品寿命 t 的概率密度函数为 $f(t)$,则可靠度(产品寿命大于 t 的概率)为

$$R(t) = \int_t^\infty f(t)\mathrm{d}t \quad (t \geqslant 0, 0 \leqslant R(t) \leqslant 1) \tag{1-1}$$

与之对应,产品失效概率 $F(t)$ 定义为

$$F(t) = \int_0^t f(t)\mathrm{d}t \quad (t \geqslant 0, 0 \leqslant F(t) \leqslant 1) \tag{1-2}$$

显然,$R(t) + F(t) = 1$。

当 $t = 0$ 时,可靠度 $R(0)$ 为其初始值。随着服役时间的增加,可靠度 $R(t)$ 单调下降,并趋于其极限值 $\lim\limits_{t \to \infty} R(t) = 0$;而 $F(t)$ 从产品开始使时的 $F(0) = 1 - R(0)$ 开始,随服役时间增加而单调增加,其极限值为 1。

可靠度、失效概率的统计意义可表述如下。设有 n 个产品样本(概率意义上相当于属于同一母体的 n 个子样),工作到时刻 t 时有 $n(t)$ 个失效,当 n 足够大时,有如下近似计算公式:

$$R(t) \approx \frac{n - n(t)}{n} \tag{1-3}$$

$$F(t) \approx \frac{n(t)}{n} \tag{1-4}$$

将寿命累积分布函数 $F(t)$ 对时间 t 微分,即为寿命分布概率密度函数 $f(t)$(也可称为失效密度函数或故障密度函数):

$$f(t) = \frac{\mathrm{d}F(t)}{\mathrm{d}t} = -\frac{\mathrm{d}R(t)}{\mathrm{d}t} \tag{1-5}$$

$f(t)$ 的统计计算式为

$$f(t) = \frac{n(t + \Delta t) - n(t)}{n \Delta t} \qquad (1 - 6)$$

1.5.2　失效率

失效率是可靠性工程中常用的可靠性指标,表达的是工作到某一时刻仍未失效的产品,在其后的单位时间内发生失效的可能性。通常认为,产品的失效率曲线的典型形态如图 1 - 6 所示。传统上,根据这种曲线的形状将其称为"浴盆曲线"。典型的失效率曲线(浴盆曲线)明显地由三个阶段构成,即早期失效率下降阶段、失效率基本恒定的偶然失效阶段和失效率不断上升的耗损失效阶段。

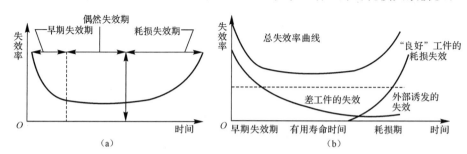

图 1 - 6　典型失效率曲线及其构成

(a)典型失效率曲线形式及其阶段特征;　(b)失效率曲线构成成分(传统解释)

1. 早期失效期(夭折期)

产品投入使用的初期故障率较高,且表现为迅速下降的趋势。传统的解释是,在这一阶段的失效主要是由材料缺陷、加工损伤、安装调整不当等问题引起的,失效的是性能指标偏低的产品。

一般认为,通过一段时间的"老化"试验可以剔除质量差的个体。事实上,"老化"试验的作用是消除了某种早期发生的失效模式(例如与性能退化过程无关的静强度失效)。

2. 偶然失效期

多数产品在早期失效期过后的相当长的一个阶段,故障率会维持在一个相对稳定的较低水平,称为产品的"有效寿命期"。对这一阶段产品失效的传统解释是,产品失效主要是由随机因素引起的偶然失效。发生的原因有人为因素(不正当操作等)、维护因素(不合理润滑等)及偶然出现的非正常载荷等。

3. 耗损失效期

产品运行较长的时间后,故障率一般会迅速上升,即进入耗损失效期。这一阶段产品的失效主要是由老化、疲劳、磨损、腐蚀等耗损性因素引起的。

需要明确的是,不同产品的失效率曲线的特征有明显的不同,也并非所有产品的故障率曲线都呈现明显的三个阶段。高质量等级的电子元器件的故障率曲线在其寿命期内基本是一条水平直线,而质量低劣的产品可能存在大量的早期故障或很快进入耗损故障阶段。

事实上,失效率曲线的形状是由载荷-强度关系(包括强度退化规律)决定的,根据应力-强度干涉关系,完全能够解释"浴盆曲线"的特征。实际产品的载荷环境可能比较复杂,产品失效是多种失效机理竞争或相互促进的结果。

失效率定义为工作到时刻 t 时尚未失效的产品,在时刻 t 以后的单位时间内发生失效的概率。失效率 λ 是时间 t 的函数,记为 $\lambda(t)$,称为失效率函数。

根据定义,t 时刻的失效率可以表达为

$$\lambda(t) = \lim_{\Delta t \to 0} \frac{1}{\Delta t} P \quad (t < T \leqslant t + \Delta t \mid T > t) \tag{1-7}$$

其观测值为,在时刻 t 以后的单位时间内发生失效的产品数与工作到时刻 t 尚未失效的产品数之比,即

$$\lambda(t) = \frac{n(t + \Delta t) - n(t)}{[n - n(t)]\Delta t} \tag{1-8}$$

例如,统计某产品在服役到 1 000 h 时的失效率。取 100 个产品进行试验观测,服役到 1 000 h 之前有 50 个相继失效,在 1 000～1 010 h 内又有 2 个失效,则 $n(t + \Delta t) - n(t) = 2, n - n(t) = 50, \Delta t = 1\,010 - 1\,000 = 10$,故有

$$\lambda(1\,000) = \frac{2}{50 \times 10} = 0.004$$

失效率常用单位时间失效百分数表示,例如,$(\%)/10^3\,\text{h}$,可记为 $10^{-5}/\text{h}$。在高可靠性场合失效率多用 $10^{-9}/\text{h}$ 为单位。失效率的单位也可以根据实际物理意义取为 $1/\text{km}$、$1/$ 次等。

产品在时刻 t 的失效率可以理解为,产品在时刻 t 完好的前提下,随后发生失效的危险程度。倘若考察一个确定的时刻 t,失效率就表明,在下一个单位时间内,当前所有完好产品中将以多大的比率失效。

例如,失效率 $\lambda = 0.004/(10^3\,\text{h}) = 4 \times 10^{-6}/\text{h}$,可以解释为 100 万个产品中,每小时会有 4 个产品失效。

失效率函数 $\lambda(t)$、可靠度函数 $R(t)$、寿命概率密度函数(失效概率密度函

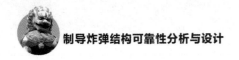

数)$f(t)$ 之间存在以下关系：

$$\lambda(t) = \frac{f(t)}{R(t)} \qquad\qquad (1-9)$$

$$R(t) = e^{-\int_0^t \lambda(t)\,\mathrm{d}t} \qquad\qquad (1-10)$$

若寿命服从指数分布,则 $\lambda(t)$ 为常数 λ,这时可靠度函数可表达为

$$R(t) = e^{-\lambda t} \qquad\qquad (1-11)$$

1.5.3　维修度

产品的维修性用"维修度"来衡量。维修度的定义是"可维修的产品在发生故障或失效后在规定的条件下和规定的时间 $(0,\tau)$ 内完成修复的概率",记为 $M(\tau)$。

与维修度相关的特征量还有平均维修时间和修复率。

平均维修时间是指可修复的产品的平均修理时间。

修复率 $\mu(\tau)$ 是指"维修时间已达到某一时刻但尚未修复的产品在该时刻后的单位时间内完成修理的概率"。

1.5.4　有效度

有效度或称可用度,是指"可维修的产品在规定的条件下使用时,在某时刻 t 具有或维持其功能的概率"。有效度是综合可靠度与维修度的广义可靠性尺度。

有效度 A 为工作时间(MTBF)与总时间[工作时间(MTBF)＋维修时间(MTTR)]之比,当工作时间和维修时间均为指数分布时,稳定工作状态下的有效度可表达为

$$A = \frac{\text{MTBF}}{\text{MTBF} + \text{MTTR}} = \frac{\mu}{\mu + \lambda} \qquad\qquad (1-12)$$

式中:λ 为失效率;μ 为修复率。

第 2 章

环境载荷

载荷是制导炸弹结构可靠性设计、试验、有限元静力学分析及动力学分析的重要依据。制导炸弹不同任务剖面对应的载荷环境存在差异,为准确分析载荷环境对制导炸弹结构的影响,需要对载荷环境种类、制导炸弹寿命剖面、环境影响因素及载荷谱编制等进行分析。

2.1 载荷环境

制导炸弹寿命周期一般经历装卸、运输、贮存、服役、报废等几个阶段,在不同的阶段,制导炸弹所经历的环境条件及时间长短都有较大的差别。制导炸弹在寿命周期内主要受温度、湿热、雨水、盐雾、沙尘、气压、霉菌等自然环境,以及振动冲击、加速度等力学环境影响,环境是引起制导炸弹发生故障的重要因素。环境因素复杂多变,往往不是单一而是多种因素叠加共同影响制导炸弹,并且环境因素也是随机变化的,存在一定的随机性。通过对制导炸弹产品各种载荷环境的分析,可为制导炸弹结构故障模式影响分析、可靠性设计分析等提供输入。

2.2 寿命剖面

寿命剖面是指炸弹从检验合格交付部队开始,到其战斗使用或退役报废终止这段时间内所经历的全部事件和环境的时序描述。

制导炸弹在全寿命周期内一般经历接装、贮存、挂飞、作战等阶段,发生的主要事件有运输、贮存、载机挂飞、投弹等,具体如图2-1所示。

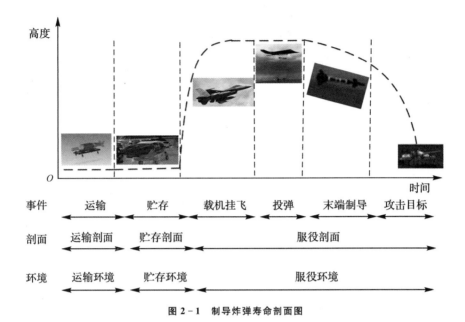

图 2-1　制导炸弹寿命剖面图

|2.3　环境影响因素|

　　制导炸弹在寿命周期内主要受温度、湿度、振动、冲击、盐雾、霉菌等环境的影响,通常各环境之间相互耦合作用,更加容易引起产品失效,因此,设计人员在进行产品设计时要着重考虑环境因素的影响。

　　在复杂环境共同作用下,制导炸弹结构会出现多种失效模式,通过对主要失效机理分析,确定导致结构系统产生故障的原因,对典型故障模式提出可行的预防和补救措施,为制导炸弹结构可靠性设计提供指导。

2.3.1　温度

1. 高温

　　高温对产品可靠性的影响主要体现在对制导炸弹零部件组成材料的影响。随着温度上升,电子、原子和分子运动速度加快,激发了热力效应、电磁效应等,导致产品失效。

(1)高温加速非金属材料老化、氧化、黏度下降,造成密封失效。

(2)高温造成电连接器绝缘破坏或导电性破坏而导致连接器失效。

(3)电缆/导线随着温度的升高绝缘体变软,抗剪强度降低,如果绝缘体被挤压,有可能发生塑变直至导体外露,最终造成短路。

(4)高温会引起舵机绕组绝缘失效。

(5)电器开关触点和接地之间的绝缘电阻随温度升高而降低,高温还会使触点和开关机构的腐蚀速度加快。

(6)高温促进其他环境因素对产品可靠性的影响(如,高温能提高湿气的浸透速度,增大盐雾所造成锈蚀的速度等)。

2. 低温

低温对产品可靠性的影响也主要体现在对产品组成材料的影响。低温使电子、原子、分子运动速度减小,使材料脆化,强度降低,产生龟裂和硬化等,导致产品失效。

(1)低温下,微电路因热膨胀系数差异形成的应力会激化材料的裂纹、孔隙和导致机械断裂、接头断开等。

(2)暴露于低温下的电器开关可以使某些材料发生收缩,造成裂纹,导致湿气或其他外界污染物进入开关,造成短路、电压击穿或电晕。

(3)电连接器金属和非金属在低温下以不同的速率变脆和收缩,使密封带开绽;在低温下如果导线或电缆受到剧烈弯曲或冲击,绝缘体就会破裂。

(4)低温促使油脂类材料黏度增加和固化,润滑性能下降。

(5)低温也能促进其他因素对贮存可靠性的影响(如:低温会造成湿气汽凝,出现霜冻和结冰;低温和低气压组合,会加速密封处的漏气;等等)。

3. 交变温度

交变温度引起的不同膨胀在结构内引起周期性机械应力,导致下述结果:

(1)运动部件的卡紧或松弛。

(2)电路失效、接插件接触不良、老化等。

(3)激化材料裂纹、孔隙等。

2.3.2 湿度

湿度是影响产品可靠性的重要因素,是产品耐环境设计的关键要素。例如,金属材料构件贮存主要失效模式是锈蚀,而导致金属锈蚀的主要环境因素就是湿度。另外,如果相对湿度大于 90%,电阻器表面湿气会形成泄漏路径而降低其阻值,也可能引起线绕电阻旁路、线圈间短路或造成线头腐蚀;电容器吸收潮气会引起性能参数变化,缩短工作寿命;潮湿会使金属件出现腐蚀、导线及电缆绝缘体退化;等等。

2.3.3　振动、冲击

振动、冲击会导致制导炸弹内部结构的动态位移,产生下述结果:

(1)螺钉等连接紧固件松动、某些结构件变形损伤等。

(2)结构产生疲劳损伤,出现焊接开裂、封装失封,也可能引起防护层脱黏。

(3)对于控制系统的可卸连接、焊接和胶合处,振动、冲击可能引起失封、电路接点破坏和个别仪器的损坏。

(4)脆性材料(如陶瓷、硅芯片、玻璃覆盖层、氧化层、氮化层等)存在的微裂纹由于振动、冲击而扩大,导致破裂等。

2.3.4　盐雾

盐雾腐蚀是一种常见和极具破坏性的大气腐蚀。盐雾对金属材料表面的腐蚀,主要是由于其含有的氯离子穿透金属表面的氧化层和防护层,与内部金属发生电化学反应,形成"低电位金属-电解质溶液-高电位杂质"微电池系统,发生电子转移,作为阳极的金属出现溶解,形成新的化合物(即腐蚀物)。同时,氯离子含有一定的水合能,易被吸附在金属表面的孔隙、裂缝中,排挤并取代氧化层中的氧,把不溶性的氧化物变成可溶性的氯化物,使钝化态表面变成活泼表面,造成对产品很强的腐蚀破坏。

盐雾对制导炸弹弹体结构的影响可以总结为下述三方面:

(1)腐蚀影响。电化学反应引起腐蚀并加速应力腐蚀,使弹体结构中金属构件发生腐蚀和涂层起泡、脱落。盐在水中电离后形成酸碱溶液,游离的酸或碱能和金属起化学反应。电解过程和化学反应两个过程同时发生。

(2)电气影响。由于盐雾沉积产生导电覆盖层,绝缘表面导电性增大,加速绝缘材料和金属的腐蚀,影响其电性能直至损坏。

(3)物理影响。盐雾使机械部件及运动机构部分易遭阻塞卡死或黏结;穿透产品表面的保护层和镀涂层,使制导炸弹弹体结构易磨损而加速腐蚀;与金属形成的电解作用导致漆层起泡、脱落。

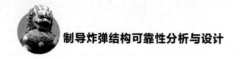

2.3.5 沙尘

沙尘是对固体不黏合物质而言,一般存在于地球表面或者悬浮在大气中。沙尘的颗粒直径范围为 0.1~2 000 μm。

沙尘对制导炸弹的影响主要取决于沙尘作用于产品的方式。如制导炸弹野外训练或飞行,风引起的沙会擦伤金属表面并渗入配合缝隙中,使运动机构件腐蚀或卡滞,影响产品性能。另外,在潮湿环境下,沙尘会引起酸性或碱性反应,使制导炸弹结构发生化学腐蚀。

制导炸弹结构件暴露在沙尘环境中,易发生结构件卡死、轴承损坏,影响结构密封性能等。

2.3.6 霉菌

凡是空气可以进入的产品,其零件表面就有可能受到霉菌的污染。在适宜的温湿度下,霉菌就可以吸收水分和养料逐渐发芽成长,而且霉菌的繁殖是十分迅速的。

霉菌对材料的直接破坏作用体现在霉菌在新陈代谢过程中的分泌物,使材料产生分解反应和老化,影响材料的机械性能和外观。特别是不抗霉菌的材料最容易被霉菌分解,并作为它的食物而直接被破坏,导致材料物理性能的明显恶化。

霉菌对材料的间接破坏作用体现在生长在积有灰尘、油脂、汗迹和其他污染物的表面的霉菌,能够损坏材料,甚至可能通过底材损坏那些能耐直接侵蚀的抗霉材料。霉菌的分泌物会引起金属腐蚀,塑料、橡胶材料变脆、剥蚀和降解。

|2.4 环境载荷谱|

本节主要针对振动冲击、耐久等力学环境介绍载荷谱的编制。

2.4.1 载荷谱的编制方法及原则

制导炸弹在寿命剖面中受到的环境载荷种类较多,采集和利用如此多的环境载荷数据来开展试验验证基本不现实。因此,环境载荷谱编制过程中需要对环境载荷条件进行取舍,选择主要的环境载荷因素作为处理和编制的对象。

　　环境载荷谱的编制一般根据制导炸弹任务剖面,通过对制导炸弹使用环境条件分析,获得使用中可能涉及的各种环境载荷因素的等级、发生概率;通过对环境载荷影响分析,获得各种环境载荷因素对产品性能的影响程度数据。

2.4.2　运输载荷谱

　　在运输过程中,制导炸弹产品一般放置在密封包装箱内,通过包装箱密封或者弹衣密封。在运输剖面中,制导炸弹受温度、振动冲击等环境因素影响,会发生一系列的"物理时效"变化,造成结构件或弹上设备功能失效,降低制导炸弹的战备完好率。

　　制导炸弹运输剖面主要在随机振动和跑车两种试验条件下,按《军用装备实验室环境试验方法　第 16 部分:振动试验》(GJB 150.16A — 2009)的规定进行编制。

1. 随机振动试验条件

　　随机振动试验条件见表 2 - 1、表 2 - 2。

表 2 - 1　高速公路运输随机振动试验条件

垂直轴(Y 向)		横侧轴(Z 向)		纵向轴(X 向)	
频率/Hz	功率谱密度 g^2/Hz	频率/Hz	功率谱密度 g^2/Hz	频率/Hz	功率谱密度 g^2/Hz
10	0.015	10	0.000 13	10	0.006 5
40	0.015	20	0.000 65	20	0.006 5
500	0.000 15	30	0.000 65	120	0.000 2
总均方根值:$1.04g_{rms}$		78	0.000 02	121	0.003
		79	0.000 19	200	0.003
		120	0.000 19	240	0.001 5
		500	0.000 01	340	0.000 03
		总均方根值:$0.20g_{rms}$		500	0.000 15
				总均方根值:$0.74g_{rms}$	
试验时间:120min		试验时间:120min		试验时间:120min	

表 2 - 2 外场运输随机振动试验条件

垂直轴(Y 向)		横侧轴(Z 向)		纵向轴(X 向)	
频率/Hz	功率谱密度 g^2/Hz	频率/Hz	功率谱密度 g^2/Hz	频率/Hz	功率谱密度 g^2/Hz
5	0.236 6	5	0.134 4	5	0.059 3
8	0.688 9	7	0.107 5	8	0.049 9
12	0.050 7	8	0.127 9	15	0.025 5
21	0.020 2	14	0.036 6	16	0.034 4
23	0.030 1	16	0.048 5	20	0.013 4
24	0.010 9	17	0.032 6	23	0.010 8
26	0.015 0	19	0.083 6	25	0.014 8
49	0.003 8	23	0.014 7	37	0.004 0
51	0.005 4	116	0.000 8	41	0.005 9
61	0.002 3	145	0.001 3	49	0.001 6
69	0.011 1	164	0.000 9	63	0.001 1
74	0.002 9	201	0.000 9	69	0.004 0
78	0.004 8	270	0.005 1	78	0.000 8
84	0.003 3	298	0.002 1	94	0.002 0
90	0.005 2	364	0.009 9	98	0.001 3
93	0.003 4	375	0.001 9	101	0.002 5
123	0.008 3	394	0.007 3	104	0.001 4
160	0.004 1	418	0.002 7	111	0.002 4
207	0.005 5	500	0.001 6	114	0.001 4
224	0.013 9	总均方根值:1.62g_{rms}		117	0.002 0
245	0.003 1			121	0.001 2
276	0.012 9			139	0.002 4
287	0.003 6			155	0.002 1
353	0.002 7			161	0.003 4
375	0.004 9			205	0.004 2
500	0.001 0			247	0.030 3
总均方根值:2.20g_{rms}				257	0.002 7

续 表

垂直轴(Y向)		横侧轴(Z向)		纵向轴(X向)	
频率/Hz	功率谱密度 g^2/Hz	频率/Hz	功率谱密度 g^2/Hz	频率/Hz	功率谱密度 g^2/Hz
				293	0.009 2
				330	0.011 6
				353	0.023 1
				379	0.008 3
				427	0.022 0
				500	0.001 4
				总均方根值:2.05g_{rms}	
试验时间:25min		试验时间:25min		试验时间:25min	

2. 跑车试验条件

跑车试验条件见表 2-3。

表 2-3 跑车试验条件

路面类型	里程/km	车速/$(km \cdot h^{-1})$
高速公路	3 200	80±10
没有修整的路面或野外地段	500	30±10

3. 合格判据

试验结束后,对试件进行外观检查,看有无结构件松动和结构损伤;检查试验样品的工作性能是否符合有关标准或技术文件规定。

2.4.3 贮存载荷谱

在贮存剖面中,制导炸弹产品一般放置在密封包装箱内,或者穿弹衣密封后,放置在包装箱内,包装箱内放置干燥剂,因此,制导炸弹贮存环境主要受高温、低温、温度冲击等环境因素影响。

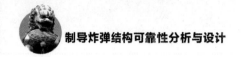

1. 高温贮存

试验温度:70℃或者按有关标准或技术文件规定。

试验时间:48 h 或者按有关标准或技术文件规定。

温度变化速率:小于或等于 10℃/min。

2. 低温贮存

试验温度:—55℃或者按有关标准或技术文件规定。

试验时间:试验样品温度稳定后保持 24h 或者按有关标准或技术文件规定。

温度变化速率:小于或等于 10℃/min。

3.温度冲击

试验温度:高温+70℃,低温—55℃,或者按有关标准或技术文件规定。

温度保持时间:4 h。

转换时间:小于或等于 5 min。

循环次数:3 次。

2.4.4 工作环境谱

制导炸弹工作剖面包括产品挂机飞行和自主飞行两个阶段,任务剖面内受到温度、淋雨、湿热及盐雾等自然环境影响,同时,受到振动冲击等力学环境影响。自然环境影响见 2.3 节介绍。环境谱的编制主要针对力学环境。

振动冲击等力学环境谱的编制可以参考《军用装备试验室环境试验方法 振动试验》(GJB 150.16A — 2009)和《军用装备试验室环境试验方法 冲击试验》(GJB 150.18A — 2009)中的方法,结合制导炸弹自身特点进行。

1. 振动

全弹功能性振动试验和耐久性振动试验功率谱如图 2 - 2 所示。功率谱密度为功能振动量级的 1.6 倍,全弹试验方向一般为垂向(Y 向)和侧向(Z 向)两个方向,弹上设备试验方向一般为航向(X 向)、垂向(Y 向)和侧向(Z 向)三个方向。

2. 冲击

全弹冲击试验主要参数见表 2 - 4,谱型如图 2 - 3 所示。试验过程中,试验产品处于工作状态。实际过程中，一般优先考虑冲击响应谱，再考虑后峰锯齿波。

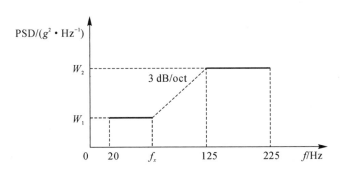

图 2 - 2　全弹振动试验功率谱

表 2 - 4　冲击试验参数

试验方向	波形	峰值过载	持续时间	冲击次数
±Y,±Z 向	后峰锯齿波	20 g	11 ms	每方向 3 次

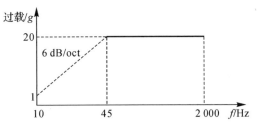

图 2 - 3　全弹冲击试验谱

第 3 章
失效机理及失效模式与影响分析

　　FMECA 的目的是通过系统分析,确定元器件、零部件及系统所有可能的故障模式,以及每一种故障模式的原因及影响,以便找出潜在的薄弱环节,并提出改进措施,为提高产品的质量和可靠性水平提供帮助。FMEA 分析产品中每一个可能的故障模式并确定其对该单元及上层系统所产生的影响,并把每一个故障模式按其影响的严重程度进行分类。CA(危害性分析)定量分析故障发生概率与故障危害程度,是对 FMEA 的补充和扩展。

　　FMECA 结果是确定可靠性关键件重要件的依据;在产品设计完成后做 FMECA,可以通过分析可能的故障模式,发现设计、生产中存在的影响安全或影响任务完成的问题,并提出改进措施;出现重大故障后做 FMECA,可以系统、全面地分析故障原因,为故障归零提供依据。

|3.1 典型失效机理|

导弹结构潜在的失效机理包括静力学失效(变形、失稳、断裂)、动力学失效(振动超标)、疲劳失效,以及其他环境因素导致的失效(腐蚀)等。

结构部件失效大多是由于其性能不足以抵抗环境载荷而发生的。屈服强度、抗拉强度、冲击功、疲劳强度、蠕变强度、断裂韧性、硬度、延伸率和断面收缩率等指标统称为材料的力学性能,表征材料抵抗变形和断裂的能力。环境载荷既包括机械载荷,也包括温度、腐蚀等。

材料按性质及其失效形式的不同,可分为脆性材料和塑性材料。脆性材料随着载荷的增加,在没有明显的塑性变形的情况下就会突然断裂。脆性材料的强度设计准则多以强度极限 σ_b 为依据。塑性材料在断裂前有较大的塑性变形。塑性材料的强度设计准则一般以屈服极限 σ_s(或名义屈服极限,用 $\sigma_{0.2}$ 表示)为依据。若材料中含有裂纹或类裂纹缺陷,则要以断裂力学指标(例如断裂韧性 K_{IC})作为强度设计的依据。

根据载荷性质不同,材料强度有静强度、冲击强度和疲劳强度等不同指标。静强度指材料在静载荷作用下的强度(例如屈服极限 σ_s 和强度极限 σ_b)。冲击强度指材料承受冲击载荷的强度,是材料抵抗冲击破坏的能力。冲击载荷作用下的强度计算比静载荷强度计算复杂得多。一般情况下,在引入动载系数后,可按静强度进行近似计算。疲劳强度指材料在循环载荷作用下、寿命达到或高于

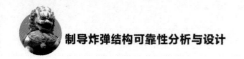

一定数值时的强度,通常以材料的疲劳极限 σ_{-1}(无限寿命下的强度)或指定寿命下的疲劳强度作为强度计算的依据。

根据环境条件的不同,材料强度还有高温强度、低温强度、蠕变强度、腐蚀强度等等。

产品设计要保证产品在规定的设计寿命期内能够安全、可靠地实现预期的功能。只有在认识和估计到所有潜在的失效模式以后才有可能成功地设计出合格的产品。设计人员要清楚潜在的失效模式,熟悉这些失效模式发生的场所和导致这些失效的条件。弹体结构的主要失效机理包括下述 4 种。

1. 静强度失效

静强度失效是指结构部件在静载荷作用下发生了过大的变形或断裂。结构部件在工作中承受着不同形式和大小的外力,必须具有一定的强度和塑性,如屈服强度、抗拉强度、断裂强度、蠕变强度,以及延伸率和断面收缩率等。这些指标代表材料及结构抵抗变形和断裂的能力。如果外载荷超过了相应的指标,就会导致产品失效。

金属材料在应力和温度长期作用下,塑性变形逐渐增加,尺寸变化累积直至妨碍机械零件实现预定功能,这就是蠕变失效。蠕变引起的尺寸变化导致单元的预应变或预应力松弛,以致单元不再能实现预定功能,这就是热驰豫或应力松弛。例如,高温压力容器的预应力螺栓使用一段时间后螺栓蠕变而松弛,导致螺栓连接失效。

屈曲失效是指机械零件由于其特殊的几何外形,当载荷达到临界水平时,载荷的微小增加就会导致零件挠度突然增大而失效。

2. 疲劳失效

多数机械零部件承受的载荷都是随时间而变化的。零件在循环载荷作用下,在某个点或某些点逐渐产生局部的永久性的性能变化,在一定循环次数后形成裂纹,并在载荷作用下继续扩展直到完全断裂的现象,称为疲劳失效。

疲劳失效与静强度失效有着本质的区别。静强度失效是由于零件的危险截面的应力大于其强度极限导致断裂或大于屈服极限产生过大的残余变形;疲劳失效是由于零件局部应力最大处,在循环应力作用下形成微裂纹,然后微裂纹逐渐扩展成宏观裂纹,最终导致断裂。

3. 腐蚀失效

腐蚀失效是指化学或电化学反应和环境的交互作用,引起材料表面或内部的变化,导致机械零件不能实现预期功能。腐蚀经常和其他失效模式,如磨损或疲劳,相互作用。腐蚀的表现有多种不同的形式。例如,直接的化学侵蚀,是暴露在腐蚀环境下的机械零件表面腐蚀,腐蚀量或多或少,均布在整个暴露表面,它可能是最常见的腐蚀类型。间隙腐蚀局限于间隙、裂纹或铰链等容易驻留微量含有腐蚀微粒的溶液之处。点蚀是一种局部腐蚀,表现为穿入金属的一些孔洞或凹坑。晶间腐蚀是当某些铜、铬、镍、镁和锌合金热处理或焊接不正确时,发生在合金晶粒边界的局部腐蚀。晶间腐蚀在晶粒边界形成原电池,促使腐蚀的发生,大大降低材料强度。

应力腐蚀失效是指腐蚀环境下的机械零件受应力作用产生局部的表面裂纹(通常沿着晶粒边界),使得零件不能实现其功能。应力腐蚀是一类非常重要的腐蚀失效模式,许多材料容易发生这种失效。

4. 冲击失效

冲击失效是指零部件在非静态载荷作用下产生了过大的应力或变形,导致该零部件不能实现其功能。动态的或突然施加的载荷产生的局部应力和应变要比静态载荷大很多,这类载荷产生的应力波或应变波可能会导致冲击失效。应力和应变导致的断裂,称为冲击断裂;冲击导致的弹性或塑性变形,叫作冲击变形;反复冲击产生的循环弹性应变导致接触面萌生疲劳裂纹,并逐渐长大引起磨损失效,这个过程称为冲击磨损;两个表面在冲击时由泊松应变或微小的切向速度分量引发起微小的相对切向位移,导致微动行为,称为冲击微动;冲击载荷反复作用在机械单元上引起疲劳裂纹成核和扩展直到疲劳断裂,称为冲击疲劳。

FMECA 是分析产品中每一个可能的故障模式并确定其对该产品及上层产品所产生的影响,并对每一个故障模式按其影响的严重程度、同时考虑故障模式发生概率与故障危害程度予以分类的一种分析技术。FMECA 由 FMEA 和 CA 两部分组成。

FMECA 技术起源于 20 世纪 50 年代,美国格鲁门飞机公司在研制飞机主操纵系统时采用了该方法。20 世纪 60 年代中期,FMECA 技术正式用于美国航天领域的阿波罗计划。1974 年美国国防部发布了美军标《舰船故障模式、影响及危害性分析》(MIL-STD-1629),FMECA 技术开始形成各种标准。20 世纪 90 年代后,FMECA 在国外已经形成一套科学而完整的分析方法。

20 世纪 80 年代初期,在引进、消化、应用和总结基础上,我国相继发布了一系列国家标准、军用标准、行业标准和指令性文件。1985 年 6 月,国家标准局颁布了《系统可靠性分析技术失效模式和效应分析(FMEA)程序》(GB 7826—1987),用于电、机械、液压传动装置、软件、人类行为等的分析。1989 年,原航空工业部发布航空标准《失效模式、影响及危害性分析程序》(HB 6359 — 1989)，该标准适用于航空产品的研制、生产和使用阶段，不适用于软件。1992 年，原国防科学技术工业委员会颁发国家军用标准《故障模式、影响及危害性分析程序》(GJB 1391 — 1992)，适用于产品的研制、生产和使用阶段，不适用于软件，该标准也是国内引用最多，应用最为广泛的标准。2006 年，GJB 1391 — 1992 被 GJB/Z 1391 — 2006 取代，后者适用于产品寿命周期的整个阶段，补充了过程 FMECA 和软件 FMECA 内容，提供了 FMECA 在可靠性、维修性、安全性、测试性和保障性工程中大量的应用案例。

目前在航空、航天、兵器、舰船、电子、机械、汽车、家用电器等工业领域，FMECA 方法均得到了一定程度的普及，为保证产品可靠性发挥了重要的作用。FMECA 方法经过几十年的发展与完善，已经获得了广泛的应用与认可，成为在系统研制中必须完成的一项可靠性分析工作。

3.2 FMECA 实施原则与方法步骤

3.2.1 实施原则

FMECA 的实施原则包括：

(1)有效性原则：必须与产品设计或工艺设计紧密结合，尽力避免脱节现象，否则就失去了 FMECA 的实用价值。

(2)协同原则：FMECA 的目的是为产品设计或工艺设计的改进提供有效的支持，因此 FMECA 工作应与设计同步进行，并将 FMECA 结果及时反映到设计之中。

(3)穷举原则：尽力找出所有可能的故障模式、原因和影响等，以保证 FMECA 的有效性、可信性。

(4)团队原则：建立以产品设计或工艺设计人员为主，并由可靠性专业人员、管理人员和相关人员组成的 FMECA 团队，群策群力，以保证 FMECA 工作的全面性、准确性。

(5)跟踪原则：对 FMECA 的改进或补偿措施的落实、效果及时跟踪分析，以保 FMECA 工作真正落到实处。

3.2.2　FMECA 基本步骤

进行产品 FMECA 的基本流程如图 3 - 1 所示,具体步骤如下。

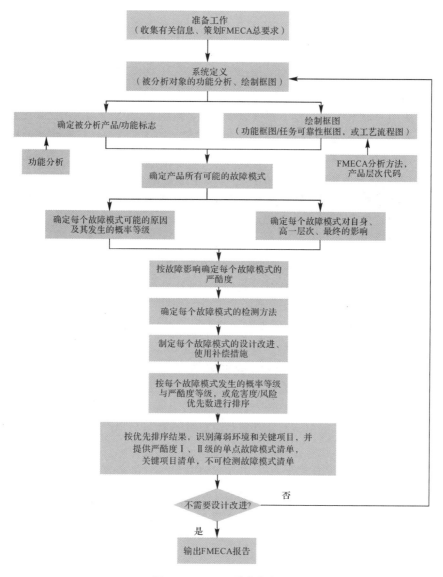

图 3 - 1　FMECA 的基本流程

(1)根据技术规范与设计任务书获得系统的功能、组成、设计要求、使用环境及系统界面等信息。

（2）定义产品名称与功能。

（3）绘制系统框图。绘制系统功能框图和可靠性框图，以更好地了解系统各功能单元的功能逻辑、相互影响及相互依赖的关系，进而逐次分析故障模式产生的影响。

（4）详细列举所有零部件的所有可能故障模式（故障的表现形式）。列举全部故障模式对于 FMECA 来说至关重要，它是进行 FMECA 的基础，也是进行系统可靠性分析的基础。

（5）分析各种故障模式的故障原因。故障模式只是说明了故障的表现形式，而没有说明故障发生的原因。在很多情况下，零部件的故障模式相同，但故障原因并不相同。例如，断裂是结构部件的一个主要失效模式，但是引起断裂的原因有很多，如低周疲劳断裂、共振断裂、腐蚀断裂等。

（6）判断各种故障模式对系统产生的故障效应的故障等级。故障影响指零部件的故障模式产生的后果。这种后果不仅包括该故障模式对零部件自身和系统的性能、功用的影响，还包括对人员安全的影响、对周围环境及相邻设备的影响、对维修的影响，以及对经济、社会方面的影响。在进行故障影响分析时，还要描述其在不同层次上的效应。产品的各种故障模式造成的影响不同，为了划分不同故障模式产生的最终影响的严重程度，通常将影响的严重程度等级划分为不同的严酷度等级。

（7）研究各故障模式的检测方法。对于每一种故障模式，都应该分析其检测方法，找出最佳的检测方法，以便于系统故障诊断、检测和维修。例如，对于裂纹，常用的检测方法有渗透检测、漏磁检测、涡流检测、超声检测和射线检测等。

（8）针对各种故障模式、原因和效应提出可能的预防措施和改正措施。分析故障模式、原因并找出相应的预防和改进措施，是提高可靠性，实现可靠性增长的重要手段。进行故障预防与改进可以从结构改进、材料改进、工艺改进和参数改进等方面进行。

（9）进行故障模式危害性分析，确定各种故障模式的危害度。当故障数据不足时，可以使用危害性分析的定性方法。在已有较全的故障数据时，则可以进行定量分析，确定故障模式的危害度。

按故障模式可能发生的概率等级与严酷度等级，或危害度/风险优先数的大小对故障进行排序。

（10）确定薄弱环节及关键事项。按故障模式的排序结果识别薄弱环节和关键事项，并列出严酷度为Ⅰ、Ⅱ级的单点故障模式清单，关键事项清单，不可检测故障模式清单等。

（11）填写 FMECA 表。根据以上各步骤所得的结果进行填表。典型的 FMECA 表格形式如表 3-1 所示。当需要定量计算时,需要填写 CA 表。

表 3-1 FMEA 及 CA 表

初始约定层次：　　　　　　任务：　　　　　审核：　　　　第　页　共　页

约定层次：　　　　　　　　分析人员：　　　批准：　　　　填表日期：

代码	产品或功能标志	功能	故障模式	故障原因	任务阶段与工作方式	故障影响			故障检测方法	严酷度等级	补偿措施	备注
						局部影响	上层影响	最终影响				

代码故障概率或故障率数据源	故障影响概率 β	故障模式比率 α	失效率 λ_p	工作时间 t	故障模式危害度	产品危害度

注：

（1）代码：对每一产品的每一故障模式的标识。

（2）产品或功能标志：记录被分析产品或功能的名称与标志。

（3）功能：简要描述产品所具有的主要功能。

（4）故障模式：根据故障模式分析的结果简要描述每一产品的所有故障模式。

（5）故障原因：根据故障原因分析结果简要描述每一故障模式的所有故障原因。

（6）任务阶段与工作方式：简要说明发生故障的任务阶段与产品的工作方式。

（7）故障影响：简要描述每一个故障模式的影响。

（8）故障检测方法：简要描述故障检测方法。

（9）严酷度等级：根据最终影响分析的结果按每个故障模式分配严酷度等级。

（10）补偿措施：简要描述补偿措施。

（11）备注：记录对其他栏的注释和补充说明。

3.2.3　FMECA 分析流程

1. 系统定义

系统定义是进行 FMECA 的第一步,目的是使分析人员有针对性地对被分析产品在给定任务功能下进行所有的故障模式、原因和影响分析。完整的系统定义可概括为产品功能(含系统的任务功能与工作方式、系统剖面、任务时间)分析和绘制产品框图(功能框图、任务可靠性框图)两个部分。

（1）产品功能分析。产品的功能是指其完成任务的功用或用途。某些产品具有多种功能，这些功能的性质、重要程度往往是不同的。通过功能分析，对功能进行分类，进而对产品的所有功能要素区别对待，以保证基本功能（或称主要功能、必要功能）的实现。对产品了解越深入，对其作用的认识也就越全面，定义功能越准确。在进行功能分析的时候，应注意功能包括产品的主要功能和次要功能，进行功能分析可以为定义严酷度提供依据，即主要功能丧失对应的严酷度等级高，次要功能丧失对应的严酷度等级低。

（2）绘制产品功能框图和任务可靠性框图。

1）功能框图表示产品各组成部分所承担的任务或功能间的相互关系，以及产品每个约定层次间的功能逻辑顺序、数据（信息）流、接口等。

2）可靠性框图描述产品整体可靠性与其组成部分的可靠性之间的关系，表示故障影响的逻辑关系。在任务可靠性框图中，不同约定层次的产品的关系能够非常清晰地表示出来，处于某一层次的产品发生故障后对于其同一约定层次、高一约定层次和最终约定层次的影响可参考可靠性框图进行分析。如果产品有多项任务或多个工作模式，那么应分别绘制相应任务的可靠性框图。

2. 定义约定层次

定义约定层次的目的是明确分析对象，以便考虑某一层次产品故障模式对其他各层产品包括最终产品的影响。

FMECA 方法中各约定层次的定义如下：

（1）约定层次：根据分析的需要，按产品的功能关系或复杂程度划分的产品功能层次或结构层次。一般从比较复杂的系统到比较简单的零件进行划分。

（2）初始约定层次：分析对象总的、完整的产品所在的层次，它是约定的产品第一分析层次。

（3）其他约定层次：相继的约定层次（第二、第三、第四层等），这些层次表明了直至较简单的组成部分的有顺序的排列。

（4）最低约定层次：约定层次中最底层的产品所在的层次，它决定了FMECA 工作深入、细致的程度。

每个约定层次的产品应有明确定义（包括功能、故障判据等），当约定层次的级数较多（一般大于 3 级）时，应从下至上按约定层次的级别不断分析，直至"初始约定层次"相邻的下一个层次为止，进而构成完整产品的 FMECA。

3. 制定编码体系

为了对产品的每个故障模式进行统计、分析、跟踪和反馈，应根据产品的功

能及结构分解或对产品所划分的约定层次,制定产品的编码体系。原则如下:

(1)符合产品功能和结构特点且便于应用。

(2)能体现产品约定层次的上、下级关系。

(3)对各功能单元或工作单元编码具有唯一、简明、合理、适用和可追溯性,且有可扩充性。

(4)符合标准或规范,并与产品功能框图和任务可靠性框图编码一致。

4. 故障模式分析

故障是产品或产品的一部分不能或将不能完成预定功能的事件或状态(对不可修产品也称失效)。故障模式是故障的表现形式,如电路短路、开路,结构件变形、断裂,作动筒间隙不当,收放不到位等。在研究产品的故障模式时,往往是从现象着手,进而从现象(即故障模式)到机理,找出故障原因。故障模式是FMECA 的基础。

故障模式可分为以下七大类:

(1)损坏型,如断裂、塑性变形、裂纹等。

(2)退化型,如磨损、腐蚀、老化等。

(3)松脱性,如松动、脱焊等。

(4)失调型,如间隙不当、行程不当、压力不当、电压不当等。

(5)堵塞或渗漏型,如堵塞、漏油、漏气、漏电等。

(6)功能型,如性能不稳定、功能不正常等。

(7)其他,如润滑不良等。

产品具有多种功能时,应找出其每个功能的全部可能的故障模式。复杂产品一般具有多种任务功能,则应找出其在每一个任务剖面下每一个任务阶段可能的故障模式。

5. 故障原因分析

导致产品发生故障的原因可能是产品自身的物理、化学因素(直接原因),也可能是设计、制造、试验、测试、装配、运输、使用、维修、环境等外部因素(间接原因)。下一约定层次的故障模式往往是上一约定层次的故障原因。FMECA 应该确定并说明与各故障模式有关的各种原因。

6. 任务描述

每个故障模式产生的影响,对产品寿命剖面和任务剖面的各个阶段可能是不同的。其中,寿命剖面是产品从交付到寿命终结这段时间内所经历的全部事件和环境的时序描述,包括一个或多个任务剖面。任务剖面是产品在完成规定的任务的特定时间段内所经历的事件和环境的时序描述。

寿命剖面与任务剖面既是产品研制、生产期间设计、分析、试验和综合保障分析的依据,也是 FMECA 的依据。在 FMECA 工作中应对产品完成任务的要求及其环境条件进行描述,一般用任务剖面来表示。若被分析的产品存在多个任务剖面,则应对每个任务剖面分别进行描述;若被分析产品的每一个任务剖面又由多个任务阶段组成,且每一个任务阶段又可能有不同的工作方式,则对这些情况均需进行说明或描述。

武器装备通常处于非任务阶段,FMECA 应充分考虑产品任务时间与非任务时间的不同。在非任务期间,由装卸、运输、贮存、检测所引起的应力,将严重影响产品的可靠性。

7. 故障影响和严酷度

故障影响是故障对产品的使用、功能或状态所导致的结果。这些结果是指对产品与人的安全、使用、任务功能、环境、经济等各方面的综合后果。目前应用最多的是 GJB/Z 1391 — 2006 推荐的"三级故障影响"(局部影响、高一层次的影响和最终影响)。局部影响是产品的故障对自身和与该产品所在约定层次相同的其他产品的使用、功能或状态的影响;高一层次影响是产品故障对该产品的高一层次产品的使用、功能或状态的影响;最终影响是指系统中某产品的故障模式对初始约定层次产品的使用、功能或状态的影响。

故障影响的严酷度(即严重程度)等级按每个故障模式的"最终影响"的严酷度确定。严酷度分为Ⅰ(灾难的)、Ⅱ(致命的)、Ⅲ(严重的)、Ⅳ(轻微的)4 个等级。

8. 故障检测方法和改进补偿措施

故障检测方法包括目视检查、机内测试(BIT)、传感检测、声光报警、显示报警、遥测等。

改进或补偿措施包括采用冗余设备、安全或保险装置(如监控及报警装置)、可替换的工作方式(如备用或辅助设备)、消除或减轻故障影响的设计或工艺改进(如优选元器件、降额设计、环境应力筛选和工艺改进等),也包括特殊的使用和维护规程,尽量避免或预防故障的发生。

|3.3 危害性分析|

危害性分析(CA)的目的是按每一故障模式的严重程度及发生的概率进行分类,以便全面评价系统中可能出现的产品故障的影响。CA 是 FMEA 的补充和扩展,是在 FMEA 的基础上进行的。危害性分析方法可分为定性分析法和定量分析法。定性分析法包括风险优先数法和危害性矩阵图法,根据故障模式发生的概率和对系统或设备所造成影响的严重程度来确定危害性的大小;定量分析法是故障模式危害度值方法。

3.3.1 定性分析

当不需要给出危害度确切数值或故障数据不足时,可以应用风险优先数法和危害性矩阵图法进行定性分析。

1. 风险优先数法

在进行故障模式的危害性分析时,把严酷度、发生度和检测度分别进行评分,分值均为 1~10。高分值对应于严酷度等级高、发生概率大、不容易被检测到的故障模式。风险优先数(Risk Priority Number,RPN)是严酷度、发生度和检测度三个数值的乘积,即

$$RPN = 严酷度 \times 发生度 \times 检测度 \qquad (3-1)$$

故障模式的 RPN 值越高,表明其危害性越大。严酷度等级是对严酷度的细化,如表 3-2 所示。发生度等级是故障模式发生概率等级,如表 3-3 所示。检测度等级如表 3-4 所示。

表 3-2 严酷度等级

严酷度等级	说 明	评分等级
Ⅰ(灾难性的)	导致系统预定功能丧失,对系统与环境造成重大伤害,可能导致人员伤亡	10,9
Ⅱ(致命的)	导致系统预定功能丧失或重大经济损失,对系统造成重大伤害,通常不会导致人员伤亡	8,7
Ⅲ(严重的)	导致系统预定功能下降或中等程度的经济损失,通常不会对系统和人员造成显著损伤	6,5,4
Ⅳ(轻微的)	导致系统预定功能轻度下降或轻度的经济损失,几乎不会对系统和人员造成损伤	3,2,1

表 3-3　发生度等级

发生度等级	故障模式发生概率 P_m 参考值	评分等级
A(经常发生)	$P_m>10^{-1}$	10,9
B(有时发生)	$10^{-2}<P_m\leqslant10^{-1}$	8,7
C(偶而发生)	$10^{-4}<P_m\leqslant10^{-2}$	6,5,4
D(很少发生)	$10^{-6}<P_m\leqslant10^{-4}$	3,2
E(极少发生)	$P_m\leqslant10^{-6}$	1

表 3-4　检测度等级

检测度等级	评分等级	参考值评分等级
Ⅰ(无法检出)	10	$>1/2$
Ⅱ(很难检出)	9~7	$>1/100\sim1/2$
Ⅲ(难以检出)	6~4	$>1/1\,000\sim1/100$
Ⅳ(可以检出)	3~2	$>1/10\,000\sim1/1\,000$
Ⅴ(易于检出)	1	$\leqslant1/10\,000$

对于一个失效模式,RPN 值在 1~50 之间时,表示其风险较小,基本不会对产品造成不良影响;RPN 值在 50~100 之间时,表示存在较大风险,需要寻求改善方案;当 RPN 值大于 100 时,则表示存在很大风险,需要加强控制。具体到实际产品上,则需要根据实际情况合理确定 RPN 的大小,但是对严酷度评分等级是 9 或 10 的对象,不论其 RPN 值为多少,都必须严格控制。

2. 危害性矩阵图法

危害性矩阵图法用来比较各故障模式的危害性程度,为确定改进措施的先后顺序提供依据。危害性矩阵图以故障模式严酷度等级为横坐标,以故障模式发生度等级为纵坐标,并将设备或故障模式标志编码填标在矩阵相应的位置,成为故障模式分布点。将故障模式分布点投影在矩阵图的对角线上,投影点距原点的距离越远,故障模式的危害性越大,如图 3-2 所示。图中故障模式危害性按从大到小顺序排列是 3,2,1。

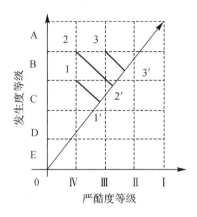

图 3-2 危害性矩阵图

3.3.2 定量分析

危害性定量分析是分别计算每个故障模式的危害度 C_{mj} 和产品危害度 C_r，对不同的 C_{mj} 和 C_r 值进行排序，并对每个故障模式的 C_{mj}、产品的 C_r 进行危害性分析。

产品第 j 个故障模式危害度 C_{mj} 的计算公式为

$$C_{mj} = \alpha_j \times \beta_j \times \lambda_p \times t \tag{3-2}$$

式中：

C_{mj}——在产品的工作时间 t 内，故障模式 j 对应于某严酷度等级的危害度。

α_j——故障模式频数比，是产品故障模式 j 发生的次数与产品所有可能的故障模式数的比率，可通过统计、试验、预测等方法获得。

β_j——故障模式影响概率，是产品在故障模式 j 发生的条件下，其最终影响导致初始约定层次产品出现某严酷度的条件概率。β_j 值的确定代表分析人员对产品故障模式、原因和影响等掌握的程度，β_j 通常按经验进行定量分析。表 3-5 给出了 β_j 的参考值。

λ_p——产品在任务阶段的故障率（1/h）。

t——产品在任务阶段的工作时间（h）。

产品危害度 C_r 是该产品在给定的严酷度类别和任务阶段下的各种故障模式危害度 C_{mj} 之和，即

$$C_r = \sum_{j=1}^{N} C_{mj} \tag{3-3}$$

式中:C_r 为产品在给定的严酷度等级和任务阶段下的危害度;N 为产品的故障模式数。

表 3 - 5　故障模式影响概率 β_j 的参考值

影响程度	实际丧失	很可能丧失	有可能丧失	无影响
β_j 规定值	$\geqslant 1$	$0.1\sim<1$	$0\sim<0.1$	<0

|3.4　应用举例|

3.4.1　弹翼展开机构 FMEA

1. 系统定义

弹翼展开机构连接在弹体或舵机上,在地面贮存及挂机飞行时,其处于初始锁紧工作状态,可靠地锁紧导弹舵弹;在导弹投放后,通过弹翼展开机构动作,实现弹翼展开、到位锁紧等一系列动作。

(1)机构组成分析。根据弹翼展开机构各零部件实现的功能,将其划分为控制机构、初始锁紧机构、翼面展开机构和到位锁紧机构。

(2)系统级功能分析。根据弹翼展开机构系统定义及结构特点,得到弹翼展开机构系统功能框图,如图 3 - 3 所示。

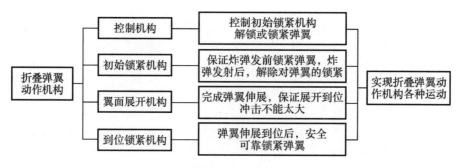

图 3 - 3　弹翼展开机构系统功能框图

2. 约定层次划分与编码体系

通过对弹翼展开机构约定层次的划分,确定弹翼展开机构故障模式分析的范围。约定层次的划分既可按系统的功能进行,也可按系统的结构进行。本书通过前面的系统定义完成了导弹弹翼展开机构组成的确定,因此,其约定层次划分按照系统的结构进行。

初始约定层次确定为弹翼展开机构组成单元。约定层次划分如图 3-4 所示。编码体系如图 3-5 所示。

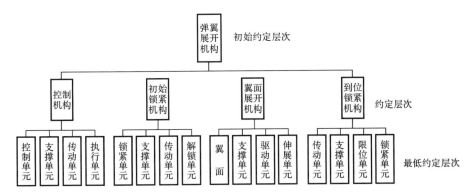

图 3-4 弹翼展开机构约定层次划分

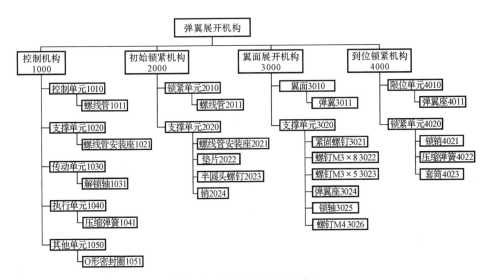

图 3-5 弹翼展开机构编码体系

3. 任务剖面

弹翼展开机构经历的任务剖面包括贮存运输剖面、挂机飞行剖面、投弹解锁剖面和弹翼展开定位剖面。

4. 严酷度

弹翼展开机构严酷度考虑到故障所造成的最坏的潜在后果,参照《故障模式、影响及危害性分析指南》(GJB/Z 1391 — 2006),根据最终可能出现的系统损坏或经济损失等方面的影响程度确定其故障严酷度。

5. FMECA 表

翼面展开机构中翼面的 FMECA 见表 3 - 6。

表 3 - 6　翼面 FMECA 表

初始约定层次:导弹　　　　　任务:完成弹翼伸展　　　审核:　　　　第　页　共　页

约定层次:翼面展开机构　　　分析人员:　　　　　　　　填表日期:

代码	产品或功能标志	功能	故障模式	故障原因	任务阶段与工作方式	故障影响			严酷度等级	故障检测方法	补偿措施
						局部影响	高一层次影响	最终影响			
3011	弹翼	控制弹的飞行姿态	翼面破坏	翼面因承受载荷过大、颤振而产生破坏	挂机飞行	翼面破坏	翼面展开	弹体方向严重偏离	II	挂弹前目测、静力试验/空投试验	
			翼面变形过大	翼面受载时变形超过设计要求	各任务剖面	翼面变形	各连接件晃动	弹体方向偏离	II	挂弹前目测、静力试验/空投试验	
			卡滞	销轴生锈或弹翼孔内部进入异物,与弹翼座摩擦过大	弹翼展开	翼面展开摩擦力大	翼面与弹翼座摩擦增大	翼面展开时间延长	III	空投试验	与翼面摩擦因数小于0.1

3.4.2 弹体结构 FMECA

1. 系统定义

(1)组成分析。导弹的弹体结构,仅指导弹总体结构。某导弹的弹体结构,由头舱、舱段壳体、舱段连接件、翼面、翼面螺钉、舵面、舵面螺钉、吊挂、密封结构、热防护结构组成。

(2)功能。导弹弹体结构构成导弹外形,有效连接导弹各部分使其成为一个整体。作为导弹内部电气组件等的载体,弹体结构不仅要满足气动力的要求,产生升力和提供操纵力,承受一定的静力载荷、惯性载荷、动力载荷及热载荷,还要能给导弹电气部件(如导引组件、控制组件、电源组件等)提供一个合适的工作环境,即要求弹体结构有一定的强度、刚度、密封和隔热能力,同时还要满足导弹贮存、运输、测试等使用维护要求。

(3)寿命剖面和任务剖面。

导弹的寿命剖面,是指导弹从出厂交付到寿命终结这段时间内所经历的全部事件(如运输、待命、发射等)和事件环境(温度、气压、湿度等)的时序描述。导弹寿命剖面见图 3 - 6。

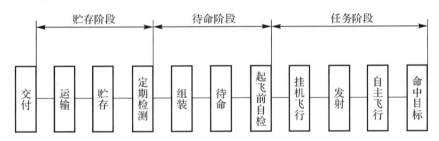

图 3 - 6 某型导弹寿命剖面

导弹的任务剖面,是指导弹在完成规定任务时间段内所经历的全部事件(如挂机飞行、发射、自主飞行等)和事件环境的时序描述。任务剖面分为挂机飞行阶段和自主飞行阶段两部分,见图 3 - 7。

在导弹的寿命周期的各个阶段,弹体结构的各个组成部分均参与工作,它们之间相互联系,无冗余或替代工作模式,任何一个组成部分发生故障都会导致整个弹体结构的故障,影响导弹系统任务的完成,所以,它们之间是串联关系。

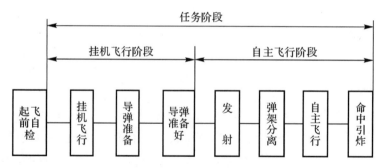

图 3-7　某型导弹任务剖面

(4)功能框图。某型导弹弹体结构功能框图见图 3-8。

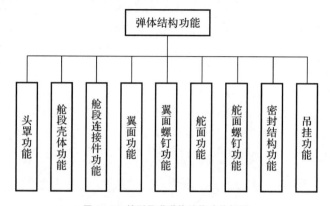

图 3-8　某型导弹弹体结构功能框图

图 3-8 中各部分的具体功能如下:

1)头罩功能:头罩用于保护导引头,承受导弹环境载荷,为导弹提供升力,同时又能使无线电波自由通过;

2)舱段壳体功能:舱段壳体是弹体结构的一部分,内装电气组件,承受导弹环境载荷,为导弹提供升力;

3)舱段连接件功能:舱段间连接件用于保证导弹相邻舱段有效连接成为一个整体;

4)翼面功能:翼面是弹体结构的一部分,承受导弹环境载荷,为导弹提供升力;

5)翼面螺钉功能:翼面螺钉用于将翼面固定在弹体上;

6)舵面功能:舵面是弹体结构的一部分,承受导弹环境载荷,为导弹提供控制力;

7)舵面螺钉功能:翼面螺钉用于将舵面连接到弹体上;

8)密封结构功能:密封结构用于弹体舱段的密封,使弹体组件免受淋雨等环境因素的影响;

9)吊挂功能:吊挂用于保证导弹在其发射装置上的有效挂装和弹架分离过程的顺利安全,同时也用作地面转运的导弹吊装接口。

(5)可靠性框图。某型导弹弹体结构相应的可靠性框图见图 3-9。

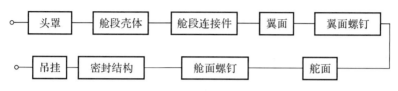

图 3-9 某型导弹弹体结构可靠性框图

2. 约定层次

某型导弹弹体结构的约定层次图见图 3-10。在进行某型空空导弹弹体结构 FMECA 时,以某型空空导弹作为初始约定层次,约定层次为弹体结构,最低约定层次为头罩、舱段壳体等弹体结构件。

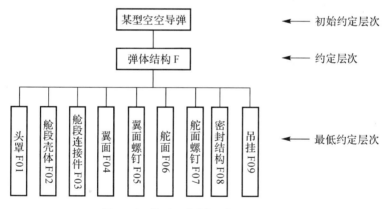

图 3-10 某型导弹弹体结构约定层次图

3. FMECA 表

头罩的 FMECA 表见表 3-7。

表 3－7　头罩 FMECA 表

初始约定层次:导弹　　　　　任务:飞行攻击目标　　　审核:　　　　　第　页共　页
约定层次:导弹结构　　　研制阶段:　　　　分析对象:头罩　　　分析人员:　　　　填表日期:

代码	产品	功能	故障模式	故障原因	任务阶段与工作方式	故障影响 局部影响	故障影响 高一层次影响	故障影响 最终影响	故障检测方法	设计改进措施	使用补偿措施	严酷度等级	发生度等级	备注
F01	头罩	构成弹体,承受载荷	裂纹01	强度不足;有制造缺陷;意外磕碰、划伤	自主飞行	头罩损坏	弹体结构破坏	导弹失控,任务失败	目视检查	根据强度分析结果,优化结构设计;提出检验要求;设计红色保护帽	安装保护帽,小心操作,定期检测	Ⅱ	E	措施已落实
			裂纹02	意外磕碰、划伤	贮存、待命	头罩损坏	弹体结构破坏	计划外维修	目视检查	设计红色保护帽	安装保护帽,小心操作,定期检测	Ⅳ	E	措施已落实
		透过无线电波	电性能不合格03	头罩吸潮	自主飞行	电性能超差	结构透波性能降低	脱靶量增大,任务失败	专用设备检查	头罩表面增加封闭涂层	定期检测,及时更换故障件	Ⅱ	E	措施已落实

4. 危害性分析

危害性矩阵分析结果如图 3－11 所示。结果表明,故障模式 F0901 和 F0902 危害程度最大。其中 F0901 为吊挂断裂,F0902 为吊挂与发射装置间滑动卡滞。

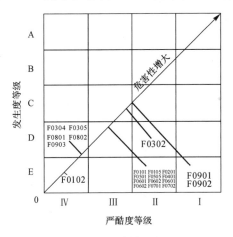

图 3－11　危害性矩阵图

第 4 章

故障树分析

故障树分析是通过对可能造成产品故障的硬件、软件、环境、人为因素进行分析，画出故障树，从而确定产品故障原因的各种可能组合方式和(或)其发生概率的一种分析技术，其目的是运用演绎法逐级分析，寻找导致某种故障事件(顶事件)的各种可能原因，直到最基本的原因，并通过逻辑关系分析确定潜在的硬件、软件的设计缺陷，以便采取改进措施。

故障树分析可定性、定量分析，具有直观性强，适用于多重故障、多因素和复杂大系统分析的优点。

故障树分析(Fault Tree Analysis，FTA)方法在系统可靠性分析、安全性分析和风险评价中具有重要作用，是系统可靠性分析常用的一种重要方法。它是在弄清产品基本失效模式的基础上，通过演绎分析方法，找出故障原因，分析系统薄弱环节。随着计算机辅助故障树分析的出现，故障树分析法在航天、核能、电力、电子、化工等领域得到了广泛的应用。

故障树分析以系统的一个不希望发生的事件为焦点，是一种关于故障因果关系的演绎分析方法。它通过自上而下的逐层分析，逐步找出导致该事件发生的全部直接原因和间接原因，建立其间的逻辑联系，用树状图表示，并辅以一些定量分析与计算。在故障树分析中，所研究系统及其组成单元的各类故障状态称为故障事件。通常把最不希望发生的事件称为顶事件，它位于故障树的顶端；最基本的故障事件称为底事件，底事件是仅作为其他事件发生的原因、不再深究其自身发生原因的事件，位于故障树的底端；介于顶事件与底事件之间的所有事件均称为中间事件。用相应的符号代表这些事件，用适当的逻辑门符号把顶事件、中间事件和底事件连接成树形图，即为故障树。以故障树为工具，分析系统发生故障的各种原因、途径的系统可靠性分析方法即为故障树分析方法。

故障树分析方法的特点如下：

(1)故障树分析方法应用灵活，不限于对系统可靠性进行一般的分析，可以分析系统的各种故障状态。故障树分析方法不仅可以分析某些零部件故障对系统的影响，还可以对导致这些零部件故障的特殊原因(例如环境的、人为的原因等)进行分析。

（2）故障树分析方法是一种图形演绎法，形象、直观。同时，它也是一种对故障事件的逻辑推理方法。故障树分析方法可以围绕特定的故障状态进行层层深入分析，以清晰的故障树图表达系统功能的内在联系，揭示系统的薄弱环节。

（3）故障树是由一些逻辑门和事件构成的逻辑图，容易用计算机辅助建树与分析。

（4）借助故障树能进行定性分析和定量计算（定量计算复杂系统的故障概率等可靠性指标）。

（5）故障树分析方法不但可用于解决工程技术中的可靠性问题，而且还可用于系统工程问题。故障树分析方法对于系统管理和维修人员来说，是一个形象的管理维修指南。

故障树分析方法一般包括确定故障树的顶事件、建立故障树、进行系统可靠性的定性分析和进行系统可靠性的定量分析这四方面内容。

4.1 故障树基本概念

1. 故障树

故障树是一种表示事件因果关系的树状逻辑图，用规定的事件、逻辑门等符号描述系统中各种事件之间的因果关系。

2. 事件

事件表示系统及零部件状态。例如，正常事件表示系统或部件能够完成规定功能，故障事件表示系统或部件不能完成规定功能。

3. 顶事件

表示故障树分析的最终目标的事件称为故障树的顶事件，它位于故障树的顶端。通常把最关心的不希望发生的事件称为顶事件。

4. 底事件

导致其他事件发生，也是顶事件发生的根本原因的基本事件称为故障树的底事件，它位于故障树的底端，是故障树中最低层逻辑门的输入事件。

5. 中间事件

介于顶事件与底事件之间的一切事件均称为中间事件。

6. 结果事件

由其他事件或事件组合所导致的事件称为结果事件。顶事件和中间事件都属于结果事件。

7. 特殊事件

特殊事件是指在故障树分析中需要用特殊符号表示其特殊性或引起注意的事件。

|4.2 建立故障树的方法与步骤|

4.2.1 故障树基本符号

故障树分析法是一种图形演绎法,建立故障树需要一些事件符号和表示逻辑关系的门符号,用以表示事件之间的逻辑关系。故障树中所用的基本符号有两类:事件符号和逻辑门符号,此外还有转移符号等,分别见表4-1~表4-3。

表4-1 故障树中的事件符号

名　称	符　号	含　义
底事件		底事件用圆形符号表示,是故障分析中无须探明其发生原因的事件
未探明事件		未探明事件用菱形符号表示,是原则上应进一步探明其原因但暂时不必或暂时不能探明其原因的事件。菱形符号也代表省略事件,表示那些可能发生,但概率值微小的事件;或者对此系统到此为止需要再进一步分析的故障事件,这些故障事件在定性分析中或定量计算中一般都可以忽略不计

续 表

名称		符号	含义
结果事件	顶事件		结果事件用矩形符号表示,可以是顶事件,或由其他事件或事件组合所导致的中间事件
	中间事件		
特殊事件	条件事件		条件事件用扁圆形符号表示,用于描述逻辑门起作用的具体限制条件
	开关事件		开关事件用房形符号表示,是在正常工作条件下必然发生或必然不发生的事件。当房状图形中所给定的条件满足时,房形所在门的其他输入保留,否则除去

表 4-2　故障树中的逻辑门符号

名　称	符　号	含　义
与门 AND	与门	表示当且仅当所有输入事件发生时,输出事件才发生的逻辑关系
或门 OR	或门	表示至少一个输入事件发生时,输出事件就发生的逻辑关系
非门 NOT	非门	表示输出事件是输入事件的对立事件

续　表

名　称	符　号	含　义
顺序与门 Sequential AND	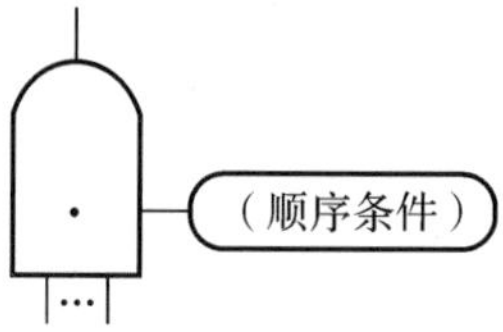 顺序与门	表示当且仅当输入的事件按规定的顺序发生时,输出事件才发生的逻辑关系
表决门 Voting Gate	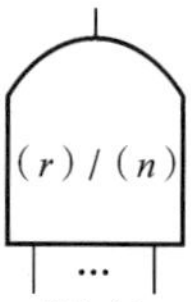 $(r)/(n)$ 表决门	表示仅当 n 个输入事件中有 r 个或 r 个以上的事件发生时,输出事件才发生的逻辑关系
异或门 Exclusive OR	 异或门 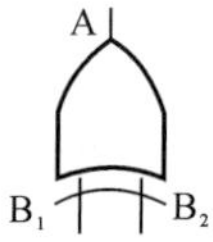　　B_1　B_2	表示仅当单个事件发生时,输出事件才发生的逻辑关系
禁门 Inhibit Gate	 （禁门打开的条件） 禁门	表示仅当条件事件发生时,输入事件的发生才能导致输出事件的发生

表 4－3　故障树中的转移符号

名　称	符　号		含　义
相同转移符号(用以指明子树的位置)	转出符号	 （子树代号:字母数字） 转向符号	表示"下面转到以字母及数字为代号的子树去"
	转入符号	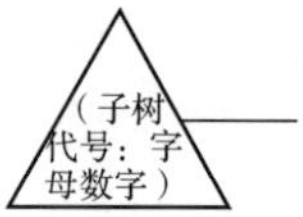 （子树代号:字母数字） 转此符号	表示"由具有相同的字母及数字的转出符号处转到这里来"

续 表

名　称	符　号	含　义
相似转移符号(用以指明相似子树的位置) — 相似转出	（相似的子树代号）　不同的事件标号：××—×× 相似转向	表示"下面转到以字母及数字为代号所指结构相似而事件标号不同的子树去",不同的事件标号在三角形旁边注明
相似转入	（子树代号） 相似转此	表示"由以字母及数字为代号所指结构相似而事件标号不同的相似转出符号处转到这里来"

4.2.2　建立故障树的流程

为建立故障树,首先需要对待分析系统进行深入细致的调查研究,广泛收集有关系统、设备的技术文件和资料,了解其构成、性能、操作、使用、维修情况,并深入细致地分析系统的功能、结构原理、故障状态、故障因素等。重要信息包括从工程实际中收集的故障维修记录,以及同类系统曾发生过的故障。此外,还需要对故障事件做出明确、精准的定义与描述。

1. 确定顶事件

顶事件通常是系统最不希望发生的事件。根据系统的不同要求,可以有多个不同的顶事件,但一个故障树只能分析一个不希望发生事件,因此,对于一个待分析系统而言,可能有多个从各自顶事件出发建立的不同故障树。故障树中,一个部件以特定的方式与其他部件相关联。顶事件的确定要从研究对象出发,根据系统的要求,选择与分析目的紧密相关的事件。

2. 建立故障树

由顶事件出发,逐级找出导致各级事件发生的所有可能直接原因,并用相应的符号表示事件及上层事件与下层事件之间的逻辑关系,直至分析到底事件为

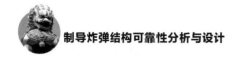

止。然后,结合逻辑运算算法作进一步的分析运算,并删除多余事件。

3. 故障树分析

建立故障树以后,就可以根据故障树对整个系统进行分析与评价,从中得出定性和定量的结果。

建立故障树应该注意以下几个问题:

(1)选择建树流程,以系统功能为主线分析所有故障事件。

(2)合理地选择和确定系统及单元的边界。界定分析范围可为故障树分析指明重点,明确故障树建到何处为止。

(3)故障时间定义要确切。

(4)各事件的逻辑关系和条件必须分析清楚。

(5)建树过程中及建成后,合理简化,去掉逻辑多余事件,以方便定性、定量分析。

|4.3　故障树定性分析|

定性分析是故障树分析的主要内容,目的是分析某故障的发生原因、规律及特点,并从故障树结构上分析各基本原因事件的重要程度。故障树定性分析的目的主要是寻找最小割集或最小路集。

4.3.1　故障树的割集与路集

1. 割集

若一个故障树的某些底事件同时发生时顶事件必然发生,则这些底事件的集合就称为一个割集。割集中的全部事件同时发生是导致顶事件发生的充分条件。

2. 最小割集

若割集中的任一底事件不发生时顶事件即不会发生,则这样的割集称为最小割集。它是包含了能使顶事件发生的最小数量的必须底事件的集合,或者说,去掉最小割集中的任何一个事件后就不再是割集,这意味着最小割集中的全部事件发生是导致顶事件发生的充分、必要条件。

3. 路集

若干底事件的集合,若此集合中的底事件都不发生则顶事件必然不发生,这样的集合为路集。

4. 最小路集

如果一个路集中任意底事件发生,顶事件一定发生,则称此路集为最小路集。或者说,如果将最小路集中的任意一个底事件去掉就不再是路集。

4.3.2 求最小割集的方法

1. 下行法

下行法又称 Fussell - Vesely 算法,其特点是从顶事件开始往下逐级进行求解。具体做法是,从顶事件开始,从上向下,遇到与门就把该与门下面的所有输入事件排于一行,遇到或门就把该或门下面的所有输入事件排于一列,直到不能分解为止。与门只增加割集中底事件的容量,或门增加割集的数目。这样得到的基本事件集合是割集,但不一定是最小割集。

找出最小割集可以采用如下方法:令每一个底事件依次对应一个素数。每个割集对应一个积数,它是割集中底事件对应素数的乘积,经排列后可得到一串由小到大排列的数列 $N_1, N_2, \cdots, N_k$,k 为割集总数。把这些数依次相除,例如,用 N_2 除以 N_1,若 N_2 能被 N_1 整除,则说明 N_2 不是最小割集,去掉。这样做下去,最后剩下的数都不能相互整除,它们对应的割集即为所求的最小割集。

例 4 - 1 求图 4 - 1 所示故障树的全部最小割集。

解 如图 4 - 1 所示,顶事件下面为或门,因此第一步将其输入事件 X_1,G_1 和 X_2 排成一列,因为这些输入事件中的任何一个发生时顶事件必然发生,所以每一个输入事件都是一个独立割集元素;第二步,G_1 下面为或门,因此将 G_2,G_3 排成一列,并替代 G_1;第三步,G_2 下面为与门,故将其输入 G_4,G_5 排成一行并替代 G_2,因为仅当与门的全部输入都发生时,才会导致该与门上的相应中间事件的发生。依此类推,最终在第七步将得到一个 9 行的列举矩阵(见表 4 - 4),得到 9 个割集 $\{X_1\}$,$\{X_2\}$,$\{X_4, X_6\}$,$\{X_4, X_7\}$,$\{X_5, X_6\}$,$\{X_5, X_7\}$,$\{X_3\}$,$\{X_6\}$,$\{X_8\}$。

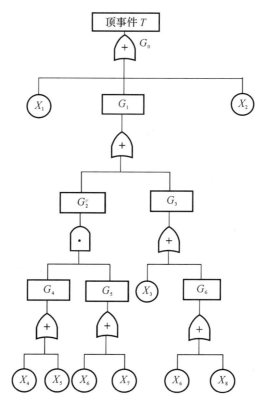

图 4 - 1　系统故障树

表 4 - 4　下行法求割集矩阵

步骤	1	2	3	4	5	6	7	割集
	X_1							$\{X_1\}$
	X_2							$\{X_2\}$
	G_1	G_2	G_4,G_5	X_4,G_5	X_4,X_6			$\{X_4,X_6\}$
		G_3	G_3	X_5,G_5	X_4,X_7			$\{X_4,X_7\}$
				G_3	X_5,X_6			$\{X_5,X_6\}$
					X_5,X_7			$\{X_5,X_7\}$
					G_3	X_3		$\{X_3\}$
						G_6	X_6	$\{X_6\}$
							X_8	$\{X_8\}$

求最小割集：首先令各底事件对应的素数分别为 $X_1=2, X_2=3, X_3=5,$ $X_4=7, X_5=11, X_6=13, X_7=17, X_8=19$，相应的 9 个割集对应的数是 $N_1=2,$ $N_2=3, N_3=7\times13, N_4=7\times17, N_5=11\times13, N_6=11\times17, N_7=5, N_8=13,$ $N_9=19$。由于 $N_3=7\times13$ 和 $N_5=11\times13$ 都能被 $N_8=13$ 整除，所以去掉 N_3 和 N_5 对应的割集，余下的 7 个割集的积数互相不能整除，得到 7 个最小割集为 $\{X_1\}, \{X_2\}, \{X_4, X_7\}, \{X_5, X_7\}, \{X_3\}, \{X_6\}, \{X_8\}$。

2. 上行法

上行法也称为 Semanderes 算法，它是由故障树的底事件开始，逐级向上进行集合运算，最后将顶事件表示成若干底事件之积的和的形式。每一个积事件就是一个割集，最后通过逻辑运算中的吸收率和等幂率对积和表达式进行简化，剩下的每一项都是一个最小割集。具体做法是，将"或门"输出事件用输入事件的并（布尔和 $\cup$）代替，将"与门"输出事件用输入事件的交（布尔积 $\cap$）代替。为简化书写，用"$+$"代表符号"$\cup$"，符号"$\cap$"可省略。

例 4-2 用上行法求图 4-1 的最小割集。

解 图 4-1 所示故障树的最下一级为

$$G_4 = X_4 + X_5, \quad G_5 = X_6 + X_7, \quad G_6 = X_6 + X_8$$

向上一级为

$$G_2 = G_4 G_5 = (X_4 + X_5)(X_6 + X_7)$$

$$G_3 = X_3 + G_6 = X_3 + X_6 + X_8$$

再向上一级为

$$G_1 = G_2 + G_3 = (X_4 + X_5)(X_6 + X_7) + X_3 + X_6 + X_8$$

$$= X_4 X_6 + X_4 X_7 + X_5 X_6 + X_5 X_7 + X_3 + X_6 + X_8$$

根据集合运算法则中的吸收率，上式中 $X_4 X_6 + X_5 X_6 + X_6 = X_6$，故上式简化为

$$G_1 = X_4 X_7 + X_5 X_7 + X_3 + X_6 + X_8$$

最上一级为

$$G_0 = X_1 + X_2 + G_1 = X_1 + X_2 + X_4 X_7 + X_5 X_7 + X_3 + X_6 + X_8$$

得到的最小割集为 $\{X_1\}, \{X_2\}, \{X_4, X_7\}, \{X_5, X_7\}, \{X_3\}, \{X_6\}, \{X_8\}$。

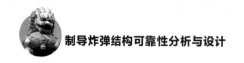

|4.4 故障树定量分析|

故障树的定量分析主要有两方面的内容:一是由输入系统各单元(顶事件)的失效概率求出系统的失效概率,二是计算重要度(一个零件、部件或最小割集对顶事件的贡献称为重要度)。由于对象不同、要求不同,所采用的重要度分析方法也不同。常用的重要度分析方法有结构重要度分析法、概率重要度分析法、关键重要度(相对重要度)分析法等。

4.4.1 故障树的结构函数

在系统故障树分析中,经常用到布尔结构函数。任意一个单调关联系统的故障树均可转化为只含与门、或门和底事件的故障树。例如,在求出全部最小割集之后,就可以对原故障树进行改造,画成只含与门、或门和底事件的故障树。

对于一个由 n 个零部件构成的系统,它的顶事件是系统故障,底事件是各零部件的故障。假设各零部件失效之间是相互独立的,各零部件及系统只有故障和完好两种状态,可以用 X_i 来表示底事件的状态:

$$X_i = \begin{cases} 1 & \text{底事件 } X_i \text{ 发生时} \\ 0 & \text{底事件 } X_i \text{ 不发生时} \end{cases}$$

当 $X_i = 1$ 时,底事件发生,即零部件处于故障状态;当 $X_i = 0$ 时,底事件不发生,即零部件处于正常状态。

顶事件的状态是底事件状态的函数,用 $\Phi(X) = \Phi(X_1, X_2, \cdots, X_n)$ 表示,$\Phi(X)$ 称为故障树的结构函数。当 $\Phi(X) = 1$ 时,顶事件发生,即系统处于故障状态;当 $\Phi(X) = 0$ 时,顶事件不发生,即系统处于正常状态。

故障分析中常见逻辑门的结构函数有两种,即与门结构函数和或门结构函数。

1. 与门结构函数

与门定义为只有当全部输入事件都发生时,输出事件才发生,其结构函数为

$$\Phi(X) = \bigcap_{i=1}^{n} X_i = \prod_{i=1}^{n} X_i \qquad (4-1)$$

2. 或门结构函数

或门定义为只要有一个输入事件发生,输出事件就发生。其结构函数为

$$\Phi(X) = \bigcup_{i=1}^{n} X_i = 1 - \prod_{i=1}^{n} X_i \qquad (4-2)$$

4.4.2　直接概率法求顶事件发生概率

当故障树底事件发生的概率已知时,按照故障树的逻辑结构由下至上逐级计算,求得顶事件发生的概率。

与门结构的发生概率为

$$P(X) = P\left(\bigcap_{i=1}^{n} X_i\right) \qquad (4-3)$$

当各输入事件独立时

$$P(X) = \prod_{i=1}^{n} P(X_i) \qquad (4-4)$$

或门结构的发生概率为

$$P(X) = P\left(\bigcup_{i=1}^{n} X_i\right) \qquad (4-5)$$

当各输入事件独立时

$$P(X) = 1 - \prod_{i=1}^{n} \left[1 - P(X_i)\right] \qquad (4-6)$$

例 4-3　图 4-2 所示的故障树,各事件的可靠度为 $R_{X_1} = 0.96$,$R_{X_2} = 0.98$,$R_{X_3} = 0.99$,各事件是相互独立事件,求系统的可靠度。

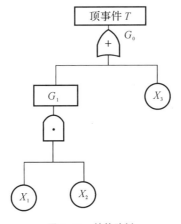

图 4-2　某故障树

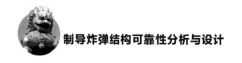
解 各底事件的发生概率为

$$P(X_1) = 1 - 0.96 = 0.04$$

$$P(X_2) = 1 - 0.98 = 0.02$$

$$P(X_3) = 1 - 0.99 = 0.01$$

事件 G_1 发生的概率为

$$P(G_1) = P(X_1)P(X_2) = 0.04 \times 0.02 = 0.000\ 8$$

顶事件发生的概率为

$$P(G_0) = 1 - [1 - P(G_1)][1 - P(X_3)] = 1 - (1 - 0.000\ 8) \times (1 - 0.01) = 0.010\ 792$$

系统的可靠度为

$$R_s = 1 - P(G_0) = 1 - 0.010\ 792 = 0.989\ 208$$

4.4.3 最小割集法求顶事件发生概率

找出故障树的全部最小割集后,可以通过最小割集发生的概率求顶事件发生的概率。尤其是,当有底事件在故障树中重复出现时,不能直接用概率法求系统顶事件发生的概率,而只能用最小割集法求解。

最小割集法求顶事件发生概率的表达式为

$$P(T) = P(\bigcup_{i=1}^{m} C_i) \tag{4-7}$$

式中:C_i 为故障树第 i 个最小割集,$i = 1, 2, \cdots, m$。

最小割集与割集中的各底事件在逻辑上为"与"的关系,若已知最小割集 C_i 中各底事件 $X_1, X_2, \cdots, X_k$ 发生的概率,则最小割集发生的概率为

$$P(C_i) = P(\bigcap_{j=1}^{k} X_j) \tag{4-8}$$

若已求得最小割集发生的概率,则可以由下式求顶事件发生的概率:

$$P(T) = P(\bigcup_{i=1}^{m} C_i) = \sum_{i=1}^{m} P(C_i) - \sum_{i<j=2}^{m} P(C_i C_j) +$$

$$\sum_{i<j<l=3}^{m} P(C_i C_j C_l) + \cdots + (-1)^{m-1} P(\bigcap_{i=1}^{m} C_i) \tag{4-9}$$

式(4-9)共有 2^{m-1} 项,当最小割集数 m 很大时,计算困难。实际工程中,底事件发生的概率通常很小,可以忽略高次项,而只保留前一、前二或前三项,分别称为一阶近似、二阶近似和三阶近似。三阶近似公式为

$$P(T) = P(\bigcup_{i=1}^{m} C_i) = \sum_{i=1}^{m} P(C_i) - \sum_{i<j=2}^{m} P(C_i C_j) + \sum_{i<j<l=3}^{m} P(C_i C_j C_l)$$

$$(4-10)$$

例 4-4 图 4-2 所示的故障树,各事件的可靠度为 $R_{X_1} = 0.96, R_{X_2} = 0.98, R_{X_3} = 0.99$,各事件是相互独立事件,应用最小割集法求系统的可靠度。

解 应用上行法或下行法可求得系统的最小割集为 $C_1 = \{X_1, X_2\}$, $C_2 = \{X_3\}$,则

$$P(C_1) = P(X_1, X_2) = (1-0.96) \times (1-0.98) = 0.000\ 8$$
$$P(C_2) = P(X_3) = 1 - 0.99 = 0.01$$
$$P(T) = P(C_1 \bigcup C_2) = P(C_1) + P(C_2) - P(C_1) \times P(C_2)$$
$$= 0.000\ 8 + 0.01 - 0.000\ 8 \times 0.01$$
$$= 0.010\ 792$$

故系统的可靠度为

$$R_s = 1 - P(T) = 1 - 0.010\ 792 = 0.989\ 208$$

4.5 制导炸弹控制舱故障树

控制舱是制导炸弹的主要控制系统,由鼻锥部、导引头和自动驾驶仪三部分组成,其中每部分都包含大量复杂的机械电子元件。鼻锥部由保护帽、待发程控装置、风帽和分离装置构成。导引头由带滤光镜的球面整流罩、陀螺位标器和电子舱组成。自动驾驶仪由驱动装置、惯性陀螺仪、电子组件及电源和变换组件组成。

在此假设,制导炸弹在长期存储过程中控制舱中的机械部件不发生故障,其各项动作都正常。在此前提下对控制舱进行故障分析时,可以忽略控制舱中的机械部分。此外,认为控制舱中电子元件及火工品出现的故障是由环境因素造成的。

1. 确定顶事件

以某型制导炸弹控制舱不能有效制导弹药作为故障树的顶事件。

2. 分析顶事件

制导炸弹控制舱故障主要是由鼻锥部、导引头和自动驾驶仪三部分故障导

致的。

3. 分析顶事件的输入事件

分析每一个与顶事件直接相联系的输入事件。如果该事件还能进一步分解,则将其用作下一级的输出事件。

4. 逐层分析

重复上述步骤,逐级向下分解,直到所有的输入事件不能再分解或不必再分解为止。

5. 建立故障树

建立故障树,如图 4 - 3、图 4 - 4 所示。

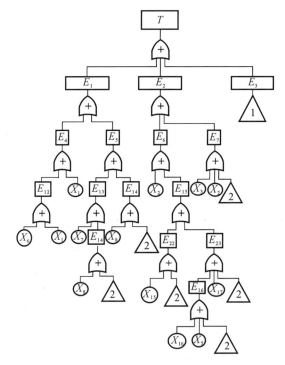

图 4 - 3　制导炸弹控制舱故障树

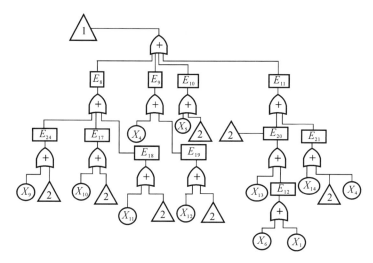

图 4 - 4 制导炸弹控制舱故障树子树 1

该故障树的顶事件 T 为控制舱不能有效制导弹药。

中间事件：E_1 为鼻锥部故障；E_2 为导引头故障；E_3 为自动驾驶仪故障；E_4 为待发程控装置故障；E_5 为分离装置不工作；E_6 为位标器光接收信号故障；E_7 为电子舱故障；E_8 为驱动装置故障；E_9 为陀螺仪 1 故障；E_{10} 为电子组件故障；E_{11} 为变换组件故障；E_{12} 为磁电脉冲发生器无脉冲输出；E_{13} 为装药不作用；E_{14} 为电点火具不发火；E_{15} 为陀螺仪 2 故障；E_{16} 为舵片故障；E_{17} 为舵机故障；E_{18} 为气瓶故障；E_{19} 为闭锁机构 1 不能开锁；E_{20} 为电池不工作；E_{21} 为电子部件故障；E_{22} 为闭锁机构 2 故障；E_{23} 为陀螺仪故障；E_{24} 为舵片驱动故障。

底事件：X_1 为发火机构不作用；X_2 为探测器不能产生信号；X_3 为电子部件损坏；X_4 为传感器故障；X_5 为电子组件损坏；X_6 为线圈 1 损坏；X_7 为药柱不燃烧；X_8 为点火具不发火；X_9 为电爆管 1 不发火；X_{10} 为电磁铁损坏；X_{11} 为电爆管 2 不发火；X_{12} 为闭锁机构 1 不能解锁；X_{13} 为电池不能作用；X_{14} 为电子元器件损坏；X_{15} 为闭锁机构不能解锁；X_{16} 为线圈 2 损坏；X_{17} 为线圈 3 损坏。

6. 求割集

下行法求故障树割集的特点是根据故障树的实际结构，从顶事件开始，逐级向下寻查，找出割集。因为就上下相邻两级来看，与门只增加割集阶数，不增加割集个数，或门只增加割集个数，不增加割集阶数。利用下行法，求制导炸弹控制舱故障树的步骤为：

步骤 1 顶事件 T 下面是或门，将其输入事件 E_1，E_2，E_3 各排成一列。

步骤 2　事件 E_1 下面是或门,将其输入 E_4,E_5 各排成一列,按照此方法,将 E_2,E_3 的输入排成一列。

由于整个故障树都是或门,因此步骤 3～步骤 8 同上述过程一样,见表 4-5,其中步骤 8 的结果即为控制舱故障树的割集。

表 4-5　下行法求制导炸弹控制仓故障树割集

步骤 1	步骤 2	步骤 3	步骤 4	步骤 5	步骤 6	步骤 7	步骤 8
E_1	E_4	X_1	.				X_1
E_2	E_5	E_{12}	X_6				X_6
E_3	E_6	E_{13}	X_1				X_1
	E_7	E_{14}	X_7				X_7
	E_8	X_2	E_{14}	X_8			X_8
	E_9	E_{15}	X_8	E_{20}	X_{13}		X_{13}
	E_{10}	X_3	E_{20}	X_8	E_{12}	X_6	X_6
	E_{11}	X_2	X_2	X_{13}	X_8	X_1	X_1
		E_{20}	E_{22}	E_{12}	X_{13}	X_8	X_8
		E_{24}	E_{23}	X_2	X_6	X_{13}	X_{13}
		E_{17}	X_3	E_{20}	X_1	X_6	X_6
		E_{18}	X_2	X_{15}	X_2	X_1	X_1
		X_4	X_{13}	E_{16}	X_{13}	X_2	X_2
		E_{19}	E_{12}	X_{17}	E_{12}	X_{13}	X_{13}
		X_5	X_9	E_{20}	X_{15}	X_6	X_6
		E_{20}	E_{20}	X_3	X_{16}	X_1	X_1
		E_{20}	X_{10}	X_2	X_5	X_{15}	X_{15}
		E_{21}	E_{20}	X_{13}	E_{20}	X_{16}	X_{16}
			X_{11}	X_6	X_{17}	X_5	X_5
			E_{20}	X_1	X_{13}	X_{13}	X_{13}
			X_4	X_9	E_{12}	E_{12}	X_6
			X_{12}	X_{13}	X_3	X_{17}	X_1
			E_{20}	E_{12}	X_2	X_{13}	X_{17}
			X_5	X_{10}	X_{13}	X_6	X_{13}
			X_{13}	X_{13}	X_6	X_1	X_6

续 表

步骤 1	步骤 2	步骤 3	步骤 4	步骤 5	步骤 6	步骤 7	步骤 8
			E_{12}	E_{12}	X_1	X_3	X_1
			X_{13}	X_{11}	X_9	X_2	X_3
			E_{12}	X_{13}	X_{13}	X_{13}	X_2
			E_{20}	E_{12}	X_6	X_6	X_{13}
			X_4	X_4	X_1	X_1	X_6
			X_{14}	X_{12}	X_{10}	X_9	X_1
				X_{13}	X_{13}	X_{13}	X_9
				E_{12}	X_6	X_6	X_{13}
				X_5	X_1	X_1	X_6
				X_{13}	X_{11}	X_{10}	X_1
				X_6	X_{13}	X_{13}	X_{10}
				X_1	X_6	X_6	X_{13}
				X_{13}	X_1	X_1	X_6
				X_6	X_4	X_{11}	X_1
				X_1	X_{12}	X_{13}	X_{11}
				X_{13}	X_{13}	X_6	X_{13}
				E_{12}	X_6	X_1	X_6
				X_4	X_1	X_4	X_1
				X_{14}	X_5	X_{12}	X_4
					X_{13}	X_{13}	X_{12}
					X_6	X_6	X_{13}
					X_1	X_1	X_6
					X_{13}	X_5	X_1
					X_6	X_{13}	X_5
					X_1	X_6	X_{13}
					X_{13}	X_1	X_6
					X_6	X_{13}	X_1
					X_1	X_6	X_{13}
					X_4	X_1	X_6

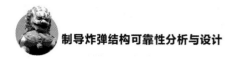

续 表

步骤 1	步骤 2	步骤 3	步骤 4	步骤 5	步骤 6	步骤 7	步骤 8
					X_{14}	X_{13}	X_1
							X_{13}
						$X_6 X_1$	X_6
						X_4	X_1
						X_{14}	X_4
							X_{14}

通过以上分析,可求得最小割集为 $\{X_1\}$, $\{X_2\}$, $\{X_3\}$, $\{X_4\}$, $\{X_5\}$, $\{X_6\}$, $\{X_7\}$, $\{X_8\}$, $\{X_9\}$, $\{X_{10}\}$, $\{X_{11}\}$, $\{X_{12}\}$, $\{X_{13}\}$, $\{X_{14}\}$, $\{X_{15}\}$, $\{X_{16}\}$, $\{X_{17}\}$。

通过以上定性分析,控制舱故障树的 17 个最小割集代表系统的 17 种故障模式,由于最小割集的阶数都一样,因此每一种故障模式的出现都会导致顶事件的发生,但 X_1, X_2, X_4, X_5, X_6, X_8, X_{12}, X_{13} 出现次数比较多,说明它们在控制舱中是比较重要的部件,在对控制舱检测维修时应重点监控这些零部件状态,使维修工作有针对性。

第5章
系统可靠性评估与可靠性分配

　　　统可靠性的高低取决于系统构成单元的可靠性高低及系统失效与单元失效之间的逻辑关系。由于单元失效之间统计相关性的存在,系统可靠性不是由单元可靠性简单、直接地决定的。本章内容包括传统的、假设单元独立失效的系统可靠性模型(根据单元可靠度计算系统可靠度的公式)和反映了单元之间失效相关性的普适模型(根据各单元的载荷和强度计算系统可靠度的公式),还包括传统的系统可靠性分配方法(假设单元失效相互独立)。

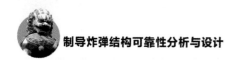
|5.1 概　　述|

在可靠性问题中,系统是指在组成结构或失效模式等方面可以分解为两个或两个以上单元的分析对象。例如,一个导弹弹体结构如图 5-1 所示,在结构上可以划分为不同舱段及连接件,从失效分析的角度包含多个可能在贮存或服役过程中失效的薄弱部位。进行可靠性分析时,可以认为弹体(结构系统)是由这些可能发生失效的基本单元构成的系统。再如,一个舱段如图 5-2 所示,作为一个部件,上面也存在多个应力较高的可能失效的部位,因此也是一个由多个单元构成的系统。系统可以划分为子系统、组件、零部件、元器件等。为了统一起见,本书将系统的基本组成部分统称为单元。

图 5-1　导弹弹体结构

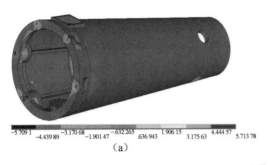

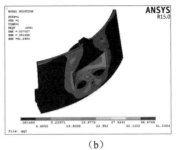

（a）

（b）

图 5-2　后舱段及其一个薄弱部位

（a）后舱段；（b）后舱段某个薄弱部位

　　传统的系统可靠性模型，是在假设系统中各单元的失效相互独立的条件下建立的。事实上，对于大多数结构系统而言，其各单元的失效都不同程度地存在统计相关性，系统中各单元失效的相关程度取决于载荷的不确定性和强度（单元抵抗载荷的能力）的不确定性。如果载荷的不确定性不很大（尤其是相对于单元强度的不确定性而言），传统的系统可靠性模型可以近似满足工程应用要求；否则，传统的系统可靠性模型会导致很大的误差。

|5.2　串联系统可靠性模型|

5.2.1　传统串联系统可靠性模型

　　在可靠性意义上，串联系统是指系统中的任何一个单元失效都导致系统失效的系统。由 n 个单元构成的串联系统的可靠性框图如图 5-3 所示，图中 X_i（$i=1,2,\cdots,n$）表示组成系统的第 i 个单元。

图 5-3　串联系统可靠性框图

　　对于串联系统，"系统功能正常"这一事件 A_s 是"单元功能正常"的各事件 $A_i(i=1,2,\cdots,n)$ 的交事件，即

$$A_s = A_1 \bigcap A_2 \bigcap \cdots \bigcap A_n$$

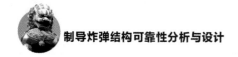

由此,串联系统的可靠度是这个交事件发生的概率,即串联系统可靠度 R_s 可表达为

$$R_s = P(A_s) = P(A_1 \bigcap A_2 \bigcap \cdots \bigcap A_n)$$

式中, R_s 为系统可靠度; A_s 为"系统正常"事件; A_i 为"第 i 个单元正常"事件, $i = 1, 2, \cdots, n$; n 为构成系统的单元数; $P(A)$ 为事件 A 发生的概率。

在"各单元失效相互独立"的条件下,串联系统的可靠度等于各单元可靠度之积,即有如下串联系统可靠性模型:

$$R_s = \prod_{i=1}^{n} R_i \qquad (5-1)$$

式中: R_i 表示单元 i 的可靠度,即 $R_i = P(A_i)$ 。

式(5-1)即为传统的系统可靠性模型,该模型是在系统中各单元独立失效的条件下得出的。严格地讲,这是在确定性载荷(载荷不存在不确定性)条件下的串联系统可靠性模型。

5.2.2　串联系统可靠性通用模型

若系统的服役环境载荷具有不确定性,则系统中各单元的失效不再是相互独立的随机事件。为了在不作"单元独立失效"假设的一般情况下建立系统可靠性模型,首先定义对应于确定性载荷的单元条件可靠度和系统条件可靠度。

条件可靠度定义为载荷的函数,即指定的某一确定性载荷条件下的可靠度。给定一个确定的载荷(应力) s ,条件可靠度等于强度大于该载荷的概率(参见图5-4),一般表达式如下:

$$R(s) = \int_{s}^{\infty} f(S) \mathrm{d}S$$

式中, $R(s)$ 是作为应力的函数的"条件可靠度"; $f(S)$ 为单元强度概率密度函数。

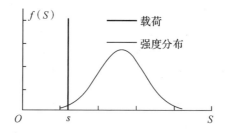

图5-4　随机强度-确定性载荷条件下的可靠度定义图

在确定性载荷 s 作用下,系统中 n 个单元都不失效的概率(串联系统可靠度)等于各单元不失效概率(单元可靠度)的乘积,即

$$R_s(s) = \prod_{i=1}^{n} R_i(s) = \prod_{i=1}^{n} \int_s^{\infty} f_i(S)\mathrm{d}S$$

式中:$f_i(S)$ 为单元 i 的强度概率密度函数。

由此,根据全概率原理,可得在随机载荷[应力概率密度函数为 $h(s)$]作用下串联系统的可靠性模型:

$$R_s = \int_0^{\infty} h(s) \prod_{i=1}^{n} \left[\int_s^{\infty} f_i(S)\mathrm{d}S \right] \mathrm{d}s \qquad (5-2)$$

|5.3 并联系统可靠性模型|

5.3.1 传统并联系统可靠性模型

并联系统是指只有当其全部构成单元都失效时系统才失效的系统。换言之,并联系统中只要有一个单元功能正常即可维持系统功能正常。并联系统的可靠性框图如图 5-5 所示。

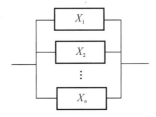

图 5-5 并联系统可靠性框图

并联系统处于正常状态的事件 A_s 是其各组成单元处于正常状态的事件 A_i 的并事件,即

$$A_s = A_1 \bigcup A_2 \bigcup \cdots \bigcup A_n$$

由此,并联系统可靠度 R_s 等于此并事件发生的概率,即

$$R_s = P(A_1 \bigcup A_2 \bigcup \cdots \bigcup A_n) = 1 - P(\overline{A_1} \bigcap \overline{A_2} \bigcap \cdots \bigcap \overline{A_n})$$

在各单元独立失效的条件下,系统失效概率等于各单元失效概率之积,故有如下并联系统可靠性模型:

$$R_{s}=1-\prod_{i=1}^{n}F_{i}=1-\prod_{i=1}^{n}(1-R_{i}) \tag{5-3}$$

式中：R_s 为系统可靠度；F_i 为第 i 单元的失效概率；R_i 为第 i 单元的可靠度。

5.3.2　并联系统可靠性通用模型

在随机载荷环境下，系统中各单元失效事件不存在统计独立性，并联系统的失效概率不能用各单元失效概率相乘来计算。然而，在指定的确定性载荷条件下，系统中各单元失效事件统计独立。因此，借助条件可靠度定义，应用全概率原理，可以得出能反映单元之间失效相关性的并联系统可靠性通用模型：

$$R_{s}=1-\int_{0}^{\infty}h(s)\prod_{i=1}^{n}\left[\int_{0}^{s}f_{i}(S)\mathrm{d}S\right]\mathrm{d}s \tag{5-4}$$

式中：$h(s)$ 为载荷概率密度函数；$f_i(S)$ 为单元 i 的强度概率密度函数；n 为系统包含的单元数量。

|5.4　串并混联系统可靠性模型|

5.4.1　传统串-并联系统可靠性模型

由多个并联子系统构成的串联系统，简称串-并联系统，其可靠性框图如图 5-6(a) 所示。计算该系统的可靠度时，首先计算各并联子系统的可靠度，并把并联子系统看作一个等效单元，然后将整个系统当作一个串联系统来计算，如图 5-6(b) 所示。

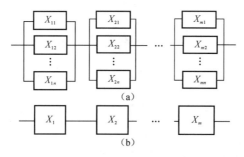

图 5-6　串-并联系统可靠性框图及等效串联系统可靠性框图
(a)串-并联系统可靠性框图；　(b)等效串联系统可靠性框图

设有 m 个子系统, 第 i 个子系统由 n_i 个单元并联组成。第 i 个子系统中的第 j 个单元的可靠度为 R_{ij}, 其中 $i = 1, 2, \cdots, m, j = 1, 2, \cdots, n_i$。在各单元失效相互独立的假设条件下, 串-并联系统的可靠度为

$$R_s = \prod_{i=1}^{m} R_i$$

$$R_i = 1 - \prod_{j=i}^{n_i} (1 - R_{ij})$$

故

$$R_s = \prod_{i=1}^{m} \left[1 - \prod_{j=i}^{n_i} (1 - R_{ij}) \right] \qquad (5-5)$$

5.4.2　串-并联系统可靠性通用模型

考虑由于载荷的不确定性导致的单元失效之间的统计相关性, 以及子系统之间的失效相关性, 应用全概率原理及条件可靠度的概念, 可以得出如下能反映单元之间失效相关性的串-并联系统通用可靠性模型:

$$R_s = \int_0^\infty h(s) \prod_{i=1}^{m} \left\{ 1 - \prod_{j=i}^{n_i} \left[1 - R_{ij}(s) \right] \right\} ds \qquad (5-6)$$

式中: $R_{ij}(s) = \int_s^\infty f_{ij}(S) dS$, $f_{ij}(S)$ 为第 i 个子系统中的第 j 个单元的强度概率密度函数。

5.4.3　传统并-串联系统的可靠性模型

由多个串联系统构成的并联系统, 简称并-串联系统, 其可靠性框图如图 5-7(a) 所示。建立这种系统的可靠性模型的方法是, 首先建立每一串联子系统的可靠性模型, 之后将一个子系统作为一个等效单元, 再建立整个系统(并联系统)的可靠性模型, 如图 5-7(b) 所示。

假设系统中共有 m 个子系统, 第 i 个子系统有 n_i 个单元, 单元的可靠度为 R_{ij}, 其中 $i = 1, 2, \cdots, m, j = 1, 2, \cdots, n_i$, 且各单元的失效相互独立, 则并-串联系统的可靠度为

$$R_s = 1 - \prod_{i=1}^{m} (1 - R_i)$$

$$R_i = \prod_{j=1}^{n_i} R_{ij}$$

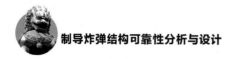

故

$$R_s = 1 - \prod_{i=1}^{m} \left(1 - \prod_{j=1}^{n_i} R_{ij}\right) \tag{5-7}$$

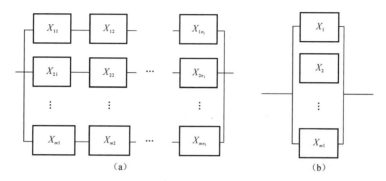

图 5 - 7 并-串联系统可靠性框图及其等效并联系统可靠性框图
(a)并-串联系统可靠性框图； (b)等效并联系统可靠性框图

5.4.4 并-串联系统可靠性通用模型

考虑由于载荷的不确定性导致的单元失效的统计相关性,应用全概率原理及条件可靠度的概念,可以得到能反映单元之间失效相关性,以及子系统之间失效相关性的并-串联系统可靠性通用模型:

$$R_s = \int_0^\infty h(s) \left\{ 1 - \prod_{i=1}^{m} \left[1 - \prod_{j=1}^{n_i} R_{ij}(s) \right] \right\} \tag{5-8}$$

|5.5 表决系统可靠性模型|

5.5.1 传统表决系统可靠性模型

组成系统的 n 个单元中,当功能正常的单元不少于 $k(1 \leqslant k \leqslant n)$ 时,系统功能就正常的系统,称为 k/n 表决系统,其可靠性框图如图 5 - 8 所示。

显然,在 k/n 表决系统中:

(1) $k = n$,即 n/n 表决系统等价于 n 个单元构成的串联系统。

(2)$k = 1$,即 $1/n$ 表决系统等价于 n 个单元构成的并联系统。

若 k/n 表决系统中的 n 个单元的可靠度相同,均为 R,则在单元独立失效的假设条件下,系统可靠性模型为

$$R_s = \sum_{i=k}^{n} C_n^k R^i (1-R)^{n-i}, \quad k \leqslant n \tag{5-9}$$

式中:C_n^k 表示 n 中取 k 的组合数。

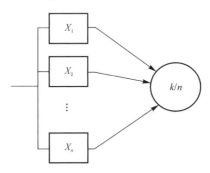

图 5 - 8 k/n 表决系统可靠性框图

5.5.2   表决系统可靠性通用模型

考虑由于载荷的不确定性导致的单元失效事件之间的统计相关性,应用全概率原理及条件可靠度的概念,可以得到系统的 n 个单元中恰有 k 个不失效的概率为

$$R^{k/n} = C_n^k \int_0^\infty h(s) \left[\int_s^\infty f(S) \mathrm{d}S \right]^k \left[\int_0^s f(S) \mathrm{d}S \right]^{n-k} \mathrm{d}s$$

因此,k/n 表决系统的可靠度为

$$R_s = \sum_{i=k}^{n} R^{i/n} \tag{5-10}$$

|5.6   复杂载荷及强度条件下的系统可靠性模型|

5.6.1   各单元承受不同载荷的系统可靠性模型

结构系统中包含多个单元(例如,一个复杂结构部件上存在多个高应力部

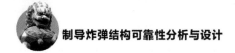

位),各单元的应力通常不会完全相等,但一般会存在固定的函数关系(例如,都是某一个外载荷的函数)。对于这种情况下的结构系统可靠性问题,可以通过对载荷或应力的归一化处理建立相应的系统可靠性模型。

设系统中第 i 个单元承受正态分布的应力 $s_i \sim N(\mu_i, \sigma_i)$,则很容易得出该随机变量与标准正态分布随机变量 $s_0 \sim N(0,1)$ 之间的关系(见图 5-9):

$$s_i = \sigma_i s_0 + \mu_i \tag{5-11}$$

借助于这个标准正态分布函数,系统的 n 个单元中有任意 k 个不失效的概率可以表达为

$$R^{k/n} = \sum_{j=1}^{C_n^k} \left\{ \int_0^\infty h_0(s) \prod_{ij=1}^{k} \left[\int_{\sigma_{ij}s+\mu_{ij}}^{\infty} f_{ij}(S)dS \right] \cdot \prod_{ij=n-k}^{n} \left[\int_0^{\sigma_{ij}s+\mu_{ij}} f_{ij}(S)dS \right] ds \right\}$$

式中:$h_0(s)$ 为标准正态分布的概率密度函数;$\sum\limits_{j=1}^{C_n^k}$ 表示对 j 从 1 到 C_n^k 求和运算。前一个求积公式是从 n 个单元中任取 k 个单元进行求积运算,后一个求积公式是对剩余的 $(n-k)$ 个单元进行求积运算,共有 C_n^k 组。

因此,k/n 表决系统的可靠度为

$$R_s = \sum_{i=k}^{n} R^{i/n} \tag{5-12}$$

相应地,串联系统的可靠度表达式为

$$R_s = \int_0^\infty h_0(s) \prod_{i=1}^{n} \left[\int_{\sigma_i s+\mu_i}^{\infty} f_i(S)dS \right] ds \tag{5-13}$$

并联系统的可靠度表达式为

$$R_s = 1 - \int_0^\infty h_0(s) \prod_{i=1}^{n} \left[\int_0^{\sigma_i s+\mu} f_i(S)dS \right] ds \tag{5-14}$$

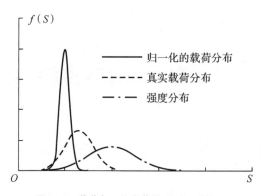

图 5-9 载荷归一化及载荷-强度干涉关系

|5.7 系统可靠性分配|

进行系统可靠性设计时,需要把系统要求的可靠性指标转化为各子系统、零部件需要达到的可靠性指标,这个过程叫作可靠性分配。可靠性分配是一个优化问题,需要满足下面的不等式:

$$f(R_1,R_2,\cdots,R_n) \geqslant R_s$$

式中,R_s 为要求的系统可靠度;R_i 为分配给第 i 个单元(子系统或零部件)的可靠度;f 为系统可靠度与子系统、零部件可靠度之间的函数关系。

上式中的函数关系是由系统结构形式,或者说是由系统可靠性模型决定的。对于比较简单的系统,可以借助系统功能逻辑确定其系统与单元之间的关系,根据系统可靠性模型计算出单元可靠度,实现可靠度分配。对于复杂的系统,系统可靠性与单元可靠性关系十分复杂。在这种情况下可用近似分配方法,经过多次迭代,最终实现满足系统可靠度要求的单元可靠性分配。

将系统可靠度分配给子系统或零部件的基本原则是满足成本要求的条件下使系统可靠度最大,或满足系统可靠度要求的前提下使总成本最低。通常,可靠性分配需要考虑下列因素:

(1)技术水平。对技术成熟的单元(子系统或零部件),容易实现较高的可靠度,则可分配给较高的可靠度。

(2)复杂程度。对较简单的单元,组成零部件数量少,容易实现较高的可靠度,可分配较高的可靠度。

(3)重要程度。对重要的单元,即失效将产生严重后果的单元,也应分配较高的可靠度。

(4)任务情况。对整个任务时间内均需连续工作,以及工作条件严酷,难以保证很高可靠度的单元,则应分配较低的可靠度。

此外,可靠性分配还要受系统及各单元的成本、重量、尺寸等条件的限制。总之,可靠性分配的目标是以最小的代价来达到系统可靠性要求。为了简化可靠性分配问题,一般均假定系统中各单元的失效互相独立。

5.7.1 等分配法

等分配方法用于设计初期,或简单系统。在系统设计初期,有关信息很少,可假定各单元同等复杂,且处于同等重要的地位。

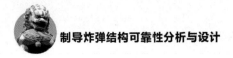

（1）串联系统可靠性等分配公式：
$$R_i = (R_s)^{1/n} \qquad (5-15)$$
式中：R_s 为系统要求的可靠度；R_i 为分配给单元 i 的可靠度；n 为系统包含的单元数。

（2）并联系统可靠性等分配公式：
$$R_i = 1 - (1-R_s)^{1/n} \qquad (5-16)$$
式中：R_s 为系统要求的可靠度；R_i 为分配给单元 i 的可靠度；n 为系统包含的单元数。

例 5-1 图 5-10 所示的弹体结构（局部），其中的两部分由 8 个螺栓连接。设计要求连接的可靠度不低于 0.999 9，试分配各螺栓的可靠度。

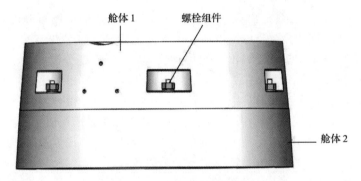

图 5-10 由 n 个螺栓组成的连接体

解 要进行系统可靠性分配，首先，应该确定参与可靠性分配的单元数量。该连接共有 8 个螺栓，若不考虑被连接件可能发生的失效对可靠性的影响（即假设被连接件不会发生失效），则影响该系统可靠性的只有 8 个螺栓组件。其次，确定系统类型，即系统失效与单元失效的逻辑关系。系统类型主要取决于系统功能结构和设计原则。若该连接中任一螺栓组件失效都导致弹体两部分的连接功能失效，则该系统为一个由 8 个单元构成的串联系统。为了保证系统的可靠性，每个单元（螺栓组件）的可靠度分配值为
$$R_i = (R_s)^{1/n} = 0.999\ 9^{1/8} = 0.999\ 987\ 5$$

若该结构中全部螺栓组件失效才导致弹体两部分连接功能失效，则该系统为一个由 8 个单元构成的并联系统。为了保证系统的可靠性，每个单元（螺栓组件）的可靠度分配值为
$$R_i = 1 - (1-R_s)^{1/n} = 1 - (1-0.999\ 9)^{1/8} = 0.683\ 8$$

若 8 个螺栓组件中只要有 5 个以上（含 5 个）螺栓组件不失效就能保持弹体两部分连接功能，则该系统为一个 5/8 表决系统。为了保证系统的可靠性，每个单元

（螺栓组件）的可靠度分配值为 0.980 3（该值需要多次迭代计算才能得到）。

5.7.2　部分调整分配法

在系统各单元可靠度不同的情况下，由于可靠度较低的单元的可靠度相对容易提高，若要提高系统可靠性，可以只对可靠性较低的若干单元的可靠性指标进行调整（提高）。这时，可应用以下方法（可称为部分调整方法，也称为再分配法或重分配法）。

以串联系统为例，若各单元的可靠度分别为 $\hat{R}_1, \hat{R}_2, \cdots, \hat{R}_n$，则系统可靠度为

$$\hat{R}_s = \prod_{i=1}^{n} \hat{R}_i \qquad (5-17)$$

若要进一步提高系统可靠性指标，使其达到一个高于 $\hat{R}_s$ 的值 R_s，可只提高部分单元的可靠度。一般而言，提高低可靠度单元的可靠度指标的效果显著而且容易实现，因此通常是将可靠度较低的若干单元按等分配法重新进行可靠性分配。为此，先将各单元当前可靠度值按由小到大的次序排列：

$$\hat{R}_1 \leqslant \hat{R}_2 \leqslant \cdots \leqslant \hat{R}_m \leqslant \cdots \leqslant \hat{R}_n$$

并把前 m 个可靠度较低的单元调整为相同的可靠度 $R_0, R_0 \geqslant R_m$，即调整后可靠度较低的 m 个单元的可靠度为

$$R_1 = R_2 = \cdots = R_m = R_0$$

显然，系统可靠性要求越高，R_0 就应该越高；而 R_0 越高，需要调整可靠度的单元数量就越大。确定了 R_0 之后，根据系统可靠性要求即可确定需要调整可靠度的单元的个数 m。

m 需要满足的条件为

$$\hat{R}_m \leqslant R_0 = \left(\frac{R_s}{\prod\limits_{i=m+1}^{n} \hat{R}_i} \right)^{\frac{1}{m}} \leqslant R_{m+1}$$

上式表明，只要将这 m 个单元的可靠度调整为 R_0，就能满足预期的系统可靠性要求。

由此，只调整前 m 个单元的可靠度分配公式如下：

$$\left. \begin{aligned} R_1 = R_2 = \cdots = R_m &= \left(\frac{R_s}{\prod\limits_{i=m+1}^{n} \hat{R}_i} \right)^{\frac{1}{m}} \\ R_{m+1} = \hat{R}_{m+1}, R_{m+2} &= \hat{R}_{m+2}, \cdots, R_n = \hat{R}_n \end{aligned} \right\} \qquad (5-18)$$

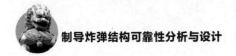

应用式(5-18)时,由于 m 不能事先准确确定,因此一般要经过若干次试算。

例 5-2 已知由 4 个单元组成的串联系统,各单元的可靠度值分别为 $\hat{R}_1=$ $0.951\ 3, \hat{R}_2=0.957\ 5, \hat{R}_3=0.985\ 1, \hat{R}_4=0.999\ 6$。要求系统可靠度 $R_s=0.95$,试进行可靠度分配。

解 由式(5-17),有 $\hat{R}_s=\prod_{i=1}^{n}\hat{R}_i=0.951\ 3\times0.957\ 5\times0.985\ 1\times0.999\ 6=$ $0.896\ 9<0.95$,故需要重新分配有关单元的可靠度。

采用部分调整法,首先令 $m=1$,得

$$R_0=\left(\frac{R_s}{\hat{R}_2\hat{R}_3\hat{R}_4}\right)^{\frac{1}{1}}=\left(\frac{0.95}{0.975\ 7\times0.985\ 1\times0.999\ 6}\right)^1=1.007\ 6$$

该值大于 $\hat{R}_2$,不满足要求。

因此改令 $m=2$,得

$$R_0=\left(\frac{R_s}{\hat{R}_3\hat{R}_4}\right)^{\frac{1}{2}}=\left(\frac{0.95}{0.985\ 1\times0.999\ 6}\right)^{\frac{1}{2}}=0.982\ 2$$

由于

$$\hat{R}_2<0.982\ 2<\hat{R}_3$$

满足要求,故取 $R_1=R_2=0.982\ 2, R_3=\hat{R}_3=0.985\ 1, R_4=\hat{R}_4=0.999\ 6$。

5.7.3 比例分配法

比例分配法也是一种简单的可靠性分配方法,主要用于有参照系统的情形。例如,已知参照系统各单元的失效概率 $\hat{F}_i$ 或失效率 $\hat{\lambda}_i$,但对新设计的系有更高的可靠性要求;或者已知初步设计的系统中各单元的失效概率 $\hat{F}_i$ 或失效率 $\hat{\lambda}_i$,但不满足预期可靠性的要求。在这种情况下,可根据新系统分配给各单元的失效概率 F_i 与原系统相应单元的失效概率 $\hat{F}_i$ 成正比的原则进行可靠性分配;若寿命服从指数分布,则可根据新系统各单元分配的失效率 λ_i 与原系统中相应单元的失效率 $\hat{\lambda}_i$ 成正比的原则进行可靠性分配。

1. 串联系统可靠性比例分配法

若参照系统中各单元的失效概率分别为 $\hat{F}_i(i=1,2,\cdots,n)$,新系统要求有更高的可靠度为 R_s,则其各单元失效概率分配如下:

$$F_i = \frac{\hat{F}_i}{1 - \prod\limits_{j=1}^{n}(1 - \hat{F}_j)}(1 - R_s) \qquad (5-19)$$

在单元寿命服从指数分布、失效率为常数的场合,要求新系统的失效率不高于 λ_s,则其各单元的失效率分配如下:

$$\lambda_i = \frac{\hat{\lambda}_i}{\sum\limits_{j=1}^{n}\hat{\lambda}_j}\lambda_s \qquad (5-20)$$

例 5-3 已知某系统由 4 个单元串联组成。参照系统各单元失效率分别为 $\lambda_1 = 0.0005$,$\lambda_2 = 0.0009$,$\lambda_3 = 0.0007$,$\lambda_4 = 0.0004$。新系统要求工作 100 h 的可靠度 $R_s = 0.95$,试为新系统分配各单元的失效率。

解 参照系统中各单元的失效率之和为

$$\sum \lambda_1 = 0.0005 + 0.0009 + 0.0007 + 0.0004 = 0.0022$$

新系统的允许失效率为

$$\lambda_s = -\frac{\ln 0.95}{100} = 0.0005$$

由式 $(5-20)$,有

$$\lambda_1 = \frac{0.0005}{0.0022} \times 0.0005 = 0.0001$$

$$\lambda_2 = \frac{0.0009}{0.0022} \times 0.0005 = 0.0002$$

$$\lambda_3 = \frac{0.0007}{0.0022} \times 0.0005 = 0.00016$$

$$\lambda_4 = \frac{0.0004}{0.0022} \times 0.0005 = 0.00009$$

2. 并联系统可靠性比例分配法

参照系统中各单元的失效概率为 $\hat{F}_i(i = 1, 2, \cdots, n)$,若新系统要求的失效概率为 F_s(比参照系统更低的失效概率),则有如下分配公式:

$$F_i = \left(\frac{F_s}{\prod\limits_{i=1}^{n} F_i}\right)^{\frac{1}{n}} \hat{F}_i \qquad (5-21)$$

在各单元寿命均服从指数分布的场合,有如下近似可靠性分配公式:

$$\lambda_i \approx \left(\frac{F_s}{\prod\limits_{i=1}^{n} \hat{\lambda}_i}\right)^{\frac{1}{n}} \frac{\hat{\lambda}_i}{t} \qquad (5-22)$$

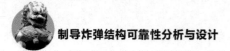

例 5-4 已知某系统由 3 个单元并联构成,工作 1 000 h 时各单元的失效概率分别为 $\hat{F}_1=0.08$,$\hat{F}_2=0.10$,$\hat{F}_3=0.15$,若要使工作 100 h 时的可靠度达到 $R_s=0.999\ 5$,试为各单元分配可靠度。

解 根据已知条件,有

$$\prod_{i=1}^{3}\hat{F}_i=\hat{F}_1\hat{F}_2\hat{F}_3=0.08\times0.10\times0.15=0.001\ 2$$

$$F_s=1-R_s=1-0.999\ 5=0.000\ 5$$

应用式(5-21),有

$$F_1=\left(\frac{0.000\ 5}{0.001\ 2}\right)^{\frac{1}{3}}\times0.08=0.059\ 8,R_1=1-F_1=1-0.059\ 8=0.940\ 2$$

$$F_2=\left(\frac{0.000\ 5}{0.001\ 2}\right)^{\frac{1}{3}}\times0.10=0.074\ 7,R_2=1-F_2=1-0.074\ 7=0.925\ 3$$

$$F_3=\left(\frac{0.000\ 5}{0.001\ 2}\right)^{\frac{1}{3}}\times0.15=0.112\ 0,R_3=1-F_3=1-0.112=0.888\ 0$$

例 5-5 若例 5-4 中各单元寿命均服从指数分布,参照系统中各单元失效率分别为 $\hat{\lambda}_1=0.000\ 08\ \mathrm{h}^{-1}$,$\hat{\lambda}_2=0.000\ 10\ \mathrm{h}^{-1}$,$\hat{\lambda}_3=0.000\ 15\ \mathrm{h}^{-1}$,新设计要求系统可靠度 $R_s=0.999\ 5$,计算各单元应分配的可靠度。

解 根据已知条件,有

$$\prod_{i=1}^{3}\hat{\lambda}_i=\hat{\lambda}_1\hat{\lambda}_2\hat{\lambda}_3=0.000\ 08\times0.000\ 1\times0.000\ 15\ \mathrm{h}^{-3}=1.2\times10^{-12}\ \mathrm{h}^{-3}$$

$$F_s=1-R_s=1-0.999\ 5=0.000\ 5$$

由式(5-22),有

$$\lambda_1=\left(\frac{0.000\ 5}{1.2\times10^{-12}}\right)^{\frac{1}{3}}\frac{0.000\ 08}{1\ 000}\ \mathrm{h}^{-1}=0.000\ 059\ 75\ \mathrm{h}^{-1}$$

$$\lambda_2=\left(\frac{0.000\ 5}{1.2\times10^{-12}}\right)^{\frac{1}{3}}\frac{0.000\ 1}{1\ 000}\ \mathrm{h}^{-1}=0.000\ 074\ 69\ \mathrm{h}^{-1}$$

$$\lambda_3=\left(\frac{0.000\ 5}{1.2\times10^{-12}}\right)^{\frac{1}{3}}\frac{0.000\ 15}{1\ 000}\ \mathrm{h}^{-1}=0.000\ 112\ 0\ \mathrm{h}^{-1}$$

根据可靠度与失效率之间的关系,有

$$R_1=\mathrm{e}^{-\lambda_1 t}=\mathrm{e}^{-0.000\ 059\ 75\times1\ 000}=0.942$$

$$R_2=\mathrm{e}^{-\lambda_2 t}=\mathrm{e}^{-0.000\ 074\ 69\times1\ 000}=0.928$$

$$R_3 = e^{-\lambda_3 t} = e^{-0.000\,112 \times 1\,000} = 0.894$$

5.7.4　综合评分法

综合评分法应先对各单元进行综合评分,并根据各单元得分率分配可靠性指标。需要考虑的因素视具体问题而定,通常包括各单元的技术水平、复杂程度、重要程度和任务情况等。各单元(子系统或零部件)的各项指标分别评定为 $1 \sim 10$ 分,赋予高分者意味着该单元将具有较高的失效概率或失效率,因此应对其提尽可能低的可靠性要求,即分配给较低的可靠度。

应用综合评分法进行可靠性分配时考虑的因素及赋分原则如下:

(1)技术水平。对技术成熟,有把握达到高可靠性的单元赋 1 分,反之赋 10 分。

(2)复杂程度。单元组成元件少,结构简单的赋 1 分,反之赋 10 分。

(3)重要程度。极其重要的单元赋 1 分,反之赋 10 分。

(4)任务情况。整个任务期中工作时间相对很短,工作条件好的单元赋 1 分,反之赋 10 分。

第 i 个单元综合得分 ω_i 取各因素分值 ω_{ij} 之积,即

$$\omega_i = \prod_{j=1}^{4} \omega_{ij} \tag{5-23}$$

式中:$j = 1, 2, 3, 4$,分别代表上述 4 项因素。

系统总分为

$$\omega = \sum_{j=1}^{n} \omega_i \tag{5-24}$$

式中:$i = 1, 2, \cdots, n$,为单元编号。

第 i 单元的得分率(分数比)为

$$\varepsilon_i = \frac{\omega_i}{\omega} \tag{5-25}$$

由此,串联系统中,单元 i 的可靠度分配值为

$$R_i = R_s^{\varepsilon_i} \tag{5-26}$$

单元寿命服从指数分布时,则有

$$\lambda_i = \varepsilon_i \lambda_s = \frac{\varepsilon_i}{t} \ln \frac{1}{R_s} \tag{5-27}$$

$$R_i = e^{-\lambda_i t} \tag{5-28}$$

式中,t 为系统工作时间;R_s 为系统可靠度。

例 5 - 6　某系统由 4 个单元串联组成,各单元的相应评分列于表 5-1 中,要求任务时间为 100 h 的可靠度 $R_s = 0.90$。

(1) 按综合评分法分配各单元的可靠度;

(2) 若各单元均服从指数分布,对各单元进行失效率分配。

表 5 - 1　单元评分

单元号 i	指标分值			
	技术水平 ω_{i1}	复杂程度 ω_{i2}	重要程度 ω_{i3}	任务情况 ω_{i4}
1	2	2	5	5
2	6	4	7	10
3	10	10	10	10
4	8	3	8	5

解　根据式(5 - 23)～式(5 - 28),可实现所要求的可靠性分配,结果如表 5 - 2 所示。

表 5 - 2　各单元的可靠度和失效率分配结果

单元号 i	单元综合分 $\omega_i = \prod\limits_{j=1}^{4} \omega_{ij}$	单元得分率 $\varepsilon_i = \dfrac{\omega_i}{\sum \omega_i}$	分配可靠度 $R_i = R_s^{\varepsilon_i}$	分配失效率 $\lambda_i = \dfrac{\varepsilon_i}{100} \ln \dfrac{1}{0.9} (\text{h}^{-1})$
1	100	0.007 85	0.999 2	8.27×10^{-6}
2	1 680	0.131 87	0.986 2	1.39×10^{-4}
3	10 000	0.784 93	0.920 6	8.27×10^{-4}
4	960	0.075 35	0.992 1	7.94×10^{-5}

第 6 章
结构零件可靠性设计方法

结构零件的强度和承受的载荷都具有分散性,通常是服从一定分布的随机变量。在进行结构零件设计时,需要充分考虑这些不确定性的影响。传统的安全系数设计方法不能充分地反映应力和强度分散性对结构零件安全性和可靠性的影响,因此,采用可靠性设计方法进行制导炸弹结构零件的设计十分必要。结构零件可靠性设计的基本理论是应力-强度干涉理论,本章详细介绍了应力-强度干涉的基本原理,以及静态应力-强度干涉模型和动态应力-强度干涉模型,给出了舱体、吊挂、螺栓和定位销等结构零件的静强度可靠性设计方法和疲劳强度可靠性设计方法。

|6.1 概   述|

传统的结构设计多采用许用应力法,根据结构所受到的载荷,应用材料力学、结构力学或弹塑性力学及有限元方法计算出结构中的应力,确定危险点;根据经验确定许用应力;设计时保证结构中的最大应力不超过材料的许用应力,以此保证结构在服役中不失效。在设计过程中,所用载荷和材料的性能等数据都是确定性的量。考虑到各种不确定因素的影响,在结构设计中需要引入一个大于1的安全系数。安全系数很大程度上由设计者根据经验确定,具有一定的盲目性,特别是当用新材料设计新产品时更是如此。过去在设计中采用的安全系数,即使对过去的产品合理,也不意味着一定就对新产品合理,因为新、旧产品的材料性能、制造水平及使用环境都可能有明显的不同。安全系数过大会浪费材料,甚至降低结构性能;安全系数过小则会导致结构可靠性及安全性不足。

工程结构设计过程中必须面对各种不确定因素,包括载荷环境的不确定性、材料性能的不确定性、几何尺寸的不确定性等。对于弹体结构设计,必须考虑有关设计参量的分散性,进行概率统计分析,只有这样才能更准确地反映产品的真实情况。制导炸弹"五性"包括可靠性、维修性、保障性、安全性及测试性,是制导炸弹的重要属性。可靠性在"五性"之中占有首要地位。可靠性首先是设计出的,因而必须在设计时赋予,之后在生产中保证,在使用中实现。

可靠性设计根据其载荷环境不同可以分为静强度可靠性设计和疲劳强度可

靠性设计,本章基于应力-强度干涉理论、方法及模型,对舱体、吊挂、螺栓和定位销等的静强度可靠性设计和疲劳强度可靠性设计给出实用的设计计算方法。

|6.2 设计变量的概率分布|

由可靠性设计原理与方法可知,要计算结构部件的可靠度,必须建立其应力和强度的数学表达式,列出极限状态方程,同时需要知道应力和强度的概率分布及分布参数(例如均值和标准差)。

6.2.1 应力分布类型及分布参数的确定

结构部件断面上的工作应力通常取决于载荷大小、作用位置、断面的几何尺寸及几何特征、材料物理性质、边界条件等因素,可用多元函数表示如下:

$$s = f(F, A, p, e) \qquad (6-1)$$

式中:F 为载荷(力、弯矩、扭矩等);A 为断面几何尺寸或其他几何特征参量,例如面积、抗弯模量、抗扭模量等;p 为材料的物理性质,包括泊松比、弹性模量等;e 为温度等环境因素。

在结构可靠性设计中,上述因素大多要作为随机变量处理。获得结构部件工作应力及其分布参数的方法涉及力学、机械设计、概率论与数理统计及实验技术等。

应用解析综合法确定应力分布和分布参数的主要过程如下。

1. 应力计算

根据材料力学、弹塑性理论、有限元法等,建立名义应力表达式或建立有限元模型,计算出受载状态下结构承受的应力。若计算出的是结构部件某截面上的名义应力,则需要考虑有关影响因素,加以修正,以得到可作为设计依据的真实应力。

2. 应力分布类型和分布参数

确定应力的概率分布和分布参数,需要知道载荷、载荷系数、几何尺寸等随机变量的分布及参数。

关于载荷分布与分布参数,大量统计数据表明,多数静载荷服从正态分布,即使某些不是正态分布,也可近似作为正态分布,结果通常偏于安全。

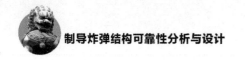
作用时间很短、数值很高的瞬时载荷,如建筑结构的暴风载荷、机械结构的偶发冲击载荷等,通常服从极值分布。

对于交变载荷,为了获得载荷的概率分布,需要在各种工况下对载荷进行大量的测试及统计分析,得出具有代表性的载荷谱。

实测数据统计处理表明,几何尺寸,如长度、直径等均服从正态分布。

根据"3σ 法则",尺寸偏差 $\pm \Delta d$ 与尺寸标准差 σ_d 有如下关系:

$$\sigma_d = \frac{\Delta d}{3} \tag{6-2}$$

由于尺寸公差等于最大尺寸与最小尺寸之差,或等于上偏差与下偏差之差,应用"6σ 法则",可把公差表达为

$$\delta = 6\sigma_d$$

即

$$\sigma_d = \frac{\delta}{6} \tag{6-3}$$

式(6-2)和式(6-3)不仅可以用于确定几何尺寸的标准差,也可以用于确定载荷、应力等随机变量的标准差。 虽然是近似处理,但是"3σ 法则"对于可靠性工程分析来说是足够精确的。

综上所述,结构部件断面上的工作应力通常表达为载荷、几何尺寸、材料物理性质及应力修正系数等随机变量的多元函数。若已知其中各随机变量的均值及标准差,就可以近似计算出应力 s 的均值 μ_s 和标准差 σ_s。

如果各随机变量相互独立,变异系数 $C_i = \sigma_i / \mu_i$ 均小于 0.1,且各随机变量的作用程度大致均等,那么由中心极限定理可知,应力函数近似服从正态分布,即 $f(s) \sim N(\mu_s, \sigma_s)$。

6.2.2　强度分布类型及分布参数确定

结构或材料的强度是其抵抗载荷的能力。 在结构设计中,结构强度可用极限应力或许用应力表示,可表示成一个多元函数,即

$$r = f(r_1, r_2, \cdots, r_n) \tag{6-4}$$

式中:$r_1, r_2, \cdots, r_n$ 表示材料强度、零件尺寸、表面质量等强度影响因素。

1. 确定强度分布及其分布参数的程序

与确定应力分布及其分布参数一样,结构强度也涉及多方面因素。 图 6-1 所示为解析综合法确定强度分布及其参数的过程。

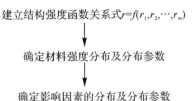

图 6-1 解析综合法确定强度分布及其参数的流程

2. 材料强度分布数据参考值

大量统计资料表明,材料的强度极限、屈服极限、延伸率和硬度都符合正态分布。表 6-1 列出了部分材料性能的变异系数 $C_r = \sigma_r / \mu_r$ 值,据此可根据均值计算标准差。

表 6-1 某些材料性能的变异系数

项 目	变异系数	
	范 围	取用值
金属材料拉伸强度极限	0.05~0.10	0.05
金属材料拉伸屈服极限	0.05~0.10	0.07
金属材料疲劳耐久限	0.05~0.10	0.08
焊接结构疲劳耐久限	0.05~0.15	0.10
钢丝弹性模量	0.03	0.03
铸铁材料弹性模量	0.04	0.04
金属材料的断裂韧性	0.05~0.13	0.07

材料疲劳强度的影响因素很多。试验表明,疲劳强度比静强度具有更大的分散性,高强度金属材料疲劳试验数据的分散性比普通碳钢和有色金属材料的大,低应力循环下寿命试验数据的分散性比高应力循环下的大。

大量统计数据表明,金属材料强度的变异系数一般均小于 0.10,最大不超过 0.15(见表 6-1),通常可取 0.10,即标准差 $\sigma_r = 0.10\mu_r$,μ_r 为材料强度的均值。例如,从资料中查得某金属的屈服极限 $\sigma_s = 324$ MPa,则取屈服极限的均值 $\mu_{\sigma_s} = 324$ MPa,屈服极限的标准差可保守地取为 $\sigma_{\sigma_s} = 0.10 \times 324$ MPa $= 32.4$ MPa。

若从资料中查出的强度指标为区间值,例如查得某金属材料的许用应力

$[\sigma]=120\sim160$ MPa,则根据"3σ 法则",可取其平均值和标准差为

$$\mu_{[\sigma]}=(120+160)/2 \text{ MPa}=140 \text{ MPa} \qquad (6-5)$$

$$\sigma_{[\sigma]}=(160-120)/6 \text{ MPa}\approx6.67 \text{ MPa} \qquad (6-6)$$

|6.3 静强度可靠性设计理论与模型|

6.3.1 可靠性设计理论

可靠性设计中,通常假设零部件的设计参量,如载荷、尺寸及其影响的因素都是随机变量,遵循某一分布规律,并且可以求得应力分布 $f(x_l)$。同时,假设零部件的强度参量,如材料的机械性能,以及零部件尺寸、表面加工状态、结构形状及工作环境等使强度降低的因素,也都是随机变量,并且可以求得强度分布 $f(x_s)$,如图 6-2 所示。

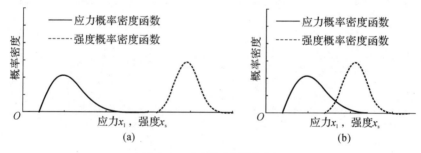

图 6-2 应力分布与强度分布

图 6-2 表示应力分布、强度分布,以及应力-强度干涉关系。结构材料在变载荷的长期作用下,强度从其初始值逐渐降低,由图 6-2(a) 的位置逐渐移动到图 6-2(b) 的位置。在疲劳强度可靠性计算中,当寿命给定时,由试验可以得到在该寿命下的强度概率分布。也就是说,用给定条件下的疲劳强度概率分布可以将动态干涉模型变成等效的静态干涉模型,使计算简化。下面由静态模型来推导可靠性设计公式。

图 6-3 中,x_l 代表应力,x_s 代表强度。当强度大于应力,即 $x_s>x_l$ 时,结构不发生破坏。反之,当应力大于强度时,结构发生破坏。图 6-3 中的曲线 1 为应力概率分布的右尾,曲线 2 为强度概率分布的左尾。

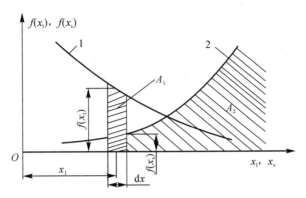

图 6 - 3 可靠度计算公式推导图

图 6 - 3 中以面积 A_1 表示应力在区间 $[x_1 - \mathrm{d}x/2, x_1 + \mathrm{d}x/2]$ 内出现的概率,即

$$P\left(x_1 - \frac{\mathrm{d}x}{2} < x_1 < x_1 + \frac{\mathrm{d}x}{2}\right) = f(x_1)\mathrm{d}x_1 = A_1 \tag{6-7}$$

强度大于应力 x_1 的概率以图中面积 A_2 表示,其值为

$$P(x_s > x_1) = \int_{x_1}^{\infty} f(x_s)\mathrm{d}x_s = A_2 \tag{6-8}$$

$P(x_1 - \dfrac{\mathrm{d}x}{2} < x_1 < x_1 + \dfrac{\mathrm{d}x}{2})$ 与 $P(x_s > x_1)$ 为两个独立事件。根据概率乘法定理,应力出现在区间 $[x_1 - \mathrm{d}x/2, x_1 + \mathrm{d}x/2]$ 且不发生失效的概率为

$$\mathrm{d}R = f(x_1)\mathrm{d}x_1 \cdot \int_{x_1}^{\infty} f(x_s)\mathrm{d}x_s \tag{6-9}$$

根据全概率计算原理,应力 x_1 为概率密度函数 $f(x_1)$ 的随机变量时,可靠度 R 为

$$R = \int \mathrm{d}R = \int_0^{\infty} f(x_1)\left[\int_{x_1}^{\infty} f(x_s)\mathrm{d}x_s\right]\mathrm{d}x_1 \tag{6-10}$$

可靠度 R 也可以表达为

$$R = \int_0^{\infty} f(x_s)\left[\int_0^{x_s} f(x_1)\mathrm{d}x_1\right]\mathrm{d}x_s \tag{6-11}$$

当函数 $f(x_1)$ 及 $f(x_s)$ 已知时,应用式(6-10)或式(6-11),就可以计算出结构的可靠度。当应力 x_1 和强度 x_s 都是正态分布时,其密度函数分别为

$$f(x_1) = \frac{1}{s_1\sqrt{2\pi}}\mathrm{e}^{-\frac{(x_1 - \bar{x}_1)^2}{2s_1^2}} \tag{6-12}$$

$$f(x_s) = \frac{1}{s_s\sqrt{2\pi}}\mathrm{e}^{-\frac{(x_s - \bar{x}_s)^2}{2s_s^2}} \tag{6-13}$$

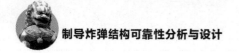

式(6-12)、式(6-13)中，$\overline{x}_1$ 及 $\overline{x}_s$ 分别为应力及强度的均值；s_1 及 s_s 分别为应力和强度的标准差。

对于简单的静强度失效问题，可靠度等于强度大于应力的概率，即 $R = P(x_s > x_1)$。以 $f(\delta)$ 表示 x_s 及 x_1 之差 δ 的概率密度函数。由于 x_1 和 x_s 都是正态分布且相互独立，根据概率理论，$f(\delta)$ 也是正态分布，且其概率密度函数为

$$f(\delta) = \frac{1}{s_\delta \sqrt{2\pi}} e^{-\frac{(\delta-\bar{\delta})^2}{2s_\delta^2}} \tag{6-14}$$

式中：

$$\bar{\delta} = \overline{x}_s - \overline{x}_1 \tag{6-15}$$

$$s_\delta = \sqrt{s_s^2 + s_1^2} \tag{6-16}$$

显然，可靠度 R 等于 δ 大于零的概率，即

$$R = \frac{1}{s_\delta \sqrt{2\pi}} \int_0^\infty e^{-\frac{(\delta-\bar{\delta})^2}{2s_\delta^2}} \, d\delta \tag{6-17}$$

令 $t = \dfrac{\delta - \bar{\delta}}{s_\delta}$，则 t 服从标准正态分布，且有 $d\delta = s_\delta dt$。当 $\delta = 0$ 时，$t = -\bar{\delta}/s_\delta$；当 $\delta \to \infty$ 时，$t \to \infty$。将 t 代入式(6-17)，得

$$R = \frac{1}{\sqrt{2\pi}} \int_{-z}^\infty e^{-\frac{t^2}{2}} \, dt \tag{6-18}$$

由于标准正态分布函数具有对称性，因此式(6-18)可以写成

$$R = \frac{1}{\sqrt{2\pi}} \int_{-\infty}^z e^{-\frac{t^2}{2}} \, dt \tag{6-19}$$

式中的积分上限为

$$z = \frac{\bar{\delta}}{s_\delta} = \frac{\overline{x}_s - \overline{x}_1}{\sqrt{s_s^2 + s_1^2}} \tag{6-20}$$

式(6-20)将应力与强度这两个随机变量与可靠度联系起来，称为"联结方程"，z 称为可靠度系数或可靠性指数。当可靠度系数 z 已知时可以求可靠度 R；反之，当可靠度 R 已知时可以求可靠度系数 z。

6.3.2　载荷多次作用下的静强度可靠性模型

由随机事件发生概率的意义可知，上述可靠度计算公式式(6-19)表述的是一次性载荷作用的情形，也就是说，该式可用于计算一次性使用（寿命周期内只承受一次载荷）的产品的可靠度。若要将式(6-19)应用于长期工作、随机载荷

多次作用的产品(假设产品性能不退化),则应力分布的含义是,在多个载荷历程样本中,取各应力历程样本中各自的最高应力进行统计,得出多个最高应力样本值的概率分布。根据这样得到的应力分布,借助于上述应力-强度干涉模型,就可以计算出对应于指定载荷作用次数或预期服役时间的可靠度。对服役过程中性能不断退化的结构,则需要有更完善的可靠性模型。从数学方法方面,可以借助顺序统计量的概率实现载荷多次作用下的可靠性分析、计算。

1. 载荷顺序统计量

设 $Y_1, Y_2, \cdots, Y_m$ 是来自同一随机变量母体的一组样本观测值,该母体的累积分布函数为 $F_Y(y)$,概率密度函数为 $f_Y(y)$。将样本观测值从小到大排列为 $Y_{(1)} < Y_{(2)} < \cdots < Y_{(m)}$,则称 $Y_{(k)}$ 为 m 个样本中的第 k 个顺序统计量。其中 $Y_{(1)}$ 和 $Y_{(m)}$ 分别称为最小顺序统计量和最大顺序统计量。

由概率论可知,$Y_{(k)}$ 的概率密度函数为

$$g_{(k)}(y) = \frac{m!}{(k-1)!(m-k)!}\left[F_Y(y)^{k-1}\right]\left[1 - F_Y(y)^{m-k}\right]f_Y(y)$$

$$(6-21)$$

特殊地,最小顺序统计量的概率密度函数为

$$g_{(1)}(y) = m\left[1 - F_Y(y)^{m-1}\right]f_Y(y) \qquad (6-22)$$

最大顺序统计量的概率密度函数为

$$g_{(m)}(y) = n\left[F_Y(y)\right]^{n-1}f_Y(y) \qquad (6-23)$$

2. 载荷多次作用情况下的等效载荷

随机载荷 Y 作用 m 次,相当于从载荷随机变量母体中抽取了 m 个载荷样本,分别记为 $y_1, y_2, \cdots, y_m$。在随机载荷多次作用情况下服役的结构或零部件,其可靠度是在载荷多次作用下不失效的概率。显然,在强度不退化的情况下,结构在这 m 次载荷中的最大载荷 $y_{\max}$ 作用下不失效的概率等同于结构在这 m 次载荷的作用下不失效的概率,即

$$P(X > y_{\max}) = P(X > y_1, X > y_2, \cdots, X > y_m) \qquad (6-24)$$

式中:$y_{\max} = \max(y_1, y_2, \cdots, y_m)$;$X$ 为结构强度。

因此可以说,随机载荷多次作用下结构的可靠度等价于多次作用的载荷中最大载荷作用下不发生失效的概率。样本容量为 m 的载荷样本中最大载荷(概率分布)可定义为载荷作用 m 次时的可靠性等效载荷(概率分布)。由顺序统计量的概念可知,随机载荷作用 m 次时的最大载荷实际上就是 m 个载荷样本中的最大顺序统计量 $y_{(m)}$。

设载荷随机变量 Y 的累积分布函数为 $G(y)$，概率密度函数为 $g(y)$，则载荷作用 m 次时的等效载荷 $y_{(m)}$ 的累积分布函数为

$$F_m(y) = [G(y)]^m \qquad (6-25)$$

概率密度函数为

$$f_m(y) = m[G(y)]^m g(y) \qquad (6-26)$$

若载荷随机变量 y 服从形状参数为 β、尺度参数为 θ 的两参数威布尔（Weibull）分布，概率密度函数为

$$g_Y(y) = \frac{\beta y^{\beta-1}}{\theta^\beta} \exp\left[-\left(\frac{y}{\theta}\right)^\beta\right], \quad y \geqslant 0 \qquad (6-27)$$

则载荷作用 m 次时的可靠性等效载荷的累积分布函数为

$$G_Y(y) = \left\{1 - \exp\left[-\left(\frac{y}{\theta}\right)^\beta\right]\right\}^m, \quad y \geqslant 0 \qquad (6-28)$$

图 6-4 所示为服从 Weibull 分布随机载荷，及其分别作用 10 次、20 次、50 次和 100 次时等效载荷的概率密度函数曲线。由图可见，随着载荷作用次数的增加，等效载荷的均值逐渐增大，而分散性逐渐减小。当零件强度概率密度函数一定时，随着载荷作用次数的增加，零件失效概率增加，可靠度降低。

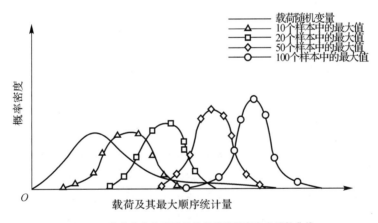

图 6-4　载荷多次作用下的等效载荷概率密度函数曲线

3. 载荷多次作用下的结构静强度可靠性模型

根据载荷多次作用下的可靠性等效载荷的累积分布函数和概率密度函数，可以方便地将载荷一次作用下的载荷-强度干涉模型转化为随机载荷多次作用下的零件静强度可靠性模型（不考虑强度退化）。

设零件强度 S 的概率密度函数为 $f(S)$，载荷 s 的累积分布函数和概率密度

函数分别为 $G(s)$ 和 $g(s)$，当载荷 s 作用 m 次时，可由式（6-25）和式（6-26）分别得到载荷 s 作用 m 次时等效载荷的累积分布函数 $G_m(s)$ 和概率密度函数 $g_m(s)$。根据载荷-强度干涉模型，随机载荷多次作用下的零件静强度可靠度模型为

$$R^{(m)} = \int_{-\infty}^{+\infty} g_m(s) \int_{s}^{+\infty} f(S)\mathrm{d}S\mathrm{d}s$$

$$= \int_{-\infty}^{+\infty} m\left[G(s)\right]^{m-1} g(s) \int_{s}^{+\infty} f(S)\mathrm{d}S\mathrm{d}s \qquad (6-29)$$

式（6-29）反映了随机载荷作用次数对零件可靠性的影响。$m=1$（即载荷作用一次）时，该式与传统的可靠性干涉模型相同。需要指出的是，式（6-29）只适用于强度不退化，且只考虑一个随机载荷历程样本时，随机载荷多次作用下的零件可靠度计算。

|6.4 结构静强度可靠性设计方法与过程|

在结构设计中，将有关设计变量作为随机变量处理，是可靠性设计与常规设计的主要区别。可靠性设计是基于给定的可靠度进行设计计算，不同于传统方法基于给定的安全系数进行设计计算。

6.4.1 简单结构部件的静强度可靠性设计

1. 拉杆静确定可靠性设计

设计一个圆截面拉杆（形状如图 6-5 所示），承受服从正态分布的轴向力 $P \sim N(400\,000,15\,000^2)\,\mathrm{N}$，材料抗拉强度也服从正态分布，其均值和标准差分别为 $\mu_\delta = 667\,\mathrm{MPa}$，$\sigma_\delta = 25\,\mathrm{MPa}$。要求设计拉杆（确定其半径）的可靠度为 0.999。

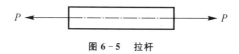

P P

图 6-5 拉杆

设计步骤如下：

(1) 设拉杆圆截面面积为 $A(\mathrm{mm}^2)$，设计半径为 $r\,(\mathrm{mm})$。

（2）给定可靠度 $R=0.999$，查标准正态分布表，得可靠性因数 $Z_R=3.09$。

（3）材料强度分布参数为 $\mu_\delta=667\ \text{MPa}$，$\sigma_\delta=25\ \text{MPa}$。

（4）应力表达式为

$$s=\frac{P}{A}=\frac{P}{\pi r^2}$$

令拉杆半径的公差为其均值的 1.5%，即 $\pm\Delta r=\pm 0.015\mu_r$，则根据"3 倍标准差原则"，可得半径的标准差为

$$\sigma_r=\frac{\Delta r}{3}=\frac{0.015}{3}\mu_r=0.005\mu_r$$

由矩法求得 A 和 s 的均值及标准差的表达式分别为

$$\mu_A=\pi\mu_r^2$$

$$\sigma_A=2\pi\mu_r\sigma_r=0.01\pi\mu_r^2$$

$$\mu_s=\frac{\mu_P}{\mu_A}=\frac{\mu_P}{\pi\mu_r^2}=\frac{400\ 000\ \text{N}}{\pi\mu_r^2}$$

$$\sigma_s=\frac{1}{\mu_A^2}\sqrt{\mu_P^2\cdot\sigma_A^2+\mu_A^2\cdot\sigma_P^2}$$

$$=\frac{1}{(\pi\mu_r^2)^2}\sqrt{(0.01\pi\mu_r^2)^2\cdot\mu_P^2+(\pi\mu_r^2)^2\cdot\sigma_P^2}$$

$$=\frac{1}{(\pi\mu_r^2)^2}\sqrt{(0.01)^2\cdot\mu_P^2+\sigma_P^2}$$

（5）计算最大拉应力：

$$\mu_s=\frac{400\ 000\ \text{N}}{\pi\mu_r^2}=127\ 323.955\ \text{N}$$

$$\sigma_s=\frac{1}{(\pi\mu_r^2)^2}\sqrt{0.01^2\times 400\ 000^2+15\ 000^2}\ \text{N}$$

$$=4\ 941.498\ \text{N}$$

（6）由于应力、强度均服从正态分布，将应力、强度及可靠性因数 Z_R 代入可靠性联结方程：

$$Z_R=\frac{\mu_\delta-\mu_s}{\sqrt{\sigma_\delta^2+\sigma_s^2}}=\frac{667\ \text{MPa}-127\ 323.955\ \text{N}/\mu_r^2}{\sqrt{(25\ \text{MPa})^2+(4\ 941.498\ \text{N})^2/\mu_r^4}}=3.09$$

化简后得

$$\mu_r^4-386.972\mu_r^2+36\ 403.417=0$$

解得 $\mu_r=15.021\ \text{mm}$ 和 $\mu_r=12.702\ \text{mm}$。

(7) 将上面两个计算结果代入可靠性联结方程验算：$\mu_r = 15.021$ mm 满足方程成立条件，$\mu_r = 12.702$ mm 不满足方程成立条件，因此取 $\mu_r = 15.021$ mm，而舍去 $\mu_r = 12.702$ mm。

(8) 设计结果：

$$\mu_r = 15.021 \text{ mm}$$

$$\sigma_r = 0.005\mu_r = 0.075 \text{ mm}$$

$$r = \mu_r \pm \Delta r = 15.021 \text{ mm} \pm 3\sigma_r = (15.021 \pm 0.225) \text{ mm}$$

因此，为保证拉杆的可靠度为 0.999，其设计半径应为 (15.021 ± 0.225) mm。

2. 悬臂梁的静强度可靠性设计

设计一个高为 $H = 2B$（mm）、宽为 B（mm）的矩形截面悬臂梁（如图 6-6 所示），其最外端受集中载荷 P 作用，$P \sim N(35\,000, 1\,000^2)$ N，梁长度 $l \sim N(4\,000, 1.5^2)$ mm，材料抗弯强度 $\delta \sim N(1\,020, 20.45^2)$ MPa，要求可靠度为 0.999 9，试设计悬臂梁的截面尺寸。

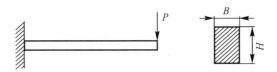

图 6-6　矩形截面悬臂梁

设计步骤如下：

(1) 给定可靠度 $R = 0.999\,9$。

(2) 查标准正态分布表，得可靠性因数 $Z_R = 3.72$。

(3) 材料强度分布参数为 $\mu_\delta = 1\,020$ MPa，$\sigma_\delta = 20.45$ MPa。

(4) 列出应力表达式。

梁的最大弯矩发生在悬臂梁的固定端，其表达式为

$$M = Pl$$

最大弯曲应力发生在该截面上，其表达式为

$$s = \frac{M}{W}$$

式中：W 为抗弯截面模量，$W = \dfrac{BH^2}{6} = \dfrac{2B^3}{3}$。

取截面宽度的公差为 $\pm \Delta B = \pm 0.03\mu_B$，则根据"$3\sigma$ 法则"可得

$$\sigma_B = \frac{\Delta B}{3} = \frac{0.03}{3}\mu_B = 0.01\mu_B$$

由矩法求得 M,W 和 s 的均值及标准差的表达式分别为

$$\mu_M = \mu_P \cdot \mu_l$$

$$\sigma_M = \sqrt{\mu_l^2\sigma_P^2 + \mu_P^2\sigma_l^2}$$

$$\mu_W = \frac{2\mu_B^3}{3}$$

$$\sigma_W = \frac{2}{3} \times 3\mu_B^3\sigma_B = 2\mu_B^2\sigma_B = 0.02\mu_B^3$$

$$\mu_s = \frac{\mu_M}{\mu_W}$$

$$\sigma_s = \sqrt{\left(\frac{1}{\mu_W}\right)^2\sigma_M^2 + \left(\frac{-\mu_M}{\mu_W^2}\right)^2\sigma_M^2}$$

（5）计算最大弯曲应力：

$$\mu_M = \mu_P \cdot \mu_l = (35\,000 \times 4\,000)\ \text{N} \cdot \text{mm} = 140\,000\,000\ \text{N} \cdot \text{mm}$$

$$\sigma_M = \sqrt{\mu_l^2\sigma_P^2 + \mu_P^2\sigma_l^2} = \sqrt{4\,000^2 \times 1\,000^2 + 35\,000^2 \times 1.5^2}\ \text{N} \cdot \text{mm}$$
$$= 4\,000\,345\ \text{N} \cdot \text{mm}$$

$$\mu_s = \frac{\mu_M}{\mu_W} = \frac{140\,000\,000\ \text{N} \cdot \text{mm}}{\dfrac{2\mu_B^3}{3}} = \frac{210\,000\,000\ \text{N} \cdot \text{mm}}{\mu_B^3}$$

$$\sigma_s = \sqrt{\left(\frac{1}{\mu_W}\right)^2\sigma_M^2 + \left(\frac{-\mu_M}{\mu_W^2}\right)^2\sigma_M^2}$$

$$= \sqrt{\left(\frac{1}{2\mu_B^3/3}\right)^2 \times (4\,000\,345\ \text{N} \cdot \text{mm})^2 + \left[\frac{-140\,000\,000\ \text{N} \cdot \text{mm}}{(2\mu_B^3/3)^2}\right]^2 \times (0.02\mu_B^3)^2}$$

$$= \frac{8\,700\,356.91\ \text{N} \cdot \text{mm}}{\mu_B^3}$$

（6）由于应力、强度均服从正态分布，将应力、强度及可靠性系数 Z_R 代入可靠性联结方程：

$$Z_R = \frac{\mu_\delta - \mu_s}{\sqrt{\sigma_\delta^2 + \sigma_s^2}} = \frac{1\,020\ \text{MPa} - 210\,000\,000\ \text{N} \cdot \text{mm}/\mu_B^3}{\sqrt{(20.45\ \text{MPa})^2 + (8\,700\,356.91\ \text{N} \cdot \text{mm})^2/\mu_B^6}} = 3.72$$

化简后得

$$\mu_B^6 - 414\,067.97\mu_B^3 + 41\,612\,173\,910 = 0$$

解得 $\mu_B = 62.351\ \text{mm}$ 和 $\mu_B = 55.577\ \text{mm}$。

（7）将上面两个计算结果代入可靠性联结方程验算：$\mu_B = 62.351\ \text{mm}$ 满足方程成立条件，$\mu_B = 55.577\ \text{mm}$ 不满足方程成立条件，因此取 $\mu_B = 62.351\ \text{mm}$，

而舍去 $\mu_B = 55.577$ mm。

(8) 设计结果：

$$\mu_B = 62.351 \text{ mm}$$

$$\sigma_B = 0.01\mu_B = 0.624 \text{ mm}$$

$$B = \mu_B \pm \Delta B = 62.351 \text{ mm} \pm 3\sigma_B = (62.351 \pm 1.872) \text{ mm}$$

$$H = 2B = (124.702 \pm 3.744) \text{ mm}$$

因此，为保证悬臂梁的可靠度为 0.999 9，其矩形截面尺寸的宽度应为 (62.351 ± 1.872) mm，高度应为 (124.702 ± 3.744) mm。

3. 简支梁的静强度可靠性设计

设计一个受集中载荷力 P 作用的圆截面简支梁（相关尺寸如图 6-7 所示），其中 $P \sim N(28\,000, 900^2)$ N，梁长度 $l \sim N(3\,050, 1.1^2)$ mm，$a \sim N(1\,800, 1.1^2)$，材料抗弯强度 $\delta \sim N(730, 28^2)$ MPa，要求可靠度为 0.999，求简支梁截面的设计半径。

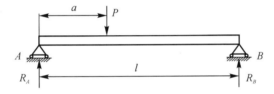

图 6-7 圆截面简支梁

解题步骤如下：

(1) 给定可靠度 $R = 0.999$。

(2) 查标准正态分布表，得可靠性因数 $Z_R = 3.09$。

(3) 材料强度分布的给定参数为 $\mu_\delta = 730$ MPa，$\sigma_\delta = 28$ MPa。

(4) 列出应力表达式。

梁的最大弯矩发生在载荷力 P 的作用点处，其表达式为

$$M = \frac{Pa(l - a)}{l} = Pa\left(1 - \frac{a}{l}\right)$$

最大弯曲应力发生在该截面的底面和顶面，其表达式为

$$s = \frac{M}{W}$$

式中：W 为抗弯截面模量，$W = \dfrac{\pi d^3}{32} = \dfrac{\pi r^3}{4}$。

取截面设计半径的公差为 $\pm \Delta r = \pm 0.03\mu_r$，则根据"$3\sigma$ 法则"可得

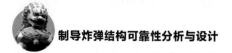

$$\sigma_r = \frac{\Delta r}{3} = \frac{0.03}{3}\mu_r = 0.01\mu_r$$

由矩法求得 M, W, s 的均值及标准差的表达式为

$$\mu_M = \mu_P \cdot \mu_a \left(1 - \frac{\mu_a}{\mu_l}\right)$$

$$\sigma_M = \sqrt{\left[\frac{\mu_a(\mu_l - \mu_a)}{\mu_l}\right]^2 \cdot \sigma_P^2 + \left(\mu_P - \frac{2\mu_P\mu_a}{\mu_l}\right)^2 \cdot \sigma_a^2 + \left(\frac{\mu_P\mu_a^2}{\mu_l^2}\right)^2 \cdot \sigma_l^2}$$

$$\mu_w = \frac{\pi\mu_r^3}{4}$$

$$\sigma_w = \frac{\pi}{4} \cdot 3\mu_r^2 \cdot \sigma_r = \frac{3\pi}{4}\mu_r^2\sigma_r = \frac{0.03\pi}{4}\mu_r^3$$

$$\mu_s = \frac{\mu_M}{\mu_w}$$

$$\sigma_s = \sqrt{\left(\frac{1}{\mu_w}\right)^2 \sigma_M^2 + \left(\frac{-\mu_M}{\mu_w^2}\right)^2 \sigma_M^2}$$

（5）计算最大弯曲应力：

$$\mu_M = \mu_P \cdot \mu_a \left(1 - \frac{\mu_a}{\mu_l}\right) = \left[28\,000 \times 1\,800 \times \left(1 - \frac{1\,800}{3\,050}\right)\right] \text{N} \cdot \text{mm}$$

$$= 20\,655\,738 \text{ N} \cdot \text{mm}$$

$$\sigma_M = \sqrt{\left[\frac{\mu_a(\mu_l - \mu_a)}{\mu_l}\right]^2 \cdot \sigma_P^2 + \left(\mu_P - \frac{2\mu_P\mu_a}{\mu_l}\right)^2 \cdot \sigma_a^2 + \left(\frac{\mu_P\mu_a^2}{\mu_l^2}\right)^2 \cdot \sigma_l^2}$$

$$= \left\{\left[\frac{1\,800 \times (3\,050 - 1\,800)}{3\,050}\right]^2 \times 900^2 + \left[28\,000 - \frac{2 \times 28\,000 \times 1\,800}{3\,050}\right]^2 \times \right.$$

$$\left. 1.1^2 + \left(\frac{28\,000 \times 1\,800^2}{3\,050^2}\right)^2 \times 1.1^2\right\}^{\frac{1}{2}} \text{N} \cdot \text{mm}$$

$$= 664\,044 \text{ N} \cdot \text{mm}$$

$$\mu_s = \frac{\mu_M}{\mu_w} = \frac{20\,655\,738 \text{ N} \cdot \text{mm}}{\frac{\pi\mu_r^3}{4}} = \frac{26\,299\,702.45}{\mu_r^3}$$

$$\sigma_s = \sqrt{\left(\frac{1}{\mu_w}\right)^2 \sigma_M^2 + \left(\frac{-\mu_M}{\mu_w^2}\right)^2 \sigma_M^2}$$

$$= \sqrt{\left(\frac{1}{\pi\mu_r^3/4}\right)^2 (664\,044 \text{ N} \cdot \text{mm})^2 + \left[\frac{-20\,655\,738 \text{ N} \cdot \text{mm}}{(\pi\mu_r^3/4)^2}\right]^2 \left(\frac{0.03\pi\mu_r^3}{4}\right)^2}$$

$$= \frac{1\,156\,440.8 \text{ N} \cdot \text{mm}}{\mu_r^3}$$

（6）由于应力、强度均服从正态分布，将应力、强度及可靠性系数 Z_R 代入可靠性联结方程：

$$Z_R = \frac{\mu_\delta - \mu_s}{\sqrt{\sigma_\delta^2 + \sigma_s^2}} = \frac{730 \text{ MPa} - 26\ 299\ 702.45 \text{ N} \cdot \text{mm}/\mu_r^3}{\sqrt{(28 \text{ MPa})^2 + \dfrac{(1\ 156\ 440.8 \text{ N} \cdot \text{mm})^2}{\mu_r^6}}} = 3.09$$

化简后得

$$\mu_r^6 - 73\ 080.551\mu_r^3 + 1\ 292\ 133\ 008 = 0$$

解得 $\mu_r = 35.062 \text{ mm}$ 和 $\mu_r = 31.065 \text{ mm}$。

（7）将上面两个计算结果代入可靠性联结方程验算：$\mu_r = 35.062 \text{ mm}$ 满足方程成立条件，$\mu_r = 31.065 \text{ mm}$ 不满足方程成立条件，因此取 $\mu_r = 35.062 \text{ mm}$，而舍去 $\mu_r = 31.065 \text{ mm}$。故

$$\mu_r = 35.062 \text{ mm}$$

$$\sigma_r = 0.01\mu_r = 0.351 \text{ mm}$$

$$r = \mu_r \pm \Delta r = 35.062 \text{ mm} \pm 3\sigma_r = (35.062 \pm 1.053) \text{ mm}$$

因此，为保证简支梁的可靠度为 0.999，其截面的设计半径应为 $(35.062 \pm 1.053) \text{ mm}$。

4. 承受转矩的轴的静强度可靠性设计

一端固定而另一端承受转矩的实心轴（相关尺寸如图 6-8 所示），其所受转矩 $T \sim N(10\ 000\ 000, 1\ 200\ 000^2) \text{ N} \cdot \text{mm}$，材料抗扭强度 $\delta \sim N(364, 14^2) \text{ MPa}$，要求可靠度为 0.998，求轴的设计半径。

解题步骤如下：

（1）给定可靠度 $R = 0.998$。

（2）查标准正态分布表，得可靠性因数 $Z_R = 2.88$。

（3）材料强度分布的给定参数为 $\mu_\delta = 364 \text{ MPa}$，$\sigma_\delta = 14 \text{ MPa}$。

（4）列出应力表达式：

$$\tau = \frac{Td}{2I_P} = \frac{16T}{\pi d^3} = \frac{2T}{\pi r^3}$$

式中：I_P 为轴横截面的极惯性矩，$I_P = \dfrac{\pi d^4}{32}$。

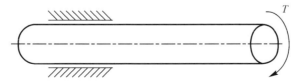

图 6-8　承受转矩轴

取轴设计半径的公差为 $\pm\Delta r=\pm0.03\mu_r$，则根据"3 倍标准差原则"可得

$$\sigma_r=\frac{\Delta r}{3}=\frac{0.03}{3}\mu_r=0.01\mu_r$$

由矩法求得 τ 均值及标准差的表达式为

$$\mu_\tau=\frac{2\mu_T}{\pi\mu_r^3}$$

$$\sigma_\tau=\sqrt{\frac{4\sigma_T^2}{\pi^2\mu_r^6}+\frac{36\mu_T^2\sigma_r^2}{\pi^2\mu_r^8}}=\sqrt{\frac{4\sigma_T^2}{\pi^2\mu_r^6}+\frac{36\mu_T^2(0.01\mu_r)^2}{\pi^2\mu_r^8}}$$

$$=\sqrt{\frac{4\sigma_T^2+0.003\,6\mu_T^2}{\pi^2\mu_r^6}}=\frac{1}{\pi\mu_r^3}\sqrt{4\sigma_T^2+0.003\,6\mu_T^2}$$

（5）计算最大切应力：

$$\mu_\tau=\frac{2\mu_T}{\pi\mu_r^3}=\frac{2\times10\,000\,000\text{ N}\cdot\text{mm}}{\pi\times\mu_r^3}=\frac{6\,366\,197.724\text{ N}\cdot\text{mm}}{\mu_r^3}$$

$$\sigma_\tau=\frac{1}{\pi\mu_r^3}\sqrt{4\sigma_T^2+0.003\,6\mu_T^2}$$

$$=\frac{1}{\pi\mu_r^3}\sqrt{4\times(1\,200\,000\text{ N}\cdot\text{mm})^2+0.003\,6\times(10\,000\,000\text{ N}\cdot\text{mm})^2}$$

$$=\frac{787\,455.169\text{ N}\cdot\text{mm}}{\pi\mu_r^3}$$

（6）由于应力、强度均服从正态分布，将应力、强度及可靠性因数 Z_R 代入可靠性联结方程：

$$Z_R=\frac{\mu_\delta-\mu_\tau}{\sqrt{\sigma_\delta^2+\sigma_\tau^2}}=\frac{364\text{ MPa}-6\,366\,197.724\text{ N}\cdot\text{mm}/\mu_r^3}{\sqrt{(14\text{ MPa})^2+(787\,455.169\text{ N}\cdot\text{mm})^2/(\pi\mu_r^3)}}=2.88$$

化简后得

$$\mu_r^6-35\,413.627\mu_r^3+270\,384\,003.4=0$$

解得 $\mu_r=28.955$ mm 和 $\mu_r=22.333$ mm。

（7）将上面两个计算结果代入可靠性联结方程验算：$\mu_r=28.955$ mm 满足方程成立条件，$\mu_r=22.333$ mm 不满足方程成立条件。因此取 $\mu_r=28.955$ mm，而舍去 $\mu_r=22.333$ mm。

（8）设计结果：

$$\mu_r=28.955\text{ mm}$$

$$\sigma_r=0.01\mu_r=0.29\text{ mm}$$

$$r = \mu_r \pm \Delta r = 28.955 \text{ mm} \pm 3\sigma_r = (28.955 \pm 0.87) \text{ mm}$$

因此,为保证轴的可靠度为 0.998,轴截面的设计半径应为(28.955 ± 0.87) mm。

5. 承受弯扭联合作用的轴的静强度可靠性设计

设计承受弯扭联合作用的轴,该轴所受的转矩 $T \sim N(100\,000, 8\,000^2)$ N·mm,危险截面处弯矩 $M \sim N(12\,000, 900^2)$ N·mm,材料强度 $\delta \sim N(900, 90^2)$ MPa,要求可靠度为 0.999,求满足该可靠性的轴半径。

危险截面

危险截面

图 6-9 承受弯扭轴

设计步骤如下:

(1) 给定可靠度 $R = 0.999$。

(2) 查标准正态分布表,得可靠性因数 $Z_R = 3.09$。

(3) 材料强度分布的给定参数为 $\mu_\delta = 900$ MPa, $\sigma_\delta = 90$ MPa。

(4) 列出应力表达式。

对于实心轴,危险截面处的最大弯曲应力表达式为

$$s_W = \frac{M}{W}$$

式中: W 为抗弯截面模量, $W = \frac{\pi d^3}{32} = \frac{\pi r^3}{4}$。

对于实心轴,危险截面处的最大切应力表达式为

$$\tau = \frac{Td}{2I_P} = \frac{16T}{\pi d^3} = \frac{2T}{\pi r^3}$$

式中: I_P 为轴横截面的极惯性矩, $I_P = \frac{\pi d^4}{32}$。

应用第四强度理论,危险截面处的最大合成应力表达式为

$$s = \sqrt{s_W^2 + 3\tau^2}$$

取截面设计半径的公差为 $\pm \Delta r = \pm 0.03\mu_r$,则根据"$3\sigma$ 法则"可得

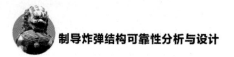

$$\sigma_r = \frac{\Delta r}{3} = \frac{0.03}{3}\mu_r = 0.01\mu_r$$

由矩法求得 s_w, τ, s 均值及标准差的表达式为

$$\mu_w = \frac{\pi\mu_r^3}{4}$$

$$\sigma_w = \frac{\pi}{4} \times 3\mu_r^2\sigma_r = \frac{3\pi}{4}\mu_r^2 \times 0.01\mu_r = \frac{0.03\pi}{4}\mu_r^3$$

$$\mu_{s_w} = \frac{\mu_M}{\mu_w}$$

$$\sigma_{s_w} = \sqrt{\left(\frac{1}{\mu_w}\right)^2\sigma_M^2 + \left(-\frac{\mu_M}{\mu_w^2}\right)^2\sigma_W^2}$$

$$\mu_\tau = \frac{2\mu_T}{\pi\mu_r^3}$$

$$\sigma_\tau = \sqrt{\frac{4\sigma_T^2}{\pi^2\mu_r^6} + \frac{36\mu_T^2\sigma_r^2}{\pi^2\mu_r^8}} = \sqrt{\frac{4\sigma_T^2}{\pi^2\mu_r^6} + \frac{36\mu_T^2(0.01\mu_r)^2}{\pi^2\mu_r^8}}$$

$$= \sqrt{\frac{4\sigma_T^2 + 0.003\,6\mu_T^2}{\pi^2\mu_r^6}} = \frac{1}{\pi\mu_r^3}\sqrt{4\sigma_T^2 + 0.003\,6\mu_T^2}$$

$$\mu_s = \sqrt{\mu_{s_w}^2 + 3\mu_\tau^2} + \frac{1}{2}\frac{3\mu_\tau^2\sigma_{s_w}^2}{\sqrt{(\mu_{s_w}^2 + 3\mu_\tau^2)^3}} + \frac{1}{2}\frac{3\mu_{s_w}^2\sigma_\tau^2}{\sqrt{(\mu_{s_w}^2 + 3\mu_\tau^2)^3}}$$

$$= \sqrt{\mu_{s_w}^2 + 3\mu_\tau^2} + \frac{3}{2}\left[\frac{\mu_\tau^2\sigma_{s_w}^2 + \mu_{s_w}^2\sigma_\tau^2}{\sqrt{(\mu_{s_w}^2 + 3\mu_\tau^2)^3}}\right]$$

$$\sigma_s = \sqrt{\left(\frac{\mu_{s_w}}{\sqrt{\mu_{s_w}^2 + 3\mu_\tau^2}}\right)^2\sigma_{s_w}^2 + \left(\frac{3\mu_\tau}{\sqrt{\mu_{s_w}^2 + 3\mu_\tau^2}}\right)^2\sigma_\tau^2}$$

$$= \sqrt{\frac{\mu_{s_w}^2\sigma_{s_w}^2 + 9\mu_\tau^2\sigma_\tau^2}{\mu_{s_w}^2 + 3\mu_\tau^2}}$$

（5）计算危险截面处的最大合成应力：

$$\mu_{s_w} = \frac{\mu_M}{\frac{\pi}{4}\mu_r^3} = \frac{4 \times 12\,000\ \text{N} \cdot \text{mm}}{\pi\mu_r^3} = \frac{15\,278.875\ \text{N} \cdot \text{mm}}{\mu_r^3}$$

$$\sigma_{s_w} = \sqrt{\left(\frac{1}{\mu_w}\right)^2\sigma_M^2 + \left(-\frac{\mu_M}{\mu_w^2}\right)^2\sigma_W^2}$$

$$= \sqrt{\left(\frac{1}{\frac{\pi}{4}\mu_r^3}\right)^2 \times (900\ \text{N} \cdot \text{mm})^2 + \left[\frac{-12\,000\ \text{N} \cdot \text{mm}}{\left(\frac{\pi}{4}\mu_r^3\right)^2}\right]^2 \times \left(\frac{0.03\pi}{4}\mu_r^3\right)^2}$$

$$= \frac{1\ 234.189\ \mathrm{N \cdot mm}}{\mu_r^3}$$

$$\mu_\tau = \frac{2\mu_T}{\pi\mu_r^3} = \frac{2 \times 100\ 000\ \mathrm{N \cdot mm}}{\pi\mu_r^3} = \frac{63\ 661.977\ \mathrm{N \cdot mm}}{\mu_r^3}$$

$$\sigma_\tau = \frac{1}{\pi\mu_r^3} \sqrt{4\sigma_T^2 + 0.003\ 6\mu_T^2}$$

$$= \frac{1}{\pi\mu_r^3} \sqrt{4 \times (8\ 000\ \mathrm{N \cdot mm})^2 + 0.003\ 6 \times (100\ 000\ \mathrm{N \cdot mm})^2}$$

$$= \frac{5\ 439.282\ \mathrm{N \cdot mm}}{\mu_r^3}$$

$$\sqrt{\mu_{s_w}^2 + 3\mu_\tau^2} = \sqrt{\left(\frac{15\ 278.875\ \mathrm{N \cdot mm}}{\mu_r^3}\right)^2 + 3\left(\frac{63\ 661.977\ \mathrm{N \cdot mm}}{\mu_r^3}\right)^2}$$

$$= \sqrt{\frac{1.239\ 2 \times 10^{10}\ (\mathrm{N \cdot mm})^2}{\mu_r^6}}$$

$$= \frac{111\ 319.297\ \mathrm{N \cdot mm}}{\mu_r^3}$$

$$\mu_s = \sqrt{\mu_{s_w}^2 + 3\mu_\tau^2} + \frac{3}{2}\left[\frac{\mu_\tau^2\sigma_{s_w}^2 + \mu_{s_w}^2\sigma_\tau^2}{\sqrt{(\mu_{s_w}^2 + 3\mu_\tau^2)^3}}\right]$$

$$= \frac{111\ 319.297\ \mathrm{N \cdot mm}}{\mu_r^3} +$$

$$\frac{3}{2}\left[\frac{(63\ 661.977\ \mathrm{N \cdot mm}/\mu_r^3)^2\ (1\ 234.189\ \mathrm{N \cdot mm}/\mu_r^3)^2 + (15\ 278.875\ \mathrm{N \cdot mm}/\mu_r^3)^2\ (5\ 439.282\ \mathrm{N \cdot mm}/\mu_r^3)^2}{(111\ 319.297\ \mathrm{N \cdot mm}/\mu_r^3)^3}\right]$$

$$= \frac{111\ 319.297\ \mathrm{N \cdot mm}}{\mu_r^3} + \frac{14.223\ \mathrm{N \cdot mm}}{\mu_r^3}$$

$$= \frac{111\ 333.513\ \mathrm{N \cdot mm}}{\mu_r^3}$$

$$\sigma_s = \sqrt{\frac{\mu_{s_w}^2\sigma_{s_w}^2 + 9\mu_\tau^2\sigma_\tau^2}{\mu_{s_w}^2 + 3\mu_\tau^2}}$$

$$= \sqrt{\frac{(15\ 278.875\ \mathrm{N \cdot mm}/\mu_r^3)^2\ (1\ 234.189\ \mathrm{N \cdot mm}/\mu_r^3)^2 + 9\ (63\ 661.977\ \mathrm{N \cdot mm}/\mu_r^3)^2\ (5\ 439.282\ \mathrm{N \cdot mm}/\mu_r^3)^2}{(111\ 319.297\ \mathrm{N \cdot mm}/\mu_r^3)^2}}$$

$$= \frac{9\ 333.489\ \mathrm{N \cdot mm}}{\mu_r^3}$$

（6）由于应力、强度均服从正态分布,将应力、强度及可靠性因数 Z_R 代入可靠性联结方程：

$$Z_R = \frac{\mu_\delta - \mu_s}{\sqrt{\sigma_\delta^2 + \sigma_s^2}} = \frac{900\ \mathrm{MPa} - 111\ 333.513\ \mathrm{N \cdot mm}/\mu_r^3}{\sqrt{(90\ \mathrm{MPa})^2 + (9\ 333.489\ \mathrm{N \cdot mm})^2/\mu_r^6}} = 3.09$$

化简后得

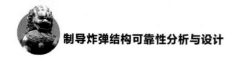

$$\mu_r^6 - 273.524\mu_r^3 + 15\,782.725 = 0$$

解得 $\mu_r = 5.757$ mm 和 $\mu_r = 4.357$ mm。

(7)将上面两个计算结果代入可靠性联结方程验算:$\mu_r = 5.757$ mm 满足方程成立条件,$\mu_r = 4.357$ mm 不满足方程成立条件。因此取 $\mu_r = 5.757$ mm,而舍去 $\mu_r = 4.357$ mm。

(8)设计结果:

$$\mu_r = 5.757 \text{ mm}$$

$$\sigma_r = 0.01\mu_r = 0.057\,57 \text{ mm}$$

$$r = \mu_r \pm \Delta r = 5.757 \pm 3\sigma_r = (5.757 \pm 0.173) \text{ mm}$$

因此,为保证轴的可靠度为 0.999,轴截面的设计半径应为(5.757 ± 0.173) mm。

6.4.2　舱体静强度可靠性设计计算

图 6-10 所示的某型炸弹舱体,通常存在多个薄弱部位(可能失效的高应力部位)。确定了对某一部位的可靠度要求之后,即可对其进行可靠性设计或可靠度校核。由于结构薄弱部位的应力与载荷关系通常比较复杂,因此工程上可以根据经验或应用传统的安全系数法进行结构设计,然后根据可靠性计算结果对设计结果进行校核,必要时改进设计,直到该薄弱部位的可靠度满足要求为止。

假设舱体载荷服从正态分布,要求舱体上某薄弱部位的可靠度,即不发生屈服失效的概率不低于 0.999 9。若舱体极端服役环境下的载荷包括 A,B,C 三种,这三种载荷都是随机变量;结构薄弱部位的应力是由这三种载荷共同决定的,因此也是随机变量。应用有限元分析方法,可以计算出由这些载荷在舱体上产生的应力。应用蒙特·卡罗(Monte Carlo)方法,每次分别随机抽取 A,B,C 三种载荷的各一个样本值 L_{Ai}, L_{Bi}, L_{Ci}(假设三种载荷相互独立),根据这样一组载荷样本值可以计算出指定薄弱部位的一个应力样本值 s_i。获得数量足够的应力样本值(例如 30 个)后,即可计算出应力的均值和标准差(假设应力服从正态分布)。

假设统计计算结果得到薄弱部位的应力均值为 380 MPa,标准差为 20 MPa。又知舱体薄弱部位材料的屈服强度的均值为 600 MPa,标准差为 20 MPa。

图 6 - 10　舱体结构模型图

舱体薄弱部位的失效条件为应力大于屈服强度,根据应力-强度干涉模型,该薄弱部位的可靠性指数为

$$z = \frac{600 - 380}{\sqrt{20^2 + 20^2}} = 7.78$$

由标准正态分布表,可查得对应于可靠性指数 7.78 的可靠度约为 1.0,满足上述可靠性大于 0.999 9 的要求。

需要说明的是,这里计算的是载荷一次作用的结构上一个薄弱部位的可靠度。若要校核载荷多次作用下的可靠度,需要首先获得多次作用的等效载荷分布,或应用相应的可靠度计算模型(例如基于顺序统计量的可靠度计算模型)。

6.4.3　吊挂件静强度可靠性设计

典型吊挂件如图 6 - 11 所示。制导炸弹吊挂载荷主要由惯性力和气动力组成,为计算吊挂件所受到的吊挂力,将弹体载荷分解为 6 个作用在制导炸弹质心上的力与力矩,包括:

(1)沿 x 轴的作用力 P_x;

(2)沿 y 轴的作用力 P_y;

(3)沿 z 轴的作用力 P_z;

(4)由非对称气动载荷或悬挂物偏心引起的滚转力矩 M_x;

(5)由法向气动载荷及法向惯性载荷引起的俯仰力矩 M_z;

(6)由横向气动载荷及横向惯性载荷引起的偏航力矩 M_y。

−166.901	−129.568	−92.235 4	−54.902 5	−17.569 5	19.763 4	57.096 4	94.429 3	131.762	169.095

图 6 - 11   吊挂件及应力分布

吊挂载荷为以上各力及力矩共同作用的结果。这些载荷在吊挂件上产生的应力难以简单计算,可以利用有限元分析方法求解。不失一般性,吊挂件上最大应力可以表示为以上各力及结构特征尺寸 d 的函数 $s_p = f(P_x, P_y, P_z, M_x, M_y, M_z, d)$。假设这 6 个载荷是独立分布的随机变量,应力 s 符合正态分布,其均值为 $\bar{s}_p$,标准差为 σ_{sp}。吊挂结构失效的准则是应力达到其材料的屈服极限,令材料的屈服极限均值为 $\bar{\sigma}_s$,标准差为 $\sigma_{\sigma s}$。利用联结方程

$$z = \frac{\bar{\sigma}_s - \bar{s}_p}{\sqrt{\sigma_{\sigma s}{}^2 + \sigma_{sp}{}^2}}$$

当所要求的可靠度 R 已知(因而 z 已知)时,可以通过迭代方法解出吊挂件的结构尺寸,或应用传统的安全系数方法根据载荷均值设计出结构尺寸后校核吊挂件的可靠度。

6.4.4   螺栓静强度可靠性设计

螺纹连接是制导炸弹弹体舱段间的常用连接形式,如图 6 - 12 所示。图 6 - 12(a)(b)(c)所示为套接结构,该结构的连接螺钉受到剪切力作用和轴向拉力的作用。如图 6 - 12(d)所示为对接连接形式的螺柱式轴向连接,6 - 12(e)所示为斜向盘式连接。螺柱式轴向连接的对接结构采用定位销和螺钉连接,螺栓仅受轴向拉应力。

根据舱体连接形式的不同,用于连接舱体的螺栓分为以下几种情况:

(1)仅受轴向力;

(2)主要受剪切力;

(3)同时受轴向力和弯矩的作用。

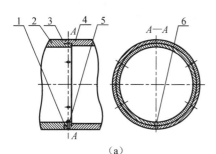
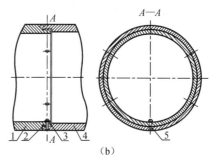

（a）

1—密封圈；2—舱体Ⅰ；3—定位销；
4—舱体Ⅱ；5—钢丝螺套；6—螺钉

1—舱体Ⅰ；2—密封圈；3—托盘螺母；
4—舱体Ⅱ；5—螺钉

（b）

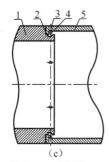
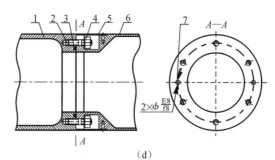

（c）

3—舱体Ⅰ；2—密封圈；3—楔块；
4—螺钉；5—舱体Ⅱ

（d）

1—舱体Ⅰ；2—螺栓；3—密封圈；4—螺母；
5—盖板；6—舱体Ⅱ；7—定位销

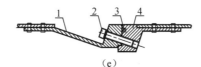

（e）

1—舱体Ⅰ；2—螺栓；3—密封圈；4—舱体Ⅱ

图 6 - 12　常见舱段连接形式

（a）舱段套接结构一；（b）舱段套接结构二；（c）舱段套接结构三；
（d）舱段螺柱式对接结构；（e）舱段斜向盘式对接结构

1. 受拉螺栓连接

仅受轴向拉力的螺栓可靠性设计步骤如下：

（1）确定设计准则。对于有紧密要求的螺栓连接，假设其失效模式是螺栓杆屈服。因此，设计准则为螺栓材料的屈服极限大于螺栓应力的概率不小于设计所要求的可靠度 $R(t)$，即

$$P(\sigma_s > s) \geqslant R(t) \tag{6-30}$$

(2) 选择螺栓材料,确定其强度分布。根据经验可取螺栓强度的变异系数为

$$V_s = 5\% \sim 7\% \tag{6-31}$$

(3) 确定螺栓的应力分布。假设螺栓的拉应力沿横断面均匀分布,由于载荷、几何尺寸等因素的变异性,螺栓应力一般认为呈正态分布。

(4) 应用联结方程,确定螺栓的直径。

例 连接舱体的螺栓载荷均值为 F,其失效模式为屈服,要求螺栓连接的可靠度为 0.999 999,试设计此舱体螺栓。

解

1) 螺栓材料选用 45 号钢,螺栓性能级别选用 6.8 级,强度为正态分布,屈服强度均值为 $\bar{\sigma}_s = 480$ MPa,屈服极限的标准差为 $\sigma_{\sigma_s} = 0.07\bar{\sigma}_s = 33.6$ MPa。

2) 螺栓载荷的均值 F 已知,载荷变异系数可取 $V_a = \dfrac{\sigma_F}{\bar{F}} = 0.08$,因此,载荷分布的标准差为 $\sigma_F = 0.08\bar{F}$。螺栓应力均值为 $\bar{s}_p = \dfrac{\bar{F}}{A}$,应力分布的标准差为 $\sigma_{s_p} = 0.08\bar{s}_p$。

有预紧力的受轴向载荷的紧螺栓,在工作状态下螺栓的总拉力为 $F_0 = F + F'_1$(F'_1 为剩余预紧力)或

$$F_0 = \frac{C_1}{C_1 + C_2}F + F_1 \tag{6-32}$$

式中:F 为螺栓所受的工作载荷;F_1 为预紧力;C_1 为螺栓刚度系数;C_2 为被连接件刚度系数;$\dfrac{C_1}{C_1 + C_2}$ 为相对刚度。

令 $\dfrac{C_2}{C_1} = B$,则式(6-32)可改写为

$$F_0 = \frac{1}{1+B}F + F_1 \tag{6-33}$$

将上式两边都除以螺栓的横断面面积 A,可得螺栓总拉应力分布的均值为

$$\bar{s} = \frac{F_0}{A} = \frac{1}{1+\bar{B}}\bar{s}_p + \bar{s}_1 \tag{6-34}$$

根据经验,预紧应力分布的均值通常取为 $\bar{s}_1 = 0.5\sigma_s$,标准差 $\sigma_{s_1} = 0.15\bar{s}_1$。

螺栓的刚度系数 C_1 可以较精确地算出,但被连接件的刚度系数 C_2 则较难精确确定。此处可取比例系数 $\bar{B} = 8$,变异系数 $c_B = 0.1$。因此 B 的标准差为 $\sigma_B = 0.1\bar{B}$。

将有关数值代入式(6-33)可得 $\bar{s}$ 与 d 之间的函数表达式。

3) 应用联结方程求螺栓直径。联结方程的形式为

$$z = \frac{\bar{\sigma}_s - \bar{s}}{\sqrt{\sigma_{\sigma_s}^2 + \sigma_s^2}} \tag{6-35}$$

由标准正态分布表知,当要求可靠度 $R = 0.999\,999$ 时,$z = 4.70$,于是,将有关各值代入联结方程,即可求出公称直径 d 值。

2. 受剪螺栓连接

(1) 剪切强度计算。设单个螺栓受的剪力为 F_t,则剪应力为

$$\tau = \frac{4F_t}{\pi d_0^2 m} \tag{6-36}$$

式中,d_0 为剪切面处螺栓杆的直径;m 为剪切面数目。

由于剪力 F_t 与螺栓杆直径 d_0 为独立随机变量,所以剪应力均值

$$\bar{\tau} = \frac{4\bar{F}_t}{\pi \bar{d}_0^2 m} \tag{6-37}$$

标准差及变异系数分别为

$$S_\tau = \left[\left(\frac{\partial \tau}{\partial F_t} \right)^2 S_{F_t}^2 + \left(\frac{\partial \tau}{\partial d_0} \right)^2 S_{d_0}^2 \right]^{1/2} = \left[\left(\frac{4}{\pi \bar{d}_0^2 m} \right)^2 S_{F_t}^2 + \left(\frac{8\bar{F}_t}{\pi \bar{d}_0^3 m} \right)^2 S_{d_0}^2 \right]^{1/2} \tag{6-38}$$

$$C_\tau = \frac{S_\tau}{\bar{\tau}} = \sqrt{C_{F_t}^2 + (2C_{d_0})^2} \tag{6-39}$$

式中:S_{F_t},C_{F_t} 分别为剪力 F_t 的标准差及变异系数;S_{d_0},C_{d_0} 分别为螺栓杆直径 d_0 的标准差及变异系数。

S_{F_t},C_{F_t} 按规定的偏差 ΔF 确定。

S_{d_0},C_{d_0} 根据螺栓标准规定的 d_0 的公差范围确定。对于直径 $d = 6 \sim 20$ mm 的铰制孔用螺栓,其 $S_{d_0} \approx 0.012 \sim 0.015$ mm,$C_{d_0} \approx 0.002 \sim 0.000\,75$。可见 C_{d_0} 非常小,实际计算可略去,直径 d_0 为定值。

材料的剪切屈服极限可近似根据拉伸屈服极限进行换算。根据最大剪应力理论或形变能理论,可得

$$\tau_s = 0.5\sigma_s \tag{6-40}$$

或

$$\tau_s = 0.577\sigma_s \tag{6-41}$$

当 R 已知时,用正态分布的联结方程便可以解出直径 d_0 的临界值。

(2) 挤压强度计算。设挤压应力沿螺栓杆和孔壁的挤压表面均匀分布,则

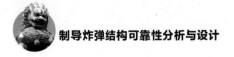

挤压应力的均值为

$$\bar{\sigma}_p = \frac{\bar{F}_t}{\bar{d}_0 h}$$

式中:h 为螺栓杆与孔壁挤压面的最小高度。

变异系数

$$C_{\sigma_p} = \sqrt{C_{F_t}{}^2 + C_{d_0}{}^2}$$

标准差

$$S_{\sigma_p} = C_{\sigma_p} \cdot \bar{\sigma}_p$$

挤压的失效形式是螺栓或被连接件孔壁被压溃。若这里的计算对象的材料是钢等塑性材料,则需要确定拉伸屈服极限 $\bar{\sigma}_S$ 及 C_{σ_S}。同样,根据设计要求的可靠度 R,解出联结方程,可求出直径 d_0 的临界值。

3. 受复合载荷的螺栓连接

这里所说的受复合载荷指同时受到轴向力与弯矩的作用,此时的失效准则仍然可以是最大拉应力大于螺栓的屈服强度 σ_s。这里认为螺栓材料的屈服极限符合正态分布规律,其屈服强度均值为 $\bar{\sigma}_s$,标准差 $\sigma_{\sigma_s} = 0.07\bar{\sigma}_s$;轴力载荷 $F_{ax} \sim N(\bar{F}_{ax}, \sigma_{ax})$,弯矩载荷 $M_x \sim N(\bar{M}_x, \sigma_{M_x})$;需要设计的是螺栓的直径 d。

(1)轴向应力计算。螺栓在轴线方向的载荷均值 $\bar{F}_{ax}$ 已经给出,至于工作载荷的变异系数,可取 $C_{ax} = \frac{\sigma_{F_{ax}}}{\bar{F}_{ax}} = 0.08$,因此,工作载荷分布的标准差 $\sigma_{F_{ax}} = 0.08\bar{F}_{ax}$。假设螺栓杆受力均匀,该轴向力产生的拉应力 $\sigma_{F_{ax}} = \frac{F_{ax}}{\pi d^2}$,其应力均值为 $\bar{\sigma}_{F_{ax}} = \frac{\bar{F}_{ax}}{\pi d^2}$,其标准差可取为 $\sigma_{\sigma F_{ax}} = 0.15\bar{\sigma}_{F_{ax}}$。

(2)弯曲应力计算。由弯矩图可知,距离轴线原点 m 处,模型外边缘由于弯曲产生的拉(压)应力最大值为

$$\sigma_{m\max} = \left| \frac{M_x}{W} \right| = \left| \frac{32M_x}{\pi d^3} \right| \tag{6-42}$$

它包含了一个正态分布的随机变量 M_x,故而其均值为

$$\bar{\sigma}_{m\max} = \left| \frac{\bar{M}_x}{W} \right| = \left| \frac{32\bar{M}_x}{\pi d^3} \right| \tag{6-43}$$

其标准差也可以取为 $\sigma_{\sigma m\max} = 0.1\bar{\sigma}_{m\max}$。

(3)计算轴向应力代入联结方程。模型的轴向应力最大值为

$$\sigma_{\max} = \sigma_{Fax} + \sigma_{m\max} \tag{6-44}$$

则 $\sigma_{\max}$ 的平均值为

$$\overline{\sigma}_{\max} = \overline{\sigma}_{Fax} + \overline{\sigma}_{m\max} \tag{6-45}$$

标准差为

$$\sigma_{\sigma\max} = \sqrt{\sigma_{\sigma Fax}{}^2 + \sigma_{\sigma m\max}{}^2} \tag{6-46}$$

联结方程形式为

$$z = \frac{\overline{\sigma}_s - \overline{\sigma}_{\sigma\max}}{\sqrt{\sigma_{\sigma s}{}^2 + \sigma_{\sigma\max}{}^2}} \tag{6-47}$$

由式(6-47)可知,可靠性系数 z 与 σ_s,F_{ax},M_x 三个随机变量有关。

由标准正态分布表可查指定可靠度对应的 z 值,于是将有关各值代入联结方程,即可求螺栓的直径 d（注:前面已经介绍过,在实际运用中螺栓直径可以看作定值）。

6.4.5 定位销静强度可靠性设计

定位销是弹体结构中典型的承受剪切、挤压载荷的连接件。假设应力沿孔壁挤压面均匀分布。受静载荷的受剪定位销的设计过程如下。

1. 剪切强度计算

设单个定位销受的剪力为 F_t,则剪应力应为

$$\tau = \frac{F_t}{\dfrac{\pi}{4} d_0^2 m} \tag{6-48}$$

式中:d_0 为剪切面处螺栓杆的直径;m 为剪切面数目。

由于剪力 F_t 与定位销直径 d_0 为独立随机变量,所以剪应力均值

$$\overline{\tau} = \frac{4\overline{F}_t}{\pi \overline{d}_0^2 m} \tag{6-49}$$

标准差及变异系数分别为

$$S_\tau = \left[\left(\frac{\partial \tau}{\partial F_t} \right)^2 S_{F_t}^2 + \left(\frac{\partial \tau}{\partial d_0} \right)^2 S_{d_0}^2 \right]^{1/2} = \left[\left(\frac{4}{\pi \overline{d}_0^2 m} \right)^2 S_{F_t}^2 + \left(\frac{8\overline{F}_t}{\pi \overline{d}_0^3 m} \right)^2 S_{d_0}^2 \right]^{1/2} \tag{6-50}$$

$$C_\tau = \frac{S_\tau}{\overline{\tau}} = \sqrt{C_{F_t}{}^2 + (2C_{d_0})^2} \tag{6-51}$$

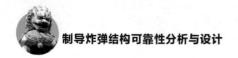

式中:S_{F_t},C_{F_t}分别为剪力F_t的标准差及变异系数;S_{d_0},C_{d_0}分别为定位销直径d_0的标准差及变异系数。

S_{F_t},C_{F_t}按规定的偏差ΔF确定。

S_{d_0}或C_{d_0}根据销钉标准规定的d_0的公差范围确定。当销钉材料的剪切屈服极限不易查到时,一般按照拉伸屈服极限进行换算。

根据最大剪应力理论或形变能理论,得

$$\tau_s = 0.5\sigma_s \tag{6-52}$$

$$\tau_s = 0.577\sigma_s \tag{6-53}$$

当R已知时,用正态分布的联结方程便可以解出直径d_0的临界值。

2. 挤压强度计算

设挤压应力沿定位销和孔壁的挤压表面均匀分布,则挤压应力的均值为

$$\bar{\sigma}_p = \frac{\bar{F}_t}{\bar{d}_0 h} \tag{6-54}$$

式中:h为定位销与孔壁挤压面的最小高度。

变异系数

$$C_{\sigma_p} = \sqrt{C_{F_t}^2 + C_{d_0}^2} \tag{6-55}$$

标准差

$$S_{\sigma_p} = C_{\sigma_p} \cdot \bar{\sigma}_p \tag{6-56}$$

挤压的失效形式是定位销或被连接件孔壁被压溃。若这里的计算对象的材料是钢等塑性材料,则需要确定拉伸屈服极限$\bar{\sigma}_s$及C_{σ_s}。同样,根据设计要求的可靠度R,解出联结方程,可求出直径d_0的临界值。

|6.5 疲劳可靠性设计|

制导炸弹除受到静载荷之外还会受到动载荷的作用,如冲击载荷、振动载荷、噪声载荷、撞击载荷以及阵风载荷等。这些动载荷会贯穿炸弹的贮藏、运输和使用全过程。同时,制导炸弹所受载荷具有一定的随机特性,作用在制导炸弹上的载荷一般服从正态分布或对数正态分布。

1. 疲劳设计准则

结构零部件在交变载荷作用下的失效称为疲劳失效。疲劳失效过程一般包

括裂纹形成、裂纹亚稳态扩展和失稳扩展 3 个阶段。疲劳设计准则一般可划分为 4 种。

(1)无限寿命设计：要求设计应力低于疲劳极限,这是最早的疲劳安全设计准则。

(2)安全寿命设计(有限寿命设计)：要求零部件或结构在规定的使用期限内不产生疲劳裂纹。

(3)破损安全设计：要求裂纹被检出来之前,不会导致整个结构破坏(这要求裂纹能被及时检出,且有相当长的亚临界扩展期)。

(4)损伤容限设计：假设结构中存在初始裂纹,应用断裂力学方法计算裂纹的扩展寿命,并借助多通道承载和止裂结构等保证结构使用安全。

在常规疲劳强度计算中,零件的疲劳强度 S'_r 可通过修正材料标准试件的疲劳强度 S_r 得到,例如

$$S'_r = \frac{\varepsilon\beta}{K_f} S_r \qquad (6-57)$$

式中:S_r 为标准试件的疲劳强度(循环应力比为 r);ε 为尺寸系数;β 为表面状态系数;K_f 为有效应力集中系数。

为了简化计算,一般假设影响零件疲劳强度的各种因素相互独立。这样,就可以应用矩方法计算出零件疲劳强度的均差和方差。

2. 强度的修正系数

(1)应力集中系数。一般文献上给出的应力集中系数是理论应力集中系数 α_σ,它只考虑几何形状。在疲劳强度设计中,使用的是考虑材料缺口敏感性的有效应力集中系数 K_f。有效应力集中系数 K_f 与理论应力集中系数有如下关系:

$$K_f = 1 + q(\alpha_\sigma - 1) \qquad (6-58)$$

式中:q 称为应力集中敏感系数。

式(6-58)可以改写为

$$q = \frac{K_f - 1}{\alpha_\sigma - 1} \qquad (6-59)$$

根据有效应力集中系数的定义,有

$$K_f = \frac{\sigma_r}{\sigma_{rk}} \qquad (6-60)$$

式中:σ_r 为光滑试样的疲劳极限;σ_{rk} 为具有缺口试样的疲劳极限。

按正态分布统计得 q 的均值 $\bar{q}$ 和标准差 S_q,就可以求得有效应力集中系数 K_f 的均值为

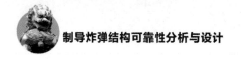

$$\overline{K}_f = 1 + \overline{q}(\alpha_\sigma - 1) \tag{6-61}$$

其标准差为

$$S_{kf} = (\alpha_\sigma - 1)S_q \tag{6-62}$$

（2）尺寸系数。尺寸系数是考虑零部件的尺寸比试样尺寸大，从而使疲劳强度降低的系数。尺寸系数 ε 的定义为

$$\varepsilon = \frac{(\sigma_r)_d}{(\sigma_r)_{d_0}} \tag{6-63}$$

式中：$(\sigma_r)_{d_0}$ 为标准试样尺寸 d_0 的疲劳极限；$(\sigma_r)_d$ 为零件尺寸 d 的疲劳极限。

（3）表面状态系数。表面状态系数 β 是考虑零部件的表面粗糙度不同于磨光试样而引入的系数。其定义为

$$\beta = \frac{\sigma_r}{\sigma_{rM}} \tag{6-64}$$

式中：σ_r 为给定零部件的表面粗糙度的疲劳极限；σ_{rM} 为标准磨光试样的疲劳极限。

3. 平均应力修正

应力-疲劳寿命曲线通常是在平均应力为零的对称循环应力下作出的。为了修正平均应力对疲劳寿命的影响，给定寿命下的疲劳强度常以等寿命图（导致相同疲劳寿命的不同应力幅值与平均应力关系曲线）表示。等寿命曲线需要通过大量的、不同载荷循环特征下的疲劳试验获得。没有相应材料的等寿命曲线时，可以应用简化的等寿命曲线，例如古德曼（Goodman）方程计算。

$$\frac{s_a}{S_{-1}} + \frac{s_m}{S_b} = 1 \tag{6-65}$$

式中：s_a 为平均应力为 s_m 时的疲劳极限；s_m 为平均应力；S_{-1} 为对称循环应力下的疲劳极限；S_b 为强度极限。

4. 疲劳强度可靠性设计计算

传统疲劳可靠性设计的基本公式也是应力-强度干涉模型。恒幅循环应力下的疲劳可靠性设计计算比较简单，也是其他载荷情况下疲劳可靠性设计的基础。在满足某些条件的前提下，可以把复杂载荷转换为等效恒幅循环应力。

如果仅考虑应力幅 s_a 与平均应力 s_m 的分散性，而载荷循环特征值 r 为确定性常数，在疲劳极限图的等 r 线上，可以给出复合疲劳应力 s_f 的概率密度分布 $f(s_f)$，复合疲劳应力与相应的疲劳强度构成应力-强度干涉关系。此时，疲劳可靠性的计算模型与前面所述的应力-强度干涉模型相同。

由 Goodman 方程可知,在恒定 r 值下的复合疲劳强度为

$$S_f = (S_a^2 + S_m^2)^{\frac{1}{2}} \qquad (6-66)$$

其均值为

$$\overline{S}_f = (\overline{S}_a^2 + \overline{S}_m^2)^{\frac{1}{2}} \qquad (6-67)$$

标准差为

$$\sigma_{sf} = \left(\frac{\overline{S}_a^2 \sigma_{sa}^2 + \overline{S}_m^2 \sigma_{sm}^2}{\overline{S}_a^2 + \overline{S}_m^2} \right)^{\frac{1}{2}} \qquad (6-68)$$

式(6-66)～式(6-68)中 S_a 为平均疲劳强度为 S_m 时的疲劳强度极限;S_m 为平均疲劳强度。

而复合疲劳应力为

$$s_f = (s_a^2 + s_m^2)^{\frac{1}{2}} \qquad (6-69)$$

其均值为

$$\overline{s}_f = (\overline{s}_a^2 + \overline{s}_m^2)^{\frac{1}{2}} \qquad (6-70)$$

标准差为

$$\sigma_{sf} = \left(\frac{\overline{s}_a^2 \sigma_{sa}^2 + \overline{s}_m^2 \sigma_{sm}^2}{\overline{s}_a^2 + \overline{s}_m^2} \right)^{\frac{1}{2}} \qquad (6-71)$$

由上可知,可靠性指数为

$$\beta = \frac{\overline{S}_f - \overline{s}_f}{(\sigma_{Sf}^2 + \sigma_{sf}^2)^{\frac{1}{2}}} \qquad (6-72)$$

可靠度为

$$R = \Phi \left[\frac{\overline{S}_f - \overline{s}_f}{(\sigma_{Sf}^2 + \sigma_{sf}^2)^{\frac{1}{2}}} \right] \qquad (6-73)$$

6.5.1 舱体疲劳可靠性设计

舱体在其寿命周期中会受到冲击载荷、振动载荷、噪声载荷、撞击载荷以及阵风载荷等而产生动应力,其大小随时间随机变化。从统计的观点看,应力服从一定的概率分布规律。为了进行舱体疲劳强度可靠性设计,需要经过大量载荷样本的采集和统计处理,以获得初始设计舱体壁厚 h 对应的应力的概率分布。同时,这些应力将对零件造成疲劳损伤累积,因此还需引用累积损伤法则和等效应力、等效循环数的概念。

在可靠性设计过程中,可将舱体简化为空心轴模型,它同时受到拉压、扭转

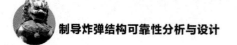

和弯曲的复合作用。假设其轴力、剪力和弯矩为时间的随机函数,寿命可靠度可按下述方法计算。

由于舱体各部分承受的载荷不同,因此要对应力不同的各舱段分别分析计算,确保各位置可靠度值均符合要求。在校核各部分的疲劳可靠度时,可根据有限寿命设计方法,对其疲劳寿命进行校核,进而得到合理的设计参数。应力分量随机变化时复合应力状态下的疲劳寿命可靠度计算过程如下:

舱体在正应力和扭应力同时作用下,根据第三强度理论,该结构疲劳极限关系式如下:

$$\left(\frac{\sigma_d}{\sigma_{-1\sigma}}\right)^2 + \left(\frac{\tau_d}{\tau_{-1\sigma}}\right)^2 = 1 \tag{6-74}$$

式中:σ_d,τ_d 分别为舱体的等效正应力幅及扭应力幅;$\sigma_{-1\sigma}$,$\tau_{-1\sigma}$ 分别为对称循环正应力和扭应力作用下的疲劳极限。

当舱体截面的设计尺寸(外径 d 和壁厚 h)确定时,根据不同工况下的载荷数据可计算出对应的应力分布函数,并根据等损伤原则,运用线性损伤累积理论进行等效应力的代换,等效正应力和等效剪应力分别表示为

$$\sigma_d = \left(\frac{N}{N_{0\sigma}}\sum \sigma_{ai}^{m_\sigma} \cdot i_{i\sigma}\right)^{\frac{1}{m_\sigma}} \tag{6-75}$$

$$\tau_d = \left(\frac{N}{N_{0\tau}}\sum \tau_{ai}^{m_\tau} \cdot i_{i\tau}\right)^{\frac{1}{m_\tau}} \tag{6-76}$$

式中:N 为舱体上同时作用正应力和扭应力时舱体的寿命,$N = \sum n_i$,n_i 为对应应力谱中第 i 级应力水平下应力循环次数;$N_{0\sigma}$,$N_{0\tau}$ 分别为对应等效正应力和等效扭应力的循环寿命;$i_{i\sigma}$,$i_{i\tau}$ 分别为正应力幅和扭应力幅对应的相对循环数,$i_i = \frac{n_i}{N}$;σ_{ai},τ_{ai} 分别为应力谱中第 i 级正应力和扭应力;m_σ,m_τ 分别为正应力-疲劳寿命曲线和扭应力-疲劳寿命曲线中的指数。

设 N_σ 为舱体上仅作用拉压应力(这里包括轴向力和弯矩的作用效果)时零件的工作寿命,其求解的公式为

$$N_\sigma = \frac{\sigma_{-1e}^{m_\sigma} N_{0\sigma}}{\sum \sigma_{ai}^{m_\sigma} i_{i\sigma}} \tag{6-77}$$

故对称循环等效正应力

$$\sigma_{-1e} = \left(\frac{N_\sigma \sum \sigma_{ai}^{m_\sigma} i_{i\sigma}}{N_{0\sigma}}\right)^{\frac{1}{m_\sigma}} \tag{6-78}$$

由式(6-75)、式(6-78)可得

$$\left(\frac{\sigma_{\mathrm{d}}}{\sigma_{-1\mathrm{e}}}\right)^2 = \left(\frac{N}{N_\sigma}\right)^{\frac{2}{m_\sigma}} \tag{6-79}$$

同理,对于剪应力可求得

$$\left(\frac{\tau_{\mathrm{d}}}{\tau_{-1\mathrm{e}}}\right)^2 = \left(\frac{N}{N_\tau}\right)^{\frac{2}{m_\tau}} \tag{6-80}$$

将式(6-79)和式(6-80)代入式(6-74),得

$$\left(\frac{N}{N_\sigma}\right)^{\frac{2}{m_\sigma}} + \left(\frac{N}{N_\tau}\right)^{\frac{2}{m_\tau}} = 1 \tag{6-81}$$

如果 $m_\sigma = m_\tau = m$,则零件的寿命为

$$N = \frac{N_\sigma N_\tau}{(N_\sigma^{\frac{2}{m}} + N_\tau^{\frac{2}{m}})^{\frac{m}{2}}} \tag{6-82}$$

所以,在复合应力状态下,零件的寿命中值为

$$\overline{N} = \frac{\overline{N}_\sigma \overline{N}_\tau}{(\overline{N}_\sigma^{\frac{2}{m}} + \overline{N}_\tau^{\frac{2}{m}})^{\frac{m}{2}}} \tag{6-83}$$

因对数寿命服从正态分布,对式(6-82)取对数,得

$$\lg N = \lg N_\sigma + \lg N_\tau - \frac{m}{2}\lg(N_\sigma^{\frac{2}{m}} + N_\tau^{\frac{2}{m}}) \tag{6-84}$$

令 $x = \lg N$, $y = \lg N_\sigma$ 及 $z = \lg N_\tau$,则式(6-82)可以写成

$$x = y + z - \frac{m}{2}\lg(10^{\frac{2y}{m}} + 10^{\frac{2z}{m}}) \tag{6-85}$$

设 y 与 z 为独立的随机变量,按泰勒(Taylor)级数展开,取一级近似,可求得 $x = \lg N$ 的标准差:

$$S_x^2 = \left(\frac{\partial x}{\partial y}\right)^2 S_y^2 + \left(\frac{\partial x}{\partial z}\right)^2 S_z^2 = \left(1 - \frac{10^{\frac{2y}{m}}}{10^{\frac{2y}{m}} + 10^{\frac{2z}{m}}}\right)^2 S_y^2 + \left(1 - \frac{10^{\frac{2z}{m}}}{10^{\frac{2y}{m}} + 10^{\frac{2z}{m}}}\right)^2 S_z^2$$

$$\tag{6-86}$$

即

$$S_{\lg N}^2 = \left[1 - \frac{1}{1 + \left(\frac{\overline{N}_\tau}{\overline{N}_\sigma}\right)^{\frac{2}{m}}}\right]^2 S_{\lg N_\sigma}^2 + \left[1 - \frac{1}{1 + \left(\frac{\overline{N}_\sigma}{\overline{N}_\tau}\right)^{\frac{2}{m}}}\right]^2 S_{\lg N_\tau}^2 \tag{6-87}$$

从式(6-77)可得

$$S_{\lg N_\sigma} = 0.434m\sqrt{C_{\sigma-1\mathrm{e}}^2 + C_{\sigma a}^2} \tag{6-88}$$

$$S_{\lg N_\tau} = 0.434m\sqrt{C_{\tau-1\mathrm{e}}^2 + C_{\tau a}^2} \tag{6-89}$$

知道 $\overline{\lg N}$ 及 $S_{\lg N}$ 便可写出寿命分布函数:

$$\lg N_p = \overline{\lg N} + u_p S_{\lg N} \tag{6-90}$$

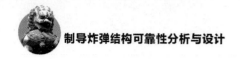

按式(6-90)可求得给定寿命的可靠度 $R = P$,根据可靠度的大小来改变舱体壁厚 h,最终确定合适的壁厚 h。

6.5.2　吊挂疲劳可靠性设计

制导炸弹吊挂的载荷可分解为以下 6 个分量:

(1)沿 x 轴的作用力 P_x;

(2)沿 y 轴的作用力 P_y;

(3)沿 z 轴的作用力 P_z;

(4)由非对称气动载荷或悬挂物偏心引起的滚转力矩 M_x;

(5)由法向气动载荷及法向惯性载荷引起的俯仰力矩 M_z;

(6)由横向气动载荷及横向惯性载荷引起的偏航力矩 M_y。

吊挂结构受到的随机振动等动载荷同样可分解为这 6 个分量。这些载荷对吊挂的作用效果——应力,不易直接确定,这里可以利用有限元分析的方法来计算不同吊挂圆环直径 d 时的应力,将不同情况下的载荷条件加到模型中计算出应力的最大值与最小值的均值 $\bar{\sigma}_{\max}$ 和 $\bar{\sigma}_{\min}$、标准差 $S_{\sigma\max}$ 和 $S_{\sigma\min}$。值得注意的是,我们最终求的最大值与最小值是在吊挂圈直径为 d 时的值,目前 d 为未知值,故而得到的最大、最小值是关于 d 的函数而非一个定值。应力的均值为 $\sigma_{sm} = \dfrac{\sigma_{\max} + \sigma_{\min}}{2}$,应力幅为 $\sigma_{sa} = \dfrac{\sigma_{\max} - \sigma_{\min}}{2}$,不对称系数 $r = \bar{\sigma}_{\min}/\bar{\sigma}_{\max}$,则合成应力均值为 $\bar{\sigma} = \sqrt{\bar{\sigma}_{sa}{}^2 + \bar{\sigma}_{sm}{}^2}$,标准差为 $S_\sigma = \left(\dfrac{\bar{\sigma}_{sa}^2 S_{sa}^2 + \bar{\sigma}_{sm}^2 S_{sm}^2}{\bar{\sigma}_{sa}^2 + \bar{\sigma}_{sm}^2} \right)^{1/2}$,为了要得到在 $r = \bar{\sigma}_{\min}/\bar{\sigma}_{\max}$ 时吊挂结构的疲劳极限分布,需作出吊挂结构的疲劳极限线图。如上所述载荷为稳定变化载荷时,根据合成应力与合成强度,利用应力强度干涉模型计算可靠度,进行修改设计。

吊挂结构如图 6-13 所示,假设在 $r = -1, \alpha_\sigma = 1$ 时,吊挂结构的材料无限寿命的疲劳极限为 σ'_{-1},疲劳极限的均值为 $\bar{\sigma}'_{-1}$,其标准差为 $S_{\sigma-1}$;在 $r = 0.1, \alpha_\sigma = 1$ 时,其疲劳极限为 $\sigma'_{0.1}$,疲劳极限的均值为 $\bar{\sigma}'_{0.1}$,其标准差为 $S_{\sigma0.1}$。

当可靠度 $R = 0.999\,99$ 时可查得可靠度系数 $Z = 4.265$。

当 $r = -1$ 时,疲劳极限标准差为 $S_{\sigma-1}$,则可以

图 6-13　吊挂结构

求得 $ZS_{\sigma-1}$。

当 $r = 0.1$ 时,有:

应力幅

$$\sigma_a = \frac{1-r}{2}\sigma_{\max} = 0.45\sigma_{\max} \qquad (6-91)$$

应力幅标准差

$$S_a = \frac{1-r}{2}S_\sigma = 0.45S_{\max} \qquad (6-92)$$

平均应力

$$\sigma_m = \frac{1+r}{2}\sigma_{\max} = 0.55\sigma_{\max} \qquad (6-93)$$

平均应力标准差

$$S_m = \frac{1+r}{2}S_\sigma = 0.55S_{\max} \qquad (6-94)$$

求疲劳极限线图上 $r = 0.1$ 的标准差:

$$S'_{0.1} = \left(\frac{\bar{\sigma}_a^2 S_a^2 + \bar{\sigma}_m^2 S_m^2}{\bar{\sigma}_a^2 + \bar{\sigma}_m^2}\right)^{1/2} \qquad (6-95)$$

由此作出可靠度 R 的试样的疲劳极限线图。若考虑应力集中系数、尺寸系数和表面加工系数的影响,可查表得到理论应力集中系数 α_σ 与对应材料敏感系数均值 $\bar{q}$ 和标准差 S_q,尺寸系数分布($\bar{\varepsilon}$,S_ε)和表面加工系数分布($\bar{\beta}$,S_β)。有效应力集中系数均值及其标准差分别为

$$\overline{K}_\sigma = 1 + \bar{q}(\alpha_\sigma - 1) \qquad (6-96)$$

$$S_k = (\alpha_\sigma - 1)S_q \qquad (6-97)$$

零件的疲劳极限分布如下:

$$(\bar{\sigma}_{0.1}, S_{0.1}) = \frac{(\bar{\varepsilon}, S_\varepsilon)(\bar{\beta}, S_\beta)(\bar{\sigma}'_{0.1}, S_\sigma)}{(\overline{K}_\sigma, S_k)} \qquad (6-98)$$

对于 $r = -1$,同理可得

$$(\bar{\sigma}_{-1}, S_{-1}) = \frac{(\bar{\varepsilon}, S_\varepsilon)(\bar{\beta}, S_\beta)(\bar{\sigma}'_{-1}, S_\sigma)}{(\overline{K}_\sigma, S_k)} \qquad (6-99)$$

绘制吊挂结构的疲劳极限线图如图 6-14 所示。

在图 6-14 上作 $r = \bar{\sigma}_{\min}/\bar{\sigma}_{\max}$ 直线,该直线与疲劳极限分布带交于 M 及 N 两点,则 M 点的坐标 (x_M, y_M) 表示强度的均值,N 点坐标 (x_N, y_N) 为可靠度 $R = 0.999\,99$ 时的位置,则平均强度值 $\bar{\sigma}_m = x_M$,其标准差 $S_m = \dfrac{x_M - x_N}{4.265}$,强度幅值

$\bar{\sigma}_a = y_M$，其标准差 $S_a = \dfrac{y_M - y_N}{4.265}$，则合成强度均值 $\bar{\sigma} = \sqrt{(\bar{\sigma}_a)^2 + (\bar{\sigma}_m)^2}$，标准差

$$S = \left(\frac{\bar{\sigma}_a^2 S_a^2 + \bar{\sigma}_m^2 S_m^2}{\bar{\sigma}_a^2 + \bar{\sigma}_m^2} \right)^{1/2} 。$$

　　这样就可以利用干涉模型，将合成的应力与强度代入联结方程，可查得可靠度 $R = 0.999\ 99$ 时，可靠度系数 $Z = 4.265$，即可求出吊挂结构的直径 d。

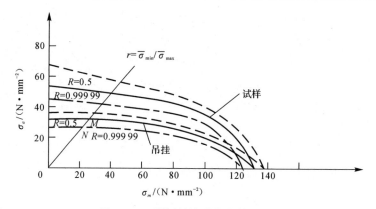

图 6 - 14　吊挂材料与结构的疲劳极限

6.5.3　螺栓疲劳可靠性设计

1. 受变载荷的受剪螺栓设计

　　在受剪螺栓连接的设计中，由于不考虑拧紧所产生的预紧力及摩擦力的影响，所以，螺栓剪切面的应力循环特性，取决于外载荷的变化特性。一般可以认为：对于不变号的变载荷，螺栓的剪应力按脉动循环变化；对于变号的变载荷，剪应力按对称循环变化。这种近似方法是偏于安全的，计算也比较简便。这时，铰制孔用螺栓相当于直径为 d_0 的受剪切的光轴。应用分布的疲劳极限应力曲线，可以计算循环特性为 r 时的疲劳强度的可靠度。当载荷为稳定变化载荷时，根据合成应力与合成强度，利用应力强度干涉模型计算可靠度进行修改设计，具体过程可参见下面的例子。

　　所用材料的剪切疲劳极限不易查到时可按下述估算：

碳素结构钢

$$\sigma_{-1} = 120 + 0.2\sigma_b \tag{6 - 100}$$

合金结构钢

$$\sigma_{-1} = 100 + 0.34\sigma_b \qquad (6-101)$$

剪切、扭转疲劳极限

$$\tau_{-1} \approx 0.6\overline{\sigma_{-1}} \qquad (6-102)$$

例 舱体对接的连接螺栓为铰制孔用螺栓连接,所受的工作剪力最大值、最小值均服从正态分布,最大值的均值为 $\overline{F}_{t\max}$,标准差为 $S_{F_{t\max}}$,最小值的均值为 $\overline{F}_{t\min}$,标准差为 $S_{F_{t\min}}$(当已知条件为最大值、最小值的上下限时,可以根据"3σ 法则"来求出标准差和均值),假设当 $r=-1$,$\alpha_{\sigma}=1$ 时,螺栓的材料无限寿命的剪切疲劳极限为 σ'_{r1},其均值为 $\overline{\sigma}'_{r1}$,其标准差为 $S_{\sigma1}$;当 $r=0.1$,$\alpha_{\sigma}=1$ 时,螺栓的材料无限寿命的剪切疲劳极限为 $\sigma'_{r0.1}$,剪切疲劳极限的均值为 $\overline{\sigma}'_{r0.1}$,标准差为 $S_{\sigma0.1}$,螺栓直径 d 为待求变量。

解 1)绘制螺栓材料的疲劳极限图。

当 $R = 0.99999$ 时,可查得 $Z = 4.265$。

当 $r = -1$ 时,疲劳极限标准差为 $S_{\sigma1}$,则可以求得 $ZS_{\sigma1}$。

当 $r = 0.1$ 时,有:

应力幅

$$\sigma_a = \frac{1-r}{2}\sigma_{\max} = 0.45\sigma_{\max} \qquad (6-103)$$

应力幅标准差

$$S_a = \frac{1-r}{2}S_{\sigma} = 0.45S_{\max} \qquad (6-104)$$

平均应力

$$\sigma_m = \frac{1+r}{2}\sigma_{\max} = 0.55\sigma_{\max} \qquad (6-105)$$

平均应力标准差

$$S_m = \frac{1+r}{2}S_{\sigma} = 0.55S_{\max} \qquad (6-106)$$

求疲劳极限线图上 $r=0.1$ 的标准差为 $S'_r = \left(\dfrac{\sigma_a^2 S_a^2 + \sigma_m^2 S_m^2}{\sigma_a^2 + \sigma_m^2}\right)^{1/2}$。

可靠度 $R = 0.99999$ 的螺栓材料试样的疲劳极限线图如图 6-15 所示。

2)计算工作应力。

载荷幅

$$F_{ta} = \frac{1}{2}(F_{t\max} - F_{t\min}) \qquad (6-107)$$

载荷幅均值

$$\overline{F}_{ta} = \frac{1}{2}(\overline{F}_{t\max} - \overline{F}_{t\min}) \qquad (6-108)$$

载荷幅标准差

$$S_{ta} = \frac{1}{2}(S_{t\max}^2 + S_{t\min}^2)^{1/2} \qquad (6-109)$$

平均载荷

$$F_{tm} = \frac{1}{2}(F_{t\max} + F_{t\min}) \qquad (6-110)$$

平均载荷均值为

$$\overline{F}_{tm} = \frac{1}{2}(\overline{F}_{t\max} + \overline{F}_{t\min}) \qquad (6-111)$$

平均载荷标准差为

$$S_{tm} = \frac{1}{2}(S_{t\max}^2 + S_{t\min}^2)^{1/2} \qquad (6-112)$$

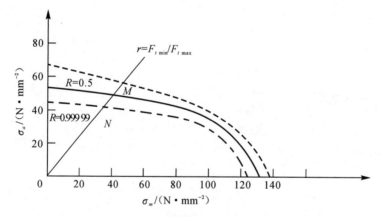

图 6-15　螺栓材料的疲劳极限线图

一般认为螺栓直径尺寸是符合正态分布的,但由于其偏差过小,这里设直径为一定值 d 。这时受剪切面积为 $A = \dfrac{\pi d^2}{4}$ 。

应力幅

$$\sigma_{ta} = \frac{F_{ta}}{A} = \frac{4F_{ta}}{\pi d^2} \qquad (6-113)$$

应力幅均值

$$\overline{\sigma}_{ta} = \frac{4\overline{F}_{ta}}{\pi d^2} \qquad (6-114)$$

应力幅标准差

$$S_{ta} = \frac{4S_{Fta}}{\pi d^2} \qquad (6-115)$$

平均应力

$$\sigma_{tm} = \frac{F_{tm}}{A} = \frac{4F_{tm}}{\pi d^2} \qquad (6-116)$$

平均应力均值

$$\overline{\sigma}_{tm} = \frac{4\overline{F}_{tm}}{\pi d^2} \qquad (6-117)$$

平均应力标准差

$$S_{tm} = \frac{4S_{Ftm}}{\pi d^2} \qquad (6-118)$$

不对称系数

$$r = F_{t\min}/F_{t\max} \qquad (6-119)$$

在疲劳极限线图中表示不对称系数 r 的直线,其倾斜角 $\theta = \arctan\dfrac{F_{ta}}{F_{tm}}$,合成应力的均值为

$$\overline{\tau} = \sqrt{\overline{\sigma}_{ta}^2 + \overline{\sigma}_{tm}^2} \qquad (6-120)$$

标准差为

$$S_{\tau} = \left(\frac{\overline{\sigma}_{ta}^2 S_{ta}^2 + \overline{\sigma}_{tm}^2 S_{tm}^2}{\overline{\sigma}_{ta}^2 + \overline{\sigma}_{tm}^2} \right)^{1/2} \qquad (6-121)$$

3) 计算螺栓材料的合成强度。

为了要得到在 $r = F_{t\min}/F_{t\max}$ 螺栓的疲劳极限分布,在图 6-15 上作 $r = F_{t\min}/F_{t\max}$ 直线,该直线与疲劳极限分布带交于 M,N 两点,则 M 点的坐标(x_M,y_M)表示强度的均值,N 点的坐标(x_N,y_N)为可靠度 $R = 0.999\,99$ 的位置,则:

平均强度值

$$\overline{\sigma}_m = x_M \qquad (6-122)$$

平均强度标准差

$$S_m = \frac{x_M - x_N}{4.265} \qquad (6-123)$$

强度幅值

$$\overline{\sigma}_a = y_M \qquad (6-124)$$

强度幅值标准差

$$S_a = \frac{y_M - y_N}{4.265} \qquad (6-125)$$

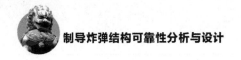

则合成强度均值

$$\bar{\sigma} = \sqrt{\bar{\sigma}_a{}^2 + \bar{\sigma}_m{}^2} \tag{6-126}$$

合成强度标准差

$$S = \left(\frac{\bar{\sigma}_a^2 S_a^2 + \bar{\sigma}_m^2 S_m^2}{\bar{\sigma}_a^2 + \bar{\sigma}_m^2} \right)^{1/2} \tag{6-127}$$

至此,即可利用干涉模型,将合成的应力与强度代入联结方程,$R = 0.999\,99$ 时可查得 $Z = 4.265$,求出螺栓的直径 d。

当剪应力 τ 按脉动循环变化时,则剪应力幅 $\tau_a = \tau_{max}/2$,在常规设计中,应验算应力幅的安全系数 $n = \tau_{-1}/\tau_a$。同样,在可靠性设计中,也是按 τ_{-1} 及 τ_a 的统计特征值计算可靠度的。

例 舱体对接的连接螺栓为铰制孔用螺栓连接,所受的工作剪力按 $0 \sim F_a$ 脉动循环变化。螺栓材料为 45 号钢,舱体材料为 A3 号钢。要求可靠度 $R = 0.99$,试确定螺栓尺寸。

解 1)计算单个螺栓所受的工作剪应力幅 τ_a。

首先计算 τ_{max}:

$$\tau_{max} = \frac{\bar{F}_{max}}{\frac{\pi}{4} d_0^2 m} \tag{6-128}$$

剪应力按脉动循环变化,剪应力幅为

$$\tau_a = \frac{\tau_{max}}{2} \tag{6-129}$$

因为直径 d_0 的公差很小,所以剪应力幅变异系数为

$$C_{\tau a} = 0.05 \tag{6-130}$$

剪应力幅的标准差

$$S_{\tau a} = C_{\tau a} \bar{\tau}_a \tag{6-131}$$

2)确定螺栓杆的剪切疲劳极限 τ_{-1}。螺栓材料为 45 号钢,可查得剪切疲劳极限均值为 $\bar{\tau}_{-1} = 150 \text{ N/mm}^2$,取疲劳极限的变异系数 $C_{\tau -1} = 0.07$,则疲劳极限的标准差 $S_{\tau -1} = 0.07 \times 150 = 10.5 \text{ N/mm}^2$。

3)按应力幅计算,代入联结方程求解直径 d_0。

由可靠度 $R = 0.99$,查正态分布表可知 $Z = 2.33$,将其他数据代入联结方程

$$Z = \frac{\bar{\tau}_{-1} - \bar{\tau}_a}{\sqrt{S_{\tau -1}^2 + S_{\tau a}^2}} \tag{6-132}$$

这样就可以求出螺栓直径 d_0,为保证其足够的可靠度,可用挤压强度检验,过程可参考受剪切载荷的螺栓静强度可靠性设计,只是所用变量对应换为疲劳

强度和应力幅的相关变量。

2. 受轴向变载荷的螺栓连接设计

对于轴向受载紧螺栓连接,其设计步骤一般先按静载荷条件进行可靠性设计;求出螺栓的直径,然后再按变载荷的条件估算螺栓的疲劳强度的可靠度。这里将简单就受轴向变载荷的螺栓连接的疲劳强度设计作介绍。轴向应力产生常见的有两种受载可能,一种是轴向的拉压,另一种就是弯矩产生的弯曲应力,二者可以相互叠加。按照无限寿命设计要求,作用应力应小于疲劳极限,应用求解安全系数可靠性的方法可以得到最优的螺栓选择,继而完成连接螺栓的设计。

例 设连接螺栓的轴向载荷从 $0 \sim F_a$ 按脉动循环变化,同时受同步脉动变化弯矩 $0 \sim M$ 作用,其载荷偏差为 15%,螺栓材料规定为 606 级的 45 号钢,$\sigma_b = 600 \ \text{N/mm}^2$,$\sigma_s = 360 \ \text{N/mm}^2$。要求螺栓的可靠度 $R = 0.999$,试设计此螺栓连接。

解

1)计算螺栓的工作应力幅。

螺栓的轴向力引起的拉(压)应力的最大值为

$$\sigma_{F_a \max} = \frac{F_a}{\frac{\pi}{4} d^2} \qquad (6-133)$$

最小值为

$$\sigma_{F_a \min} = 0 \qquad (6-134)$$

弯曲应力的最大值为

$$\sigma_M = \frac{M}{W} = \frac{M}{\frac{\pi}{32} d^3} \qquad (6-135)$$

则合成拉应力的最大值为

$$\sigma_{a \max} = \sigma_{F_a \max} + \sigma_{M \max} \qquad (6-136)$$

计算有预紧力工作状态下螺栓拉应力幅均值

$$\bar{\sigma}_a = \frac{1}{2} \frac{c_1}{c_1 + c_2} \sigma_{a \max} \qquad (6-137)$$

式中:c_1,c_2 分别为螺栓刚度和被连接件的刚度。

其变异系数

$$C_{\sigma_a} = \frac{0.15}{3} = 0.05 \qquad (6-138)$$

2)计算螺栓的极限应力幅。

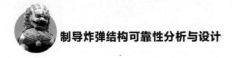

螺栓的极限应力幅为

$$\bar{\sigma}_{al} = \frac{\bar{\sigma}_{-1l}\varepsilon k_m k_u}{K_\sigma} \tag{6-139}$$

螺栓材料为 45 号钢,强度级别为 6.6,查表得螺栓材料的拉伸疲劳极限 $\bar{\sigma}_{-1l}$ = 195 N/mm²。

尺寸系数 $\varepsilon \approx 1$(参考静强度结果选取);

螺纹牙受力不均匀系数:受压螺母,$k_u = 1$;

螺纹制造工艺系数:滚压螺栓(热处理后滚压),$k_m = 1.25$;

应力集中系数:$\sigma_b = 600$,$K_\sigma = 3.9$。

将以上数据代入式(6-139),得

$$\bar{\sigma}_{al} = \frac{195 \times 1 \times 1.25 \times 1}{3.9} = 62.5 \text{ N/mm}^2 \tag{6-140}$$

取变异系数 $C_{\sigma_a} = 0.08$(滚压螺栓)。

3) 计算安全系数及可靠度。

安全系数:

$$n = \frac{\bar{\sigma}_{al}}{\bar{\sigma}_a} \tag{6-141}$$

这里根据可靠度要求 $R = 0.999$,可查出 $Z = 3.090$,即

$$Z = \frac{n-1}{\sqrt{n^2 C_{\sigma_a}^2 + C_{\sigma al}^2}} = 3.090 \tag{6-142}$$

进而解出螺栓直径 d 的值。

6.5.4　定位销疲劳可靠性设计

定位销是弹体结构中典型的承受剪切、挤压载荷的连接件。假设应力沿孔壁挤压面均匀分布。当载荷为稳定变化载荷时,根据合成应力与合成强度,利用应力-强度干涉模型计算可靠度,进行修改设计。受动载荷的受剪定位销的设计过程如下:

设单个定位销受的剪力最大值、最小值均服从正态分布,最大值的均值为 $\bar{F}_{t\max}$、标准差为 $S_{F_{t\max}}$,最小值的均值为 $\bar{F}_{t\min}$,标准差为 $S_{F_{t\min}}$(当已知条件为最大值、最小值的上下限时,可以根据"3σ 法则"来求出标准差和均值),假设当 $r = -1$,$\alpha_\sigma = 1$ 时,定位销的材料无限寿命的剪切疲劳极限为 σ'_{r1},剪切疲劳极限的均值为 $\bar{\sigma}'_{r1}$,其标准差为 $S_{\sigma1}$;当 $r = 0.1$,$\alpha_\sigma = 1$ 时,定位销的材料无限寿命的剪切疲劳极限为 $\sigma'_{r0.1}$,剪切疲劳极限的均值为 $\bar{\sigma}'_{r0.1}$,标准差为 $S_{\sigma0.1}$。定位销直径

d 为待求变量。

首先,绘制疲劳极限图。当 $R = 0.999\,99$ 时,可查得 $Z = 4.265$。当 $r = -1$ 时,疲劳极限标准差为 $S_{\sigma 1}$,则可以求得 $ZS_{\sigma 1}$。

当 $r = 0.1$ 时,有:

应力幅

$$\sigma_a = \frac{1-r}{2}\sigma_{\max} = 0.45\sigma_{\max} \qquad (6-143)$$

应力幅标准差

$$S_a = \frac{1-r}{2}S_{\sigma} = 0.45S_{\max} \qquad (6-144)$$

平均应力

$$\sigma_m = \frac{1+r}{2}\sigma_{\max} = 0.55\sigma_{\max} \qquad (6-145)$$

平均应力标准差

$$S_m = \frac{1+r}{2}S_{\sigma} = 0.55S_{\max} \qquad (6-146)$$

求疲劳极限线图上 $r = 0.1$ 的标准差为 $S'_r = \left[\dfrac{\sigma_a^2 S_a^2 + \sigma_m^2 S_m^2}{\sigma_a^2 + \sigma_m^2}\right]^{1/2}$。

可靠度 $R = 0.999\,99$ 的试样的疲劳极限线图如图 6-16 所示。

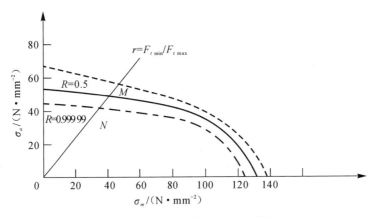

图 6-16   定位销材料疲劳极限线图

然后,计算工作应力,载荷幅

$$F_{ta} = \frac{1}{2}(F_{t\max} - F_{t\min}) \qquad (6-147)$$

载荷幅均值

$$\overline{F}_{ta} = \frac{1}{2}(\overline{F}_{t\max} - \overline{F}_{t\min}) \qquad (6-148)$$

标准差

$$S_{ta} = \frac{1}{2}(S_{t\max}^2 + S_{t\min}^2)^{1/2} \qquad (6-149)$$

平均载荷

$$F_{tm} = \frac{1}{2}(F_{t\max} + F_{t\min}) \qquad (6-150)$$

其均值

$$\overline{F}_{tm} = \frac{1}{2}(\overline{F}_{t\max} + \overline{F}_{t\min}) \qquad (6-151)$$

其标准差

$$S_{tm} = \frac{1}{2}(S_{t\max}^2 + S_{t\min}^2)^{1/2} \qquad (6-152)$$

一般认为定位销直径尺寸是符合正态分布的,但由于其偏差过小,这里设直径为一定值 d,这时受剪切面积为 $A = \dfrac{\pi d^2}{4}$。

应力幅

$$\sigma_{ta} = F_{ta}/A = \frac{4F_{ta}}{\pi d^2} \qquad (6-153)$$

其均值

$$\overline{\sigma}_{ta} = \frac{4\overline{F}_{ta}}{\pi d^2} \qquad (6-154)$$

其标准差

$$S_{ta} = \frac{4S_{Fta}}{\pi d^2} \qquad (6-155)$$

平均应力

$$\sigma_{tm} = F_{tm}/A = \frac{4F_{tm}}{\pi d^2} \qquad (6-156)$$

其均值

$$\overline{\sigma}_{tm} = \frac{4\overline{F}_{tm}}{\pi d^2} \qquad (6-157)$$

其标准差

$$S_{tm} = \frac{4S_{Ftm}}{\pi d^2} \qquad (6-158)$$

不对称系数

$$r = F_{t\min}/F_{t\max} \tag{6-159}$$

在疲劳极限线图中表示不对称系数 r 的直线，其倾斜角 $\theta = \arctan\dfrac{F_{ta}}{F_{tm}}$，合成应力的均值

$$\bar{\tau} = \sqrt{\bar{\sigma}_{ta}{}^2 + \bar{\sigma}_{tm}{}^2} \tag{6-160}$$

标准差

$$S_\tau = \left(\frac{\bar{\sigma}_{ta}^2 S_{ta}^2 + \bar{\sigma}_{tm}^2 S_{tm}^2}{\bar{\sigma}_{ta}^2 + \bar{\sigma}_{tm}^2}\right)^{1/2} \tag{6-161}$$

最后，计算销钉的疲劳强度分布。为了要得到 $r = F_{t\min}/F_{t\max}$ 时销钉的疲劳极限分布，在图 6-12 上作 $r = F_{t\min}/F_{t\max}$ 直线，该直线与疲劳极限分布带交于 M 及 N 两点，则 M 点的坐标 (x_M, y_M) 表示强度的均值，N 点的坐标 (x_N, y_N) 为可靠度 $R = 0.999\,99$ 的位置，则：

平均强度值

$$\bar{\sigma}_m = x_M \tag{6-162}$$

平均强度标准差

$$S_m = \frac{x_M - x_N}{4.265} \tag{6-163}$$

强度幅值

$$\bar{\sigma}_a = y_M \tag{6-164}$$

强度幅值标准差

$$S_a = \frac{y_M - y_N}{4.265} \tag{6-165}$$

则合成强度均值

$$\bar{\sigma} = \sqrt{\bar{\sigma}_a{}^2 + \bar{\sigma}_m{}^2} \tag{6-166}$$

合成强度标准差

$$S = \left(\frac{\bar{\sigma}_a^2 S_a^2 + \bar{\sigma}_m^2 S_m^2}{\bar{\sigma}_a^2 + \bar{\sigma}_m^2}\right)^{1/2} \tag{6-167}$$

这样就可以利用干涉模型，将合成的应力与强度代入联结方程

$$Z = \frac{\bar{\sigma} - \bar{\tau}}{\sqrt{s^2 + s_\tau^2}} \tag{6-168}$$

当 $R = 0.999\,99$ 时，可查得 $Z = 4.265$，即可求出定位销的直径 d。

第 7 章
结构零件可靠性评估方法

结构可靠性评估可分为结构部件可靠性评估和结构系统可靠性评估。在诸多结构部件可靠性评估方法中,应力-强度干涉分析和蒙特·卡罗仿真是应用最为广泛的两种方法。本章重点介绍采用应力-强度干涉理论进行零部件可靠性评估的方法。载荷及应力是可靠性评估必不可少的外部环境信息,强度是与之对应的结构性能方面的信息。制导炸弹的载荷包括其在贮存、运输、挂机飞行及自主飞行过程中弹体结构承受的各种作用力。在运输过程中,弹体受到振动载荷的作用;在飞行过程中,制导炸弹主要承受惯性载荷和气动载荷等。一般制导炸弹结构初步设计完成后,需要通过理论分析或仿真,以及静、动力试验验证弹体结构的强度、刚度及可靠性是否满足要求。

|7.1 静强度可靠性评估|

　　静强度可靠性评估需要在载荷、结构几何尺寸、材料强度等都已知的条件下进行。一般情况下，载荷、几何尺寸及其影响因素都是随机变量，遵循统计规律。结构部件静强度可靠性评估的理论基础是应力-强度干涉分析方法与应力-强度干涉模型。

7.1.1 舱体静强度可靠性评估

　　常见的舱体结构分为桁梁式舱体、桁条式舱体和硬壳式舱体三种，这三种舱体结构组成不同，承受的载荷不同，其应力分布与失效判断标准也不尽相同。本节将分别介绍这三种舱体结构的静强度可靠性评估方法。

1. 桁梁式舱体的静强度可靠性评估

　　桁梁式结构是硬壳结构与桁条结构的组合结构，由梁（也称桁梁）和桁条、蒙皮、隔框组合而成，舱体的轴向力和弯矩主要由梁和桁条承受，蒙皮只承受剪切力和扭矩。桁梁式结构如图 7-1 所示。

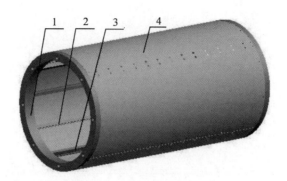

图 7-1　桁梁式舱体结构简图

1—隔框；2—桁条；3—桁梁；4—蒙皮

（1）受弯矩和轴向力的桁梁的静强度可靠度计算。

第 i 桁梁截面正应力计算公式为

$$\sigma = \frac{M}{\sum_{j=1}^{n} f_j y_j^2} y_i + \frac{N}{\sum_{j=1}^{n} f_j} \tag{7-1}$$

式中：M 为舱体截面弯矩；N 为舱体截面轴向力；f_j 为第 j 根桁梁截面面积，$j=1,2,\cdots,n$；y_j 为第 j 根桁梁至舱体截面中性轴的距离，$j=1,2,\cdots,n$；y_i 为第 i 根桁梁至舱体截面中性轴的距离，$i=1,2,\cdots,n$；n 为梁的数量，图 7-2 所示结构中 $n=8$。

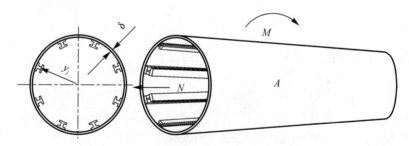

图 7-2　桁梁式舱体结构变量示意图

假设舱体截面弯矩 M 和舱体轴向力 N 均服从正态分布，即 $M \sim N(\mu_M, S_M)$，$N \sim N(\mu_N, S_N)$，截面上正应力也服从正态分布，其均值和标准差分别为

$$\mu_\sigma = \frac{\overline{M}}{\sum_{j=1}^{n} f_j y_j^2} y_i + \frac{\overline{N}}{\sum_{j=1}^{n} f_j} \tag{7-2}$$

$$S_\sigma = \sqrt{\left[\frac{y_i}{\sum\limits_{j=1}^{n} f_j y_j^2}\right]^2 S_M^2 + \left[\frac{1}{\sum\limits_{j=1}^{n} f_j}\right]^2 S_N^2} \qquad (7-3)$$

桁梁的失效形式是发生塑性变形。由材料强度分布规律可知,桁梁材料的屈服极限 σ_s 服从正态分布,即 $\sigma_s \sim N(\mu_{\sigma s}, S_{\sigma s})$。根据应力-强度干涉模型的理论,桁梁的可靠度表示为 $R_h = P(\sigma_s - \sigma > 0)$。由于屈服极限 σ_s 和应力 σ 均服从正态分布,可将应力和强度的相关参数(均值和标准差)代入联结方程,求得可靠性系数

$$\beta = \frac{\mu_{\sigma s} - \mu_\sigma}{\sqrt{S_{\sigma s}^2 + S_\sigma^2}} \qquad (7-4)$$

根据可靠性系数 β,查正态分布表,即可求出桁梁的可靠度 R_h 值。

(2)受剪蒙皮可靠度计算。

蒙皮剪应力的计算公式如下:

$$\tau = \frac{Q S_z}{2 \sum\limits_{j=1}^{n} f_j y_j \delta} + \frac{M_T}{2 A \delta} \qquad (7-5)$$

式中:Q 为舱体截面横向剪切力;S_z 为剪应力计算位置外侧、承受正应力的梁对中性轴的静矩;f_j 为第 j 根桁梁截面面积,$j=1,2,\cdots,n$;y_j 为第 j 根桁梁至舱体截面中性轴的距离,$j=1,2,\cdots,n$;M_T 为舱体截面转矩;A 为蒙皮所围面积;δ 为蒙皮厚度。

剪应力分布如图 7-3 所示。

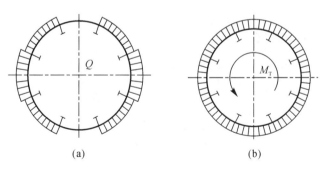

(a)   (b)

图 7-3   桁梁式舱体蒙皮剪应力分布图

(a)剪切力引起的剪应力分布;   (b)转矩引起的剪应力分布

假设剪应力 τ 服从正态分布,其均值和标准差分别为 μ_τ 和 S_τ。若没有蒙皮材料的剪切屈服极限 σ_τ 数据,一般可按照拉伸屈服极限进行换算。根据最大剪应力理论或形变能理论,有

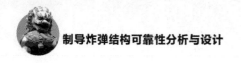

制导炸弹结构可靠性分析与设计

$$\sigma_\tau = 0.5\sigma_s \tag{7-6}$$

或

$$\sigma_\tau = 0.577\sigma_s \tag{7-7}$$

材料的屈服极限服从正态分布或对数正态分布。为计算方便,这里假设其服从正态分布。那么,蒙皮剪切屈服强度亦服从于正态分布,$\sigma_\tau \sim N(\mu_{\sigma_\tau}, S_{\sigma_\tau})$。根据应力-强度干涉理论,蒙皮的可靠度 $R_p = P(\sigma_\tau - \tau > 0)$。因为应力、强度均服从正态分布,故可将应力和强度的相关变量代入联结方程

$$\beta = \frac{\mu_{\sigma_\tau} - \mu_\tau}{\sqrt{S_{\sigma_\tau}^2 + S_\tau^2}} \tag{7-8}$$

根据可靠性系数 β 查正态分布表就可以求出蒙皮可靠度 R_p 值。

舱体的可靠度取决于桁梁可靠度 R_h 和蒙皮可靠度 R_p,只有两者都不失效时才能保证舱体可靠。当正应力与剪应力相互独立时,舱体的可靠度可以表示为

$$R = R_h R_p \tag{7-9}$$

2. 桁条式舱体的静强度可靠性评估

桁条式舱体典型的结构如图 7-4 所示。这种结构的桁条布置较密,能提高蒙皮的临界应力,从而使蒙皮除了能承受弹身的剪切力和转矩外,还能与桁条一起承受弹身的轴向力和弯矩。

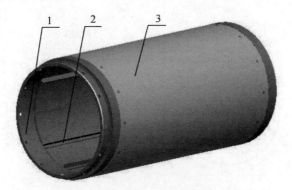

图 7-4 桁条式舱体结构简图
1—接框;2—桁条;3—蒙皮

与桁梁式舱体相似,桁条式舱体的可靠度也是取决于桁条和蒙皮,不同的是,在桁条式舱体中桁条和蒙皮的正应力是相关的。首先,计算舱体截面正应力和蒙皮承受的剪应力。

舱体截面正应力计算公式为

$$\sigma = \frac{M}{\sum_{j=1}^{n} f_j y_j^2 + I_s} y_i + \frac{N}{\sum_{j=1}^{n} f_j + A_s} \tag{7-10}$$

式中:M 为弹身截面弯矩;N 为弹身截面轴向力;f_j 为第 j 根桁条截面面积,$j = 1, 2, \cdots, n$;y_j 为第 j 根桁条至舱体截面中性轴的距离,$j = 1, 2, \cdots, n$;y_i 为第 i 根桁条至舱体截面中性轴的距离,$i = 1, 2, \cdots, n$;I_s 为蒙皮对中性轴惯性矩;A_s 为蒙皮截面面积;n 为桁条数量,图 7-5 中 $n = 16$。

蒙皮剪应力为

$$\tau = \frac{QS_z}{2(\sum_{j=1}^{n} f_j y_j + I_s)\delta} + \frac{M_T}{2A\delta} \tag{7-11}$$

式中:Q 为弹身截面横向剪切力;S_z 为剪应力计算位置外侧、承受正应力的桁条和蒙皮对中性轴的静矩;M_T 为弹身截面转矩;A 为蒙皮所围面积;I_s 为蒙皮对中性轴惯性矩;δ 为蒙皮厚度。

式(7-10)、式(7-11)中各变量如图 7-5 所示,其剪应力分布如图 7-6 所示。

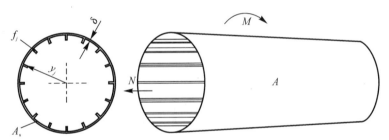

图 7-5   桁条式舱体结构变量示意图

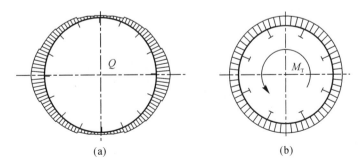

图 7-6   桁条式舱体蒙皮剪应力分布图

(a)剪切力引起的剪应力分布;   (b)转矩引起的剪应力分布

假设正应力与剪应力均服从正态分布,即 $\sigma \sim N(\mu_\sigma, S_\sigma)$,$\tau \sim N(\mu_\tau, S_\tau)$,其概率密度函数分别为 $f_\sigma(\sigma)$ 和 $f_\tau(\tau)$;桁条和蒙皮的屈服极限也都服从正态分布,即 $\sigma_{sh} \sim N(\mu_{\sigma sh}, S_{\sigma sh})$,$\sigma_{sp} \sim N(\mu_{\sigma sp}, S_{\sigma sp})$,其概率密度函数分别为 $f_{sh}(\sigma_{sh})$ 和 $f_{sp}(\sigma_{sp})$。根据应力-强度干涉理论,桁条在正应力作用下的可靠度可表示为

$$R_h = P(\sigma_{sh} - \sigma > 0) = \int_{-\infty}^{+\infty} f_\sigma(\sigma) \int_\sigma^{+\infty} f_{sh}(\sigma_{sh}) \mathrm{d}\sigma_{sh} \mathrm{d}\sigma \qquad (7-12)$$

蒙皮同时受到正应力和剪切应力的作用。此时,根据第四强度理论,可求出蒙皮的合成应力,用合成应力与蒙皮的屈服强度干涉求出蒙皮的可靠度。由第四强度理论可知 $\sigma_合 = \sqrt{\sigma^2 + 3\tau^2}$,当正应力与剪应力相互独立时,蒙皮的可靠度表示为

$$R_p = P(\sigma_{sp} - \sigma_合 > 0) = \int_{-\infty}^{+\infty} f(\sigma_合) \int_{\sigma_合}^{+\infty} f_{sp}(\sigma_{sp}) \mathrm{d}\sigma_{sp} \mathrm{d}\sigma_合$$

$$= \int_{-\infty}^{+\infty} f_\sigma(\sigma) \int_{-\infty}^{+\infty} f_\tau(\tau) \int_{\sqrt{\sigma^2+3\tau^2}}^{+\infty} f_{sp}(\sigma_{sp}) \mathrm{d}\sigma_{sp} \mathrm{d}\tau \mathrm{d}\sigma \qquad (7-13)$$

由于桁条与蒙皮有共同的正应力 σ,且正应力与剪应力相互独立,故桁条式舱体的可靠度计算公式为

$$R = \int_{-\infty}^{+\infty} f_\sigma(\sigma) \left[\int_{-\infty}^{+\infty} f_\tau(\tau) \int_{\sqrt{\sigma^2+3\tau^2}}^{+\infty} f_{sp}(\sigma_{sp}) \mathrm{d}\sigma_{sp} \mathrm{d}\tau \right] \left[\int_\sigma^{+\infty} f_{sh}(\sigma_{sh}) \mathrm{d}\sigma_{sh} \right] \mathrm{d}\sigma$$

$$(7-14)$$

3. 硬壳式

硬壳式舱体没有桁梁或桁条,全部弯矩、转矩和剪切力均由较厚的蒙皮承担。其结构如图 7-7 所示。

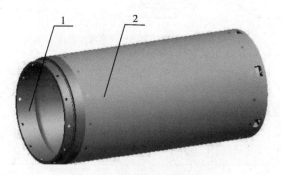

图 7-7　硬壳式舱体结构简图
1—接框;2—蒙皮

舱体截面正应力计算公式为

$$\sigma = \frac{M}{I_s}y + \frac{N}{A_s} \qquad (7-15)$$

式中：M 为弹身截面弯矩；N 为弹身截面轴向力；A_s 为蒙皮截面面积；I_s 为蒙皮对中性轴惯性矩；y 为蒙皮至舱体截面中性轴的距离。

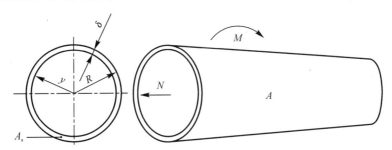

图 7 - 8   硬壳式舱体结构变量示意图

蒙皮剪应力计算公式为

$$\tau = \frac{QS_z}{2I_s\delta} + \frac{M_T}{2A\delta} \qquad (7-16)$$

式中：Q 为舱体截面横向剪切力；S_z 为剪应力计算位置外侧、承受正应力的蒙皮对中性轴的静矩；M_T 为舱体截面转矩；A 为蒙皮所围面积；I_s 为蒙皮对中性轴惯性矩；δ 为蒙皮厚度。

对于圆剖面硬壳式舱体，由剪切力引起的蒙皮内部剪应力分布为

$$\tau = \frac{Q}{\pi R\delta}\sin\theta \qquad (7-17)$$

式中：R 为舱体剖面半径；δ 为蒙皮厚度；θ 为剖面上静矩为零的点到应力计算点的圆弧对应的中心角。

剪应力分布如图 7 - 9 所示。

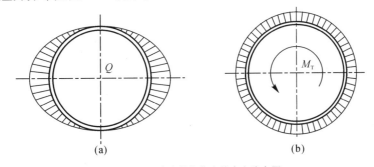

图 7 - 9   硬壳式舱体蒙皮剪应力分布图

(a) 剪切力引起的剪应力分布； (b) 转矩引起的剪应力分布

根据硬壳式舱体受力特点,只需根据第四强度理论将其正应力和剪应力合成,利用应力-强度干涉模型,合成应力分布与舱体结构的屈服极限分布干涉即可求出舱体可靠度。

一般来说,应力和屈服极限是服从正态分布或对数正态分布的。为计算方便,现假设正应力 σ、剪切应力 τ 及结构屈服极限 σ_s 均服从正态分布,即 $\sigma \sim N(\mu_\sigma, S_\sigma)$、$\tau \sim N(\mu_\tau, S_\tau)$ 和 $\sigma_s \sim N(\mu_{\sigma_s}, S_{\sigma_s})$。由第四强度理论可知

$$\sigma_{合} = \sqrt{\sigma^2 + 3\tau^2} \tag{7-18}$$

由于正应力和剪应力均服从正态分布,且其分布均在应力的正半轴上,合成应力亦服从正态分布,记作 $\sigma_{合} \sim N(\mu_{\sigma_合}, S_{\sigma_合})$。当应力与强度均服从正态分布时,可将相关变量代入联结方程

$$\beta = \frac{\mu_{\sigma_s} - \mu_{\sigma_合}}{\sqrt{S_{\sigma_s}{}^2 + S_{\sigma_合}{}^2}} \tag{7-19}$$

根据可靠度系数 β,查正态分布表即可求出舱体可靠度 R 值。

7.1.2 吊挂结构件静强度可靠性评估

制导炸弹吊挂件的载荷主要产生于起吊挂飞阶段,惯性力和气动力是其载荷的主要组成部分,这些随机载荷通常可假设服从正态分布。为方便计算,可将惯性力和气动力分解为 6 个作用在制导炸弹质心上的分力和分力矩:

(1) 沿 x 轴的作用力 P_x;

(2) 沿 y 轴的作用力 P_y;

(3) 沿 z 轴的作用力 P_z;

(4) 由非对称气动载荷或悬挂物偏心引起的滚转力矩 M_x;

(5) 由法向气动载荷及法向惯性载荷引起的俯仰力矩 M_z;

(6) 由横向气动载荷及横向惯性载荷引起的偏航力矩 M_y。

吊挂结构示意图如图 7-10 所示。典型吊挂结构件的应力分布如图 7-11 所示,由图中可看出有多处高应力部位。由于吊挂结构形状不规则,不易于确定最危险点的位置,吊挂载荷的复杂性也使得难以用传统的解析方法计算应力。应用有限元方法,能够很方便地计算出应力危险点的位置与最大应力值。假设最大应力是服从正态分布的随机变量,通过有限元法求出最大应力的变化范围,进而可得其均值 μ_σ,根据"3σ 法则",则可计算出其标准差 S_σ。

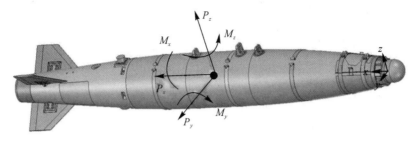

图 7 - 10　弹体结构及受力情况

−166.901		−92.235 4		−17.569 5		57.096 4		131.762	
	−129.568		−54.902 5		19.763 4		94.429 3		169.095

图 7 - 11　吊挂结构件应力分布图

注:图中应力单位为 MPa。

　　吊挂结构的失效判定准则是应力达到其材料的屈服极限 σ_s,一般材料的屈服极限服从正态分布,这里假设其均值为 μ_{σ_s},标准差为 S_{σ_s}。根据应力-强度干涉模型,将相关变量参数带入联结方程,则求出可靠性系数

$$\beta = \frac{\mu_{\sigma_s} - \mu_\sigma}{\sqrt{S_{\sigma_s}^2 + S_\sigma^2}}$$

则吊挂结构的可靠度为

$$R = 1 - \Phi(-z) = \Phi(z)$$

式中:$\Phi(z)$ 可通过查正态分布表查得。

7.1.3　螺栓静强度可靠性评估

　　弹体舱段连接螺栓从受力角度可以分为仅受轴向拉应力的螺栓、同时受轴向拉应力和弯曲应力的螺栓以及受到剪切力的螺栓,三种受力情况的连接段结构示于图 7 - 12,套接结构[如图 7 - 12(a)(b)(c) 所示]中螺栓受剪切力的作用,螺栓式对接结构[如图 7 - 12(d) 所示]中连接螺栓仅受轴向载荷,斜向盘式对接结构[如图 7 - 12(e) 所示]中螺栓在受到拉伸作用的同时还受到弯矩的作用。对于前两种螺栓,其应力均为轴向应力,可将仅受轴向拉力情况看作是同时拉伸和弯曲作用的一个特例。

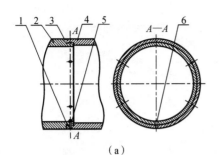 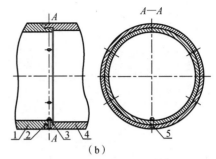

（a）

1—密封圈；2—舱体Ⅰ；3—定位销；
4—舱体Ⅱ；5—钢丝螺套；6—螺钉

（b）

1—舱体Ⅰ；2—密封圈；3—托盘螺母；
4—舱体Ⅱ；5—螺钉

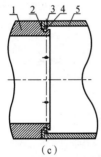 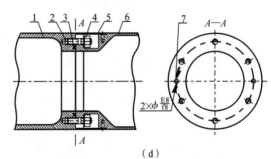

（c）

3—舱体Ⅰ；2—密封圈；3—楔块；
4—螺钉；5—舱体Ⅱ

（d）

1—舱体Ⅰ；2—螺栓；3—密封圈；4—螺母；
5—盖板；6—舱体Ⅱ；7—定位销

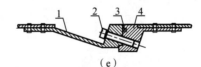

（e）

1—舱体Ⅰ；2—螺栓；3—密封圈；4—舱体Ⅱ

图 7-12　舱体连接段结构

（a）舱段套接结构一；（b）舱段套接结构二；（c）舱段套接结构三；
（d）舱段螺柱式对接结构；（e）舱段斜向盘式对接结构

1. 受拉伸和弯曲作用螺栓的静强度可靠性评估

螺栓受到工作载荷拉力 F 和弯矩 M 的作用,在考虑预紧力情况下的螺栓轴向最大应力计算公式为

$$\sigma_{max}=\frac{F_0}{A}+\frac{M}{W}=\frac{F_0}{\frac{\pi}{4}d_1^2}+\frac{M}{\frac{\pi}{32}d_1^3} \tag{7-20}$$

式中:d_1 为螺栓危险截面直径;F_0 为螺栓在预紧力和工作载荷共同作用下的轴

向力,$F_0 = \dfrac{C_1}{C_1 + C_2} F + F_1$;$F$ 为工作载荷;F_1 为预紧力;$\dfrac{C_1}{C_1 + C_2}$ 为刚度系数。

由于载荷和直径均存在偏差,螺栓的应力并不是确定的值,一般认为螺栓应力服从正态分布,需要确定其分布参数(均值和标准差)。螺栓应力的均值可以计算得到,其标准差一般可取均值的 8%,即 $S_\sigma = 0.08\bar{\sigma}$。材料强度的分布参数可以在手册中查到,以 45 号钢 6.8 级螺栓为例,螺栓屈服极限服从正态分布,屈服极限均值为 $\bar{\sigma}_s = 480$ MPa,屈服极限的标准差为 $S_{\sigma_s} = 0.07\bar{\sigma}_s = 33.6$ MPa。

将相关参数代入联结方程求得可靠性系数

$$\beta = \frac{\bar{\sigma}_s - \bar{\sigma}}{\sqrt{S_{\sigma_s}^2 + S_\sigma^2}} \qquad (7-21)$$

根据可靠性系数 β,查正态分布表可得螺栓的可靠度 R 值。

2. 受剪螺栓的静强度可靠性评估

能够承受剪切作用的螺栓一般是铰制孔螺栓,由于其轴向预紧力很小,可忽略不计,故只需从剪切强度和挤压强度两个方面评估其可靠性。

(1) 剪切强度可靠性评估。

首先计算剪应力。单个螺栓受的剪切力为 F_t,则剪应力表示为

$$\tau = \frac{F_t}{\frac{\pi}{4} d_1^2 m} \qquad (7-22)$$

式中:d_1 为剪切面处螺栓杆的直径;m 为剪切面数目。

由于剪切力 F_t 与螺栓杆直径 d_1 为独立随机变量,所以剪应力均值

$$\bar{\tau} = \frac{4\bar{F}_t}{\pi \bar{d}_1^2 m} \qquad (7-23)$$

标准差

$$S_\tau = \left[\left(\frac{\partial \tau}{\partial F_t} \right)^2 S_{F_t}^2 + \left(\frac{\partial \tau}{\partial d_1} \right)^2 S_{d_1}^2 \right]^{1/2} = \left[\left(\frac{4}{\pi \bar{d}_1^2 m} \right)^2 S_{F_t}^2 + \left(\frac{8\bar{F}_t}{\pi \bar{d}_1^3 m} \right)^2 S_{d_1}^2 \right]^{1/2}$$

$$(7-24)$$

式中:S_{F_t} 为剪切力 F_t 的标准差,S_{F_t} 由规定的剪切力偏差 ΔF 和"3σ 法则"来确定;S_{d_1} 为螺栓杆直径 d_1 的标准差。

变异系数

$$C_\tau = \frac{S_\tau}{\bar{\tau}} = \sqrt{C_{F_t}^2 + (2C_{d_1})^2} \qquad (7-25)$$

式中：C_{F_t} 为剪切力 F_t 的变异系数，C_{F_t} 由 $C_{F_t} = \dfrac{S_{F_t}}{\overline{F}_t}$ 计算得到；C_{d_1} 为螺栓杆直径 d_1 的变异系数。

螺栓杆直径的标准差 S_{d_1} 和变异系数 C_{d_1} 根据螺栓相关标准规定的 d_1 的公差范围确定。对于直径 $d = 6 \sim 20$ mm 的铰制孔用螺栓，其标准差 $S_{d_1} = 0.012 \sim 0.015$ mm，变异系数 $C_{d_0} = 0.00075 \sim 0.002$。可见，$C_{d_0}$ 非常小，实际计算中可略去，计算时认为直径 d_1 为定值。

然后求螺栓的剪切屈服极限。铰制孔用螺栓的常用材料为 A3、35、45 号钢及 40Cr 等，这些材料的剪切屈服极限不易查到，可根据拉伸屈服极限进行换算。根据最大剪应力理论或形变能理论，有如下换算公式：

$$\tau_s = 0.5\sigma_s \tag{7-26}$$

或

$$\tau_s = 0.577\sigma_s \tag{7-27}$$

螺栓剪切极限的标准差可简单地通过标准差与均值的关系 $S_{\tau_s} = 0.08\overline{\tau}_s$ 估算得到。根据剪应力和强度均服从正态分布的规律，将相关变量参数代入联结方程求出可靠性系数

$$\beta = \frac{\overline{\tau}_s - \overline{\tau}}{\sqrt{S_{\tau_s}^2 + S_{\tau}^2}} \tag{7-28}$$

进而可求得螺栓的剪切可靠度 $R_t = \Phi(z)$ 值。

（2）挤压强度可靠性评估。

假设挤压应力沿螺栓杆和孔壁的挤压表面均匀分布，那么挤压应力可表示为

$$\sigma_p = \frac{F_t}{d_1 h} \tag{7-29}$$

式中：h 为螺栓杆与孔壁挤压面的最小高度；F_t 为挤压力；d_1 为螺栓危险截面直径。

挤压应力均值

$$\overline{\sigma}_p = \frac{\overline{F}_t}{\overline{d}_1 h} \tag{7-30}$$

挤压应力变异系数

$$C_{\sigma_p} = \sqrt{C_{F_t}^2 + C_{d_1}^2} \tag{7-31}$$

式中：C_{F_t} 为挤压力的变异系数；C_{d_1} 为螺栓直径的变异系数。

挤压应力标准差

$$S_{\sigma_p} = C_{\sigma_p} \bar{\sigma}_p \qquad (7-32)$$

挤压的失效形式是螺栓或被连接件孔壁被压溃。若这里的计算对象的材料是钢等塑性材料,则需要查得其拉伸屈服极限均值 $\bar{\sigma}_s$ 及屈服极限的标准差 S_{σ_s}。同样根据联结方程可求可靠性系数

$$\beta = \frac{\bar{\sigma}_s - \bar{\sigma}_p}{\sqrt{S_{\sigma_s}^2 + S_{\sigma_p}^2}} \qquad (7-33)$$

继而可求出挤压可靠度 $R_p = \Phi(\beta)$ 值。

7.1.4　定位销静强度可靠性评估

定位销是弹体结构中典型的承受剪切和挤压载荷的连接件,其使用位置如图 7-13 所示。假设剪应力均匀分布在剪切面上,挤压应力沿孔壁的挤压面均匀分布。受静载荷剪切作用的定位销的可靠性评估过程如下。

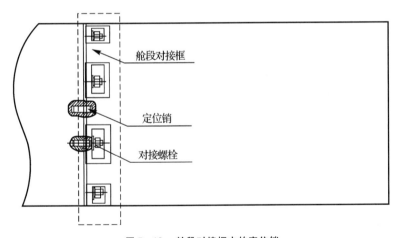

图 7-13　舱段对接框中的定位销

1. 剪切强度的可靠度计算

单个定位销所受的剪切力为 F_t,则剪应力表示为

$$\tau = \frac{F_t}{\frac{\pi}{4}d_0^2 m} \qquad (7-34)$$

式中：d_0 为剪切面处定位销的直径；m 为剪切面数目。

由于剪切力 F_t 与定位销直径 d_0 为独立随机变量，所以剪应力均值

$$\bar{\tau} = \frac{4\bar{F}_t}{\pi \bar{d}_0^2 m} \tag{7-35}$$

标准差

$$S_\tau = \left[\left(\frac{\partial \tau}{\partial F_t} \right)^2 S_{F_t}^2 + \left(\frac{\partial \tau}{\partial d_0} \right)^2 S_{d_0}^2 \right]^{1/2} = \left[\left(\frac{4}{\pi \bar{d}_0^2 m} \right)^2 S_{F_t}^2 + \left(\frac{8\bar{F}_t}{\pi \bar{d}_0^3 m} \right)^2 S_{d_0}^2 \right]^{1/2}$$

$$\tag{7-36}$$

式中：S_{F_t} 为剪切力 F_t 的标准差，其大小可根据"3σ 法则"由剪切力的偏差 ΔF 确定；S_{d_0} 为定位销直径 d_0 的标准差。

变异系数

$$C_\tau = \frac{S_\tau}{\bar{\tau}} = \sqrt{C_{F_t}^2 + (2C_{d_0})^2} \tag{7-37}$$

式中：C_{F_t} 为剪切力的变异系数，C_{F_t} 由 $C_{F_t} = \frac{S_{F_t}}{\bar{F}_t}$ 计算得到；C_{d_0} 为定位销直径 d_0 的变异系数。

定位销直径的 S_{d_0} 或 C_{d_0} 根据销钉标准规定的 d_0 的公差范围确定。当定位销材料的剪切屈服极限不易查到时，一般按照拉伸屈服极限进行换算，得到剪切屈服极限的均值与标准差。根据最大剪应力理论或形变能理论，有如下的转换公式：

$$\tau_s = 0.5\sigma_s \tag{7-38}$$

或

$$\tau_s = 0.577\sigma_s \tag{7-39}$$

一般强度的分布为正态分布或对数正态分布，为方便计算，取 σ_s 为正态分布，由式（7-38）和式（7-39）可知，剪切极限 τ_s 也服从正态分布。由经验可知，剪应力服从正态分布或对数正态分布。当载荷只是一次作用时，可以直接利用应力-强度干涉模型求解定位销剪切强度的可靠度，其数学表达式为

$$R = \int_{-\infty}^{+\infty} \left[\int_{-\infty}^{\tau_s} h(\tau) \mathrm{d}\tau \right] f(\tau_s) \mathrm{d}\tau_s \tag{7-40}$$

式中：$h(\tau)$ 为剪应力的概率密度函数；$f(\tau_s)$ 为材料的剪切屈服极限的概率密度函数。

当存在载荷多次作用的静强度问题时，可由载荷多次作用下的静强度可靠

性模型求解。

$$R^{(m)} = \int_{-\infty}^{+\infty} g_m(\tau) \int_{\tau}^{+\infty} f(\tau_s) \mathrm{d}\tau_s \mathrm{d}\tau = \int_{-\infty}^{+\infty} m \left[G(\tau) \right]^{m-1} g(\tau) \int_{\tau}^{+\infty} f(\tau_s) \mathrm{d}\tau_s \mathrm{d}\tau$$

$$(7-41)$$

式中：$g_m(\tau)$ 为载荷作用 m 次时等效载荷的概率密度函数；$G(\tau)$ 为载荷的累积分布函数。

等效载荷 $g_m(\tau)$ 实际上就是 m 个载荷 $g(\tau)$ 的极大统计量，根据极值统计量的概率密度函数计算公式

$$g_{(k)}(y) = \frac{m!}{(k-1)!(m-k)!} \left[F(y) \right]^{k-1} \left[1 - F(y) \right]^{m-k} f(y)$$

$$(7-42)$$

可知，载荷的极大统计量概率密度函数

$$g_m(\tau) = m \left[G(\tau) \right]^{m-1} g(\tau) \qquad (7-43)$$

2. 挤压强度可靠度计算

假设挤压应力在定位销和孔壁的挤压表面均匀分布，则挤压应力可以表示为

$$\sigma_p = \frac{F_t}{d_0 h} \qquad (7-44)$$

式中：h 为定位销与孔壁挤压面的最小高度；d_0 为定位销直径；F_t 为挤压力。

因为挤压力 F_t 和定位销直径为两个相互独立的随机变量，所以挤压应力的均值可以表示为

$$\bar{\sigma}_p = \frac{\bar{F}_t}{\bar{d}_0 h} \qquad (7-45)$$

变异系数

$$C_{\sigma p} = \sqrt{C_{F_t}^2 + C_{d_0}^2} \qquad (7-46)$$

式中：C_{F_t} 为挤压力的变异系数；C_{d_0} 为销钉直径的变异系数。

标准差

$$S_{\sigma p} = C_{\sigma p} \bar{\sigma}_p \qquad (7-47)$$

挤压的失效形式是定位销或被连接件孔壁被压溃。这里计算对象的材料是钢等塑性材料，需要确定材料的拉伸屈服极限均值 $\bar{\sigma}_s$ 及标准差 S_{σ_s}。在求得挤压应力与材料屈服极限分布的概率密度函数后，与剪切强度可靠度的计算相似，按照不同的载荷作用形式代入应力-强度干涉模型即可求出其可靠度值。

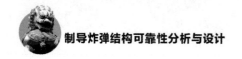

7.2　疲劳可靠性评估

疲劳失效是结构零部件在交变载荷作用下的一种失效形式。疲劳失效过程一般包括裂纹形成、裂纹亚稳态扩展和失稳扩展三个阶段。弹体在寿命周期中，常常受到冲击、振动、噪声、撞击以及阵风载荷等，产生非规律性不稳定变应力。为了进行不稳定变应力下疲劳强度可靠性评估，首先需要进行载荷的计算和统计处理，以获得应力谱和应力的分布规律及其统计参数。在这些应力作用下，零件中的疲劳损伤会不断累积，因此还需应用累积损伤法则、等效应力和等效循环数等概念。

疲劳可靠性评估仍然可用应力-强度干涉模型，但传统的应力-强度干涉模型在原理上只适用于载荷一次作用或静强度的可靠性评估。从应力-强度干涉模型本身上讲，将其应用于疲劳可靠性的评估缺少时间这一变量的表达。从广义上讲，时间变量可以融入应力和强度变量中，例如强度分布取疲劳强度分布，这时干涉模型在恒幅循环应力下依然可用。在常规疲劳强度计算中，零件的疲劳强度可通过修正材料标准试件的疲劳强度得到。一般来讲，为了简化计算，假设影响零件疲劳强度的各种因素相互独立，这样就可以应用矩法计算出零件疲劳强度的均值和方差。恒幅循环应力下的疲劳可靠性计算比较简单，也是其他载荷情况下疲劳可靠性计算的基础，在满足某些条件的前提下，可以把复杂载荷转换为等效恒幅循环应力。除此方法外，还有以剩余寿命分布模型为基础，应用载荷循环数-疲劳寿命干涉理论进行疲劳可靠性计算的方法。该方法适用于随机载荷下疲劳可靠性计算。

7.2.1　吊挂件疲劳可靠性评估

吊挂结构所受的载荷以惯性载荷和气动载荷为主，此外还有随机振动等。为方便载荷的计算，可将制导炸弹吊挂的载荷分解为以下 6 个分量（见图 7-14，图中应力单位为 MPa）：

（1）沿 x 轴的作用力 P_x；

（2）沿 y 轴的作用力 P_y；

（3）沿 z 轴的作用力 P_z；

（4）由非对称气动载荷或悬挂物偏心引起的滚转力矩 M_x；

（5）由法向气动载荷及法向惯性载荷引起的俯仰力矩 M_z；

（6）由横向气动载荷及横向惯性载荷引起的偏航力矩 M_y。

将各分量叠加求合力得到吊挂结构总的载荷，再通过有限元方法计算出结构上的应力，并确定最大应力点和应力分布。

若已知 $f_i(N)$ 为循环应力 σ_i 下的寿命分布概率密度函数，$f_i(n,t)$ 为应力循环数的概率密度函数（t 表示时间），则当载荷循环数 n 大于相应的疲劳寿命 N 时发生疲劳失效，疲劳可靠度

$$R(t) = P(n < N) \tag{7-48}$$

根据载荷循环数-疲劳寿命干涉分析，可推导出疲劳可靠度函数

$$R(t) = \int_0^{+\infty} f(n,t) \left[\int_n^{+\infty} f(N)\mathrm{d}N \right] \mathrm{d}n \tag{7-49}$$

或

$$R(t) = \int_0^{+\infty} f(N) \left[\int_0^N f(n,t)\mathrm{d}n \right] \mathrm{d}N \tag{7-50}$$

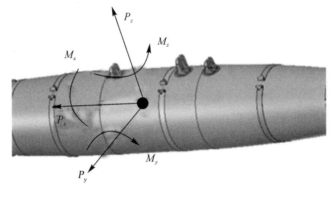

(a)

−166.901		−92.235 4		−17.569 5		57.096 4		131.762	
	−129.568		−54.902 5		19.763 4		94.429 3		169.095

(b)

图 7-14　弹体载荷示意图及吊挂应力分布

（a）弹体载荷示意图；　（b）吊挂应力分布

7.2.2　螺栓疲劳可靠性评估

1. 受剪螺栓疲劳可靠性评估

　　一般受剪切的螺栓为铰制孔用螺栓,铰制孔用螺栓在连接中拧紧所产生的预紧力及摩擦力的影响可以忽略不计。螺栓剪切面的应力循环特性,取决于外载荷的变化特性。一般可以认为,对于不改变方向的变载荷,螺栓的剪应力按脉动循环变化;对于变方向变载荷,剪应力按对称循环变化。这种近似方法是偏于安全的,计算也比较简便。这时,铰制孔用螺栓相当于直径为 d_0 的受剪切的光轴。根据疲劳极限曲线,可以计算循环特性为 r 时的疲劳强度的可靠度。

　　若已知最大剪切力 $F_{t\max}$ 及最小剪切力 $F_{t\min}$,则可以计算出最大剪应力 $\tau_{\max}=\dfrac{4F_{\theta\max}}{\pi d_0^2 m}$ 及最小剪应力 $\tau_{\min}=\dfrac{4F_{\theta\min}}{\pi d_0^2 m}$,从而可以求得变应力的应力幅 $\tau_a=\dfrac{\tau_{\max}-\tau_{\min}}{2}$、平均应力 $\tau_m=\dfrac{\tau_{\max}+\tau_{\min}}{2}$ 及循环特性 $r=\dfrac{\tau_{\min}}{\tau_{\max}}$,并根据剪切力的偏差估计应力标准差或变异系数。

　　所用材料的剪切疲劳极限不易查到时,可按下述估算:

碳素结构钢

$$\sigma_{-1}=120+0.2\sigma_b \tag{7-51}$$

合金结构钢

$$\sigma_{-1}=100+0.34\sigma_b \tag{7-52}$$

剪切、扭转疲劳极限

$$\tau_{-1}\approx 0.6\sigma_{-1} \tag{7-53}$$

　　例 7-1　舱体对接的连接螺栓为铰制孔用螺栓,所受的剪切力最大值、最小值均服从正态分布,最大剪切力的均值为 $\bar{F}_{t\max}$、标准差为 $S_{F_{t\max}}$,最小剪切力的均值为 $\bar{F}_{t\min}$、标准差为 $S_{F_{t\min}}$,假设当 $r=-1,\alpha_\sigma=1$ 时,螺栓材料的剪切疲劳极限为 σ'_{r1},剪切疲劳均值为 $\bar{\sigma}'_{r1}$,标准差为 $S_{\sigma1}$;当 $r=0.1,\alpha_\sigma=1$ 时,螺栓材料的剪切疲劳极限为 $\sigma'_{r0.1}$,剪切疲劳均值为 $\bar{\sigma}'_{r0.1}$,标准差为 $S_{\sigma0.1}$,螺栓直径为 d,求螺栓的可靠度。

　　解　采用复合疲劳强度与复合应力干涉的方法计算铰制孔用螺栓的可靠度,其流程如图 7-15 所示。

　　1)绘制疲劳极限线图。

图 7-15　受剪螺栓可靠度计算流程

当 $R=0.999\,99$ 时可查得 $Z=4.265$。当 $r=-1$ 时,疲劳极限标准差为 $S_{\sigma1}$,则可以求得 $ZS_{\sigma1}$。当 $r=0.1$ 时,有:

应力幅均值

$$\sigma_a = \frac{1-r}{2}\sigma_{\max} = 0.45\sigma_{\max}$$

应力幅标准差

$$S_a = \frac{1-r}{2}S_{\sigma} = 0.45S_{\max}$$

平均应力均值

$$\sigma_m = \frac{1+r}{2}\sigma_{\max} = 0.55\sigma_{\max}$$

平均应力标准差

$$S_m = \frac{1+r}{2}S_{\sigma} = 0.55S_{\max}$$

求疲劳极限线图上 $r=0.1$ 的标准差

$$S'_r = \left(\frac{\bar{\sigma}_a^2 S_a^2 + \bar{\sigma}_m^2 S_m^2}{\bar{\sigma}_a^2 + \bar{\sigma}_m^2}\right)^{1/2}$$

则

$$ZS'_r = 4.265\left(\frac{\bar{\sigma}_a^2 S_a^2 + \bar{\sigma}_m^2 S_m^2}{\bar{\sigma}_a^2 + \bar{\sigma}_m^2}\right)^{1/2}$$

可靠度 $R=0.999\,99$ 的螺栓材料试样的疲劳极限线图如图 7-16 所示。

2) 计算复合工作应力。

工作载荷幅值

$$F_{ta} = \frac{1}{2}(F_{t\max} - F_{t\min})$$

工作载荷幅值的均值

$$\overline{F}_{ta} = \frac{1}{2}(\overline{F}_{t\max} - \overline{F}_{t\min})$$

工作载荷幅值的标准差

$$S_{ta} = \frac{1}{2}(S_{t\max}^2 + S_{t\min}^2)^{1/2}$$

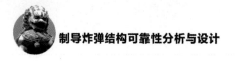

工作载荷平均值

$$F_{tm} = \frac{1}{2}(F_{t\max} + F_{t\min})$$

工作载荷平均值的均值

$$\overline{F}_{tm} = \frac{1}{2}(\overline{F}_{t\max} + \overline{F}_{t\min})$$

工作载荷平均值的标准差

$$S_{tm} = \frac{1}{2}(S_{t\max}^2 + S_{t\min}^2)^{1/2}$$

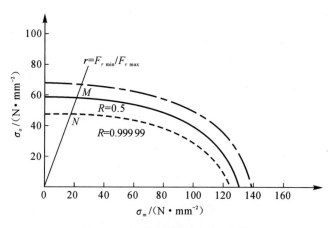

图 7－16　螺栓材料的疲劳极限线图

一般认为,螺栓直径尺寸是符合正态分布的,但由于其偏差很小,这里设直径为一定值 d。受剪切面积为 $A = \dfrac{\pi d^2}{4}$。

工作应力幅

$$\sigma_{ta} = \frac{F_{ta}}{A} = \frac{4F_{ta}}{\pi d^2}$$

工作应力幅的均值

$$\bar{\sigma}_{ta} = \frac{4\overline{F}_{ta}}{\pi d^2}$$

工作应力幅的标准差

$$S_{ta} = \frac{4S_{ta}}{\pi d^2}$$

工作平均应力

$$\sigma_{tm} = \frac{F_{tm}}{A} = \frac{4F_{tm}}{\pi d^2}$$

工作平均应力的均值

$$\bar{\sigma}_{tm} = \frac{4\bar{F}_{tm}}{\pi d^2}$$

工作平均应力的标准差

$$S_{tm} = \frac{4S_{tm}}{\pi d^2}$$

不对称系数

$$r = F_{t\min}/F_{t\max}$$

在疲劳极限线图中不对称系数 r 所表示的直线,其倾斜角 $\theta = \arctan\dfrac{F_{ta}}{F_{tm}}$,合成应力的均值

$$\bar{\tau} = \sqrt{\bar{\sigma}_{ta}^2 + \bar{\sigma}_{tm}^2}$$

合成应力的标准差

$$S_\tau = \left(\frac{\bar{\sigma}_{ta}^2 S_{ta}^2 + \bar{\sigma}_{tm}^2 S_{tm}^2}{\bar{\sigma}_{ta}^2 + \bar{\sigma}_{tm}^2} \right)^{1/2}$$

3) 计算复合疲劳强度。

为了要得到 $r = F_{t\min}/F_{t\max}$ 时螺栓的疲劳极限分布,在图 7 – 16 上作 $r = F_{t\min}/F_{t\max}$ 直线,该直线与疲劳极限分布带交于 M, N 两点,则 M 点的坐标(x_M, y_M) 表示强度的均值,N 点坐标(x_N, y_N) 为可靠度 $R = 0.999\,99$ 的位置,有:

强度平均值

$$\bar{\sigma}_m = x_M$$

强度平均值的标准差

$$S_m = \frac{x_M - x_N}{4.265}$$

强度幅值均值

$$\bar{\sigma}_a = y_M$$

强度幅值的标准差

$$S_a = \frac{y_M - y_N}{4.265}$$

合成强度均值

$$\bar{\sigma} = \sqrt{\bar{\sigma}_a^2 + \bar{\sigma}_m^2}$$

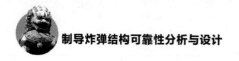

合成强度标准差

$$S = \left(\frac{\bar{\sigma}_a^2 S_a^2 + \bar{\sigma}_m^2 S_m^2}{\bar{\sigma}_a^2 + \bar{\sigma}_m^2} \right)^{1/2}$$

4）代入联结方程求可靠度。

利用干涉模型，将合成的应力与强度代入联结方程

$$\beta = \frac{\bar{\sigma} - \bar{\tau}}{\sqrt{s^2 + s_\tau^2}}$$

继而求出螺栓的可靠度

$$R = \Phi(\beta)$$

2. 轴向变载荷作用下的螺栓疲劳可靠性评估

轴向应力的产生常见的有两种受载可能，一种是轴向的拉压，另一种就是弯矩产生的弯曲应力，二者可叠加。轴向变载荷作用下的螺栓疲劳可靠性评估过程可参考下面例题。

例 7-2 设连接螺栓的轴向载荷从 $0 \sim F_a$ 按脉动循环变化，同时受脉动变化弯矩 $0 \sim M$ 作用，其载荷偏差为 15%，螺栓材料规定为 606 级的 45 号钢，$\sigma_B = 600 \text{ N/mm}^2$，$\sigma_s = 360 \text{ N/mm}^2$。连接螺栓的直径为 $d = 12 \text{ mm}$，评估该螺栓的疲劳可靠性。

解 该例题应用安全系数法评估螺栓的疲劳可靠性，其流程如图 7-17 所示。

图 7-17　轴向载荷螺栓可靠度计算流程

1）计算螺栓工作应力。

螺栓的轴向力引起的拉应力的最大值

$$\sigma_{F_a \max} = \frac{F_a}{\frac{\pi}{4} d^2}$$

最小值

$$\sigma_{F_a \min} = 0$$

弯曲应力的最大值

$$\sigma_M = \frac{M}{W} = \frac{M}{\frac{\pi}{32}d^3}$$

则合成拉应力的最大值

$$\sigma_{a\max} = \sigma_{Fa\max} + \sigma_{M\max}$$

计算有预紧力工作状态下螺栓应力幅均值

$$\bar{\sigma}_a = \frac{1}{2}\frac{C_1}{C_1+C_2}\sigma_{a\max}$$

式中：C_1，C_2 分别为螺栓刚度系数和被连接件的刚度系数。

变异系数

$$C_{\sigma_a} = \frac{0.15}{3} = 0.05$$

2）计算螺栓的疲劳极限应力幅。

螺栓的疲劳极限应力幅

$$\bar{\sigma}_{al} = \frac{\bar{\sigma}_{-1l}\varepsilon k_m k_u}{K_\sigma}$$

螺栓材料为 45 号钢，强度级别为 6.6，$\sigma_b = 600\ \mathrm{N/mm^2}$，$\sigma_s = 360\ \mathrm{N/mm^2}$，查表得螺栓材料的拉伸疲劳极限 $\bar{\sigma}_{-1l} = 195\ \mathrm{N/mm^2}$。

尺寸系数：$\varepsilon \approx 1$（参考静强度结果选取）；

螺纹牙受力不均匀系数：受压螺母，$k_u = 1$；

螺纹制造工艺系数：滚压螺栓（热处理后滚压），$k_m = 1.25$；

应力集中系数：$K_\sigma = 3.9$（$\sigma_b = 600\ \mathrm{N/mm^2}$ 时）。

将以上数据代入螺栓的疲劳极限应力幅公式，得

$$\bar{\sigma}_{al} = \frac{195 \times 1 \times 1.25 \times 1}{3.9}\ \mathrm{N/mm^2} = 62.5\ \mathrm{N/mm^2}$$

取变异系数 $C_{\sigma_a} = 0.08$（滚压螺栓）。

3）计算安全系数及可靠度。

安全系数

$$n = \frac{\bar{\sigma}_{al}}{\bar{\sigma}_a}$$

可靠度指数

$$\beta = \frac{n-1}{\sqrt{n^2 C_{\sigma_a}^2 + C_{\sigma_{al}}^2}}$$

通过查正态分布表可求出螺栓的疲劳可靠度

$$R = \Phi(\beta)$$

7.2.3　定位销疲劳可靠性评估

弹体结构中的定位销主要受剪切、挤压载荷的作用。为计算方便，假设剪应力在剪切面上的分布是均匀的，挤压应力在挤压面上的分布也是均匀的。受动载荷作用的定位销的可靠性评估过程如下：

单个定位销受的剪切力最大值、最小值均服从正态分布，最大值的均值为 $\bar{F}_{t\max}$、标准差为 $S_{F_{t\max}}$，最小值的均值为 $\bar{F}_{t\min}$、标准差为 $S_{F_{t\min}}$。假设在 $r = -1$，$\alpha_\sigma = 1$ 时，定位销的材料寿命的剪切疲劳极限 σ'_{r-1} 的均值为 $\bar{\sigma}'_{r-1}$，其标准差为 $S_{\sigma-1}$；在 $r = 0.1$，$\alpha_\sigma = 1$ 时，定位销的材料无限寿命的剪切疲劳极限 $\sigma'_{r0.1}$ 的均值为 $\bar{\sigma}'_{r0.1}$，其标准差为 $S_{\sigma0.1}$，定位销直径为 d。

根据以上已知条件，评估定位销疲劳可靠性的流程如图 7-18 所示。

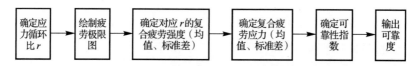

图 7-18　定位销疲劳可靠性评估流程

1. 绘制疲劳极限图

当 $R = 0.999\,99$ 时可查得 $Z = 4.265$。当 $r = -1$ 时，疲劳极限标准差为 $S_{\sigma-1}$，则可以求得 $ZS_{\sigma-1}$。

当 $r = 0.1$ 时，有：

应力幅

$$\sigma_a = \frac{1-r}{2}\sigma_{\max} = 0.45\sigma_{\max} \tag{7-54}$$

应力幅均值

$$\bar{\sigma}_a = \frac{1-r}{2}\bar{\sigma}_{\max} = 0.45\bar{\sigma}_{\max} \tag{7-55}$$

应力幅标准差

$$S_a = \frac{1-r}{2}S_\sigma = 0.45S_{\max} \tag{7-56}$$

平均应力

$$\sigma_m = \frac{1+r}{2}\sigma_{max} = 0.55\sigma_{max} \qquad (7-57)$$

平均应力均值

$$\bar{\sigma}_m = \frac{1+r}{2}\bar{\sigma}_{max} = 0.55\bar{\sigma}_{max} \qquad (7-58)$$

平均应力标准差

$$S_m = \frac{1+r}{2}S_\sigma = 0.55S_{max} \qquad (7-59)$$

求疲劳极限图上 $r = 0.1$ 的疲劳极限标准差

$$S'_r = \left(\frac{\bar{\sigma}_a^2 S_a^2 + \bar{\sigma}_m^2 S_m^2}{\bar{\sigma}_a^2 + \bar{\sigma}_m^2}\right)^{1/2} \qquad (7-60)$$

则有

$$ZS'_r = 4.265\left(\frac{\bar{\sigma}_a^2 S_a^2 + \bar{\sigma}_m^2 S_m^2}{\bar{\sigma}_a^2 + \bar{\sigma}_m^2}\right)^{1/2} \qquad (7-61)$$

由此绘制可靠度 $R = 0.999\,99$ 的试样的疲劳极限图,如图 7-19 所示。

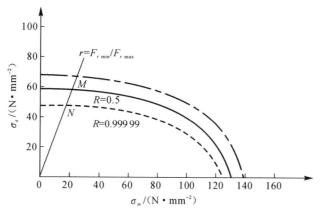

图 7-19　定位销材料疲劳极限图

2. 确定复合疲劳强度

不对称系数

$$r = F_{t\,min}/F_{t\,max} \qquad (7-62)$$

在疲劳极限图中不对称系数 r 所表示的直线, 其倾斜角 $\theta = \arctan \dfrac{F_{ta}}{F_{tm}}$。为了要得到 $r = F_{t\min}/F_{t\max}$ 时销钉的疲劳极限分布, 在图 7-19 上作 $r = F_{t\min}/F_{t\max}$ 直线, 该直线与疲劳极限分布带交于 M, N 两点, 则 M 点的坐标 (x_M, y_M) 表示强度的均值, N 点坐标 (x_N, y_N) 为可靠度 $R = 0.999\,99$ 的位置, 有:

平均强度值

$$\bar{\sigma}_m = x_M \tag{7-63}$$

平均强度标准差

$$S_m = \frac{x_M - x_N}{4.265} \tag{7-64}$$

强度幅值的均值

$$\bar{\sigma}_a = y_M \tag{7-65}$$

强度幅值的标准差

$$S_a = \frac{y_M - y_N}{4.265} \tag{7-66}$$

合成强度均值

$$\bar{\sigma} = \sqrt{\bar{\sigma}_a{}^2 + \bar{\sigma}_m{}^2} \tag{7-67}$$

合成强度标准差

$$S = \left(\frac{\bar{\sigma}_a^2 S_a^2 + \bar{\sigma}_m^2 S_m^2}{\bar{\sigma}_a^2 + \bar{\sigma}_m^2} \right)^{1/2} \tag{7-68}$$

3. 计算复合工作应力

载荷幅

$$F_{ta} = \frac{1}{2} (F_{t\max} - F_{t\min}) \tag{7-69}$$

载荷幅均值

$$\bar{F}_{ta} = \frac{1}{2} (\bar{F}_{t\max} - \bar{F}_{t\min}) \tag{7-70}$$

载荷幅标准差

$$S_{ta} = \frac{1}{2} (S_{t\max}^2 + S_{t\min}^2)^{1/2} \tag{7-71}$$

平均载荷

$$F_{tm} = \frac{1}{2}(F_{t\max} + F_{t\min}) \qquad (7-72)$$

平均载荷的均值

$$\overline{F}_{tm} = \frac{1}{2}(\overline{F}_{t\max} + \overline{F}_{t\min}) \qquad (7-73)$$

平均载荷标准差

$$S_{tm} = \frac{1}{2}(S_{t\max}^2 + S_{t\min}^2)^{1/2} \qquad (7-74)$$

一般认为,定位销直径尺寸是符合正态分布的,但由于其偏差过小,这里设直径为一定值 d。这时受剪切面积为 $A = \dfrac{\pi d^2}{4}$。

应力幅

$$\sigma_{ta} = F_{ta}/A = \frac{4F_{ta}}{\pi d^2} \qquad (7-75)$$

应力幅的均值

$$\overline{\sigma}_{ta} = \frac{4\overline{F}_{ta}}{\pi d^2} \qquad (7-76)$$

应力幅的标准差

$$S_{ta} = \frac{4S_{ta}}{\pi d^4} \qquad (7-77)$$

平均应力

$$\sigma_{tm} = F_{tm}/A = \frac{4F_{tm}}{\pi d^2} \qquad (7-78)$$

平均应力的均值

$$\overline{\sigma}_{tm} = \frac{4\overline{F}_{tm}}{\pi d^2} \qquad (7-79)$$

平均应力的标准差

$$S_{tm} = \frac{4S_{tm}}{\pi d^2} \qquad (7-80)$$

合成应力的均值

$$\overline{\tau} = \sqrt{\overline{\sigma}_{ta}^2 + \overline{\sigma}_{tm}^2} \qquad (7-81)$$

标准差

$$S_\tau = \left(\frac{\overline{\sigma}_{ta}^2 S_{ta}^2 + \overline{\sigma}_{tm}^2 S_{tm}^2}{\overline{\sigma}_{ta}^2 + \overline{\sigma}_{tm}^2}\right)^{1/2} \qquad (7-82)$$

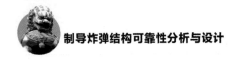

4. 计算可靠性指数求解可靠度

利用干涉模型,将符合应力的均值、标准差与对应于 $r = F_{t\min}/F_{t\max}$ 的复合强度的均值、标准差代入联结方程

$$\beta = \frac{\bar{\sigma} - \bar{\tau}}{\sqrt{S^2 + S_\tau^2}} \qquad (7-83)$$

查正态分布表即可求定位销在动载荷作用下的剪切疲劳可靠度 R。

|7.3 稳定性评估|

根据制导炸弹结构总体布局的要求,制导炸弹在整个飞行阶段需要有适度的静稳定性和可操作性。导弹的各部段可以看成是各种类型的壳体,如液体导弹储箱(或固体导弹发动机的管段)、级间段、尾段、过渡段等壳体都是筒形壳,仪器舱、头部等壳体是锥形壳,液体导弹储箱的底(或固体导弹的尾罩)也为椭球壳或锥形壳及球壳等,这些壳体大多是薄壳。

在导弹竖直状态或飞行状态,这些壳体大多数承受由发动机传来的推力、导弹的质量力、气动压力等外载荷作用。对于具体的壳段,例如头部、仪器舱将承受轴压以及外压作用,储箱筒段、级间段、箱间段将主要承受轴压及弯矩的作用,这些载荷作用下,壳体稳定性分析就很重要了。对于导弹壳体,从结构和受力特点来看,既具有杆的特征,也具有板的特征,因此壳体稳定性分析应建立在压杆和薄板稳定性分析的基础上。

目前,对于简单的壳体,在特定载荷作用下,理论结果在实际应用上是可行的,而对于大多数复杂壳体以及任意载荷作用情况下,需要依靠大量试验方法来建立经验或半经验公式。

7.3.1 稳定性判别准则

当结构承受的载荷 P(或应力 σ)达到或超过临界失稳载荷 P_{cr}(或临界失稳应力 σ_{cr})时,结构会丧失稳定性,因此其稳定性判别准则为

$$P < P_{cr} \text{ 或 } \sigma < \sigma_{cr} \qquad (7-84)$$

7.3.2 结构稳定性的确定

1. 压杆的稳定性

对于等剖面的直杆,在轴向压缩载荷的作用下,其临界应力方程为

$$\sigma_{cr} = \pi^2 E / (L'/\rho)^2 \quad (\sigma_{cr} \leqslant \sigma_p) \tag{7-85}$$

$$\sigma_{cr} = \pi^2 E_t / (L'\rho)^2 \quad (\sigma_{cr} > \sigma_p) \tag{7-86}$$

临界载荷

$$P_{cr} = \sigma_{cr} A \tag{7-87}$$

式(7-85)～式(7-87)中,σ_p 为材料的比例极限;E 为材料的压缩弹性模量;E_t 为剪切模量;A 为杆件的剖面面积;ρ 为杆件剖面的回转半径,$\rho = \sqrt{I_{min}/A}$,其中 I_{min} 为剖面的最小弯曲惯性矩;L' 为杆件的有效长度,$L' = L/\sqrt{C}$,其中 L 为杆件的实际长度,C 为杆件端部支持系数。

材料临界应力 σ_{cr} 与杆件细长比 L'/ρ 的关系曲线如图 7-20 所示。图 7-20 中 FC 部分属于长杆范围,为弹性弯曲失稳破坏,采用式(7-85)计算临界应力;EF 部分属于中长杆范围,为塑性失稳破坏,采用式(7-86)计算临界应力;AB 部分属于短柱范围,为塑性压缩破坏,其破坏应力可达到杆件材料的压缩强度极限 σ_{-b},但一般取屈服极限 $\sigma_{0.2}$ 作为许用应力的截止值。

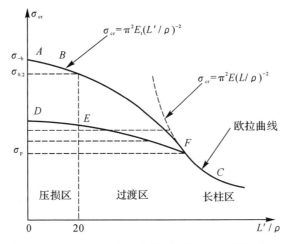

图 7-20 材料临界应力 σ_{cr} 与杆件细长比 L'/ρ 的关系曲线

不同边界条件的端部支持系数及失稳波形见表 7-1。

表 7-1　不同边界条件的端部支持系数

边界条件	一端自由 一端固支	两端铰支	一端铰支 一端固支	两端固支
C	0.25	1	2.05	4
失稳波形				

2. 板的稳定性

承受均匀轴向压缩载荷的矩形平板弹性临界失稳应力计算公式为

$$\sigma_{cr} = K_c \frac{\pi^2 E}{12(1-\mu^2)} \left(\frac{\delta}{b}\right)^2 \qquad (7-88)$$

式中：E 为材料的弹性模量；δ 为板的厚度；b 为板的宽度；μ 为材料的弹性泊松比；K_c 为压缩临界应力系数，与板的支持条件和长宽比有关。

当板长度 a 远大于宽度 b 时（无限长板），K_c 的取值见表 7-2。

表 7-2　无限长板的临界压缩系数

边界条件	四边铰支	四边固支	一非加载边自由， 其余边铰支	一非加载边自由， 其余边固支
K_c	4.0	6.98	0.43	1.28

对于钢材，其泊松比通常在 0.3 左右，此时临界应力计算公式可简化为

$$\sigma_{cr} = \frac{KE}{(b/\delta)^2} \qquad (7-89)$$

3. 圆筒的稳定性

人们对圆筒的稳定性问题已经进行了大量的理论和试验研究工作。经典小挠度理论的计算结果与试验结果相差很大,试验值也很分散。大挠度跳跃理论揭示了圆筒轴压失稳的非线性特性,但不能很好地解释试验值的分散性。初始缺陷理论阐明了试验数据分散的原因,但预先选择圆筒壳的初始缺陷因子是困难的,所以缺乏实用价值。对于大多数复杂壳体在任意载荷作用下的稳定性问题,主要靠大量试验方法,建立经验或半经验公式。

(1)圆筒轴压稳定性。圆筒在轴压作用下的临界失稳载荷与圆筒的曲率参数 Z 有关,则

$$Z = \frac{L^2}{R\delta}\sqrt{1 - \mu^2} \qquad (7-90)$$

式中:L 为圆筒的长度;R 为圆筒的半径;δ 为圆筒的厚度;μ 为圆筒材料的泊松比。

对于圆筒,可按 Z 值的大小分为长筒、中长筒和短筒。可以这样定性分析:当 Z 大时,相对来说 L 是长的,这样的筒称为长筒。Z 值在一定范围的筒称为中长筒。而 Z 值很小的筒称为短筒或极短筒。对于受均匀轴压的筒壳,$Z \geqslant 30$ 为中长圆筒壳,$Z < 30$ 为短筒壳;对于受均匀外压的筒壳,$Z \geqslant 100$ 为中长筒壳,$Z < 100$ 为短筒壳。

对于中长筒,其临界失稳应力可按下式计算:

$$\sigma_{cr} = \frac{\gamma E}{\sqrt{3(1 - \mu^2)}} \frac{\delta}{R} \qquad (7-91)$$

式中:E 为材料的弹性模量;γ 为试验修正系数。

对于 γ 值,根据大量试验数据归纳,可取为 $\gamma = 0.901e^{-\varphi} + 0.099$,其中 $\varphi = \sqrt{R/\delta}/16$。

(2)光圆筒壳外压稳定性。圆筒形壳体的外压稳定性是指壳体在气动外压或水压(水下发射时)下的稳定性。

对于 $Z \geqslant 100$ 的中长筒壳体,小挠度理论推导出来的理论计算公式与试验的平均值很一致,它可以用下式表示:

$$P_{lj} = 0.926E \frac{R}{L} \left(\frac{\delta}{R}\right)^{\frac{5}{2}} \qquad (7-92)$$

式中:P_{lj} 为筒壳临界外压;E 为材料的弹性模量;R 为筒壳的半径;L 为筒壳的长度;δ 为筒壳的厚度。

对于 $Z < 100$ 的短筒壳体,稳定性计算时,可用下式确定临界外压:

$$P_{lj} = 2.38E \left(\frac{R}{L}\right)^{1.5} \left(\frac{\delta}{R}\right)^{2.75} \tag{7-93}$$

式中:P_{lj} 为筒壳临界外压;E 为材料的弹性模量;R 为筒壳的半径;L 为筒壳的长度;δ 为筒壳的厚度。

(3)圆锥壳轴压稳定性。图 7 - 21 所示的截头圆锥壳,失稳时,在大端附近形成一个或几个凹陷,理想圆截锥壳单位长度上临界压力理论值的计算方法和以 R_0 为半径的圆筒壳一样,即

$$N_2 = 0.605 \frac{E\delta^2}{R_0} \tag{7-94}$$

式中:E 为材料的弹性模量;R_0 为筒壳的半径;δ 为筒壳的厚度。

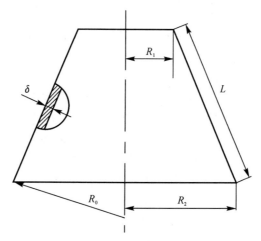

图 7 - 21　圆锥壳轴压计算简图

临界应力的下限值和临界轴压力分别为

$$\sigma_{lj} = k \frac{E\delta}{R^2} \cos\alpha \tag{7-95}$$

$$F_{lj} = 2\pi k E \delta^2 \cos^2\alpha \tag{7-96}$$

式中:α 为半锥角;K 为轴压临界应力系数,其随 R/δ 的变化曲线如图 7 - 22 所示。

(4)圆锥壳外压稳定性。圆锥壳外压失稳破坏形式类似于轴压失稳,凹陷靠近大端一边。对于尖锥壳和截锥壳,通常先均匀转化为当量圆筒壳,然后根据当量圆筒壳计算其临界外压。当量圆筒壳的几何尺寸,依据不同情况,采取不同的选取方法。

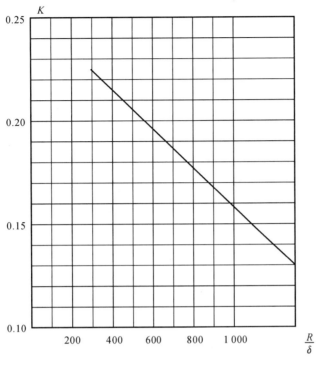

图 7 - 22 K 随 R/δ 的变化曲线

截锥壳 ($R_1 \geqslant 0.2 R_2$) 两端简支时,当量圆筒的当量长度、当量曲率半径分别为

$$L_{dl} = L \qquad\qquad (7 - 97)$$

$$R_{dl} = \frac{R_1 + R_2}{2\cos\alpha} \qquad\qquad (7 - 98)$$

式中:α 为半锥角;R_1,R_2 如图 7 - 21 所示。

当量厚度为

$$\delta_{dl} = \delta \qquad\qquad (7 - 99)$$

尖锥壳 ($R_1 < 0.2 R_2$) 的当量圆筒各当量几何尺寸分别为

$$L_{dl} = \frac{R_2}{R_2 - R_3} L \qquad\qquad (7 - 100)$$

$$R_{dl} = \frac{R_1 + R_2}{2\cos\alpha} \qquad\qquad (7 - 101)$$

$$\delta_{dl} = \delta \qquad\qquad (7 - 102)$$

采用下式计算临界外压:

$$P_{lj} = 0.55E \left(\frac{\delta}{R_{dl}}\right)^{2.5} \frac{R_{dl}}{L_{dl}} \qquad (7-103)$$

4. 球壳稳定性

（1）球壳外压稳定性。经典小挠度理论给出的临界应力表达式与光圆筒壳轴压临界应力相同,即

$$P_{lj} = 1.21E \left(\frac{\delta}{R}\right)^2 \qquad (7-104)$$

式中:E 为材料的弹性模量;δ 为壳的厚度;R 为球壳的半径。

初缺陷与制造上的种种原因,使理论与实际相差较大,故工程上引进经验系数 K,可按下式计算临界外压:

$$P_{lj} = 2KE \left(\frac{\delta}{R}\right)^2 \qquad (7-105)$$

式中:E 为材料的弹性模量;δ 为壳的厚度;R 为球壳的半径。

K 值由试验确定,综合现有试验结果,给出 K 随 $\frac{R}{\delta}$ 的变化曲线,如图 7-23 所示。

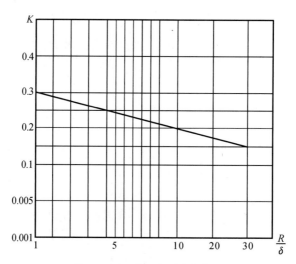

图 7-23　K 随 R/δ 的变化曲线

（2）椭球壳外压稳定性。对于旋转椭球壳体在外压作用下的失稳问题,可采用球壳外压稳定公式计算,公式中的 R 取椭球壳顶部的环向曲率半径 R_2。

7.3.3 稳定性评估实例

例 7 – 3 某型号制导炸弹的弹体可以等效为光滑圆筒,其长 $L \sim N(2\ 100, 2.5)$ mm,圆筒半径 $R \sim N(136, 0.136)$ mm,壁厚 $t \sim N(21, 0.2)$ mm,材料为铝合金,其泊松比 $\mu = 0.33$,弹性模量 $E \sim N(71\ 700, 7\ 500)$ MPa。受轴压 $P_z \sim (7\ 140, 500)$ MPa,受壳外气压 $P_q \sim (20, 3)$ MPa,求弹体的稳定性可靠度。

解 该例题求解过程如图 7 – 24 所示。

图 7 – 24 轴压作用下可靠度计算流程

圆筒曲率参数

$$Z = \frac{L^2}{Rt}\sqrt{1 + \mu^2} = \frac{2\ 100^2}{136 \times 21} \times \sqrt{1 - 0.33^2} = 1\ 451.5$$

显然,弹体模型可看作中长轴。

在轴压作用下安全余量为

$$M_z = \sigma_{cr} - P_z = \frac{0.901\mathrm{e}^{\frac{\sqrt{R/\delta}}{16}} E}{\sqrt{3 \times (1 - 0.33^2)}} \frac{t}{R} - P_z = 0.65\frac{Et}{R} - P_z$$

其均值为

$$\mu_{M_z} = 0.65\frac{\mu_E \mu_t}{\mu_R} - \mu_{P_z} = 56 \text{ MPa}$$

标准差为

$$\frac{\partial f}{\partial E}\bigg|_\mu = 0.65\frac{\mu_t}{\mu_R} = 0.100\ 4$$

$$\frac{\partial f}{\partial t}\bigg|_\mu = 0.65\frac{\mu_E}{\mu_R} = 342.683\ 8$$

$$\frac{\partial f}{\partial R}\bigg|_\mu = -0.65\frac{\mu_E \mu_t}{\mu_R^2} = -52.914\ 4$$

$$\frac{\partial f}{\partial P_z}\bigg|_\mu = -1$$

$$\sigma_{M_z}^2 \approx \sum_1^4 \left(\frac{\partial f}{\partial x_i}\right)^2\bigg|_\mu \cdot \sigma_{x_i}^2 = 314$$

$$\sigma_{M_z} = 17.72\text{MPa}$$

可靠性系数

$$\beta = \frac{\mu_{M_z}}{\sigma_{M_z}} = \frac{56\ \text{MPa}}{17.72\ \text{MPa}} = 3.16$$

经过查表可计算出可靠度

$$R = 1 - \Phi(-\beta) = 1 - \Phi(-3.16) = 0.999\ 211\ 2$$

计算外压作用时的弹体稳定性可靠度的流程如图 7 – 25 所示。

图 7 – 25　外压作用下可靠度计算流程

在外压作用下

$$P_{\text{lj}} = 0.926E\,\frac{R}{L}\left(\frac{t}{r}\right)^{\frac{5}{2}}$$

安全余量

$$M_{\text{q}} = P_{\text{lj}} - P_{\text{q}} = 0.926E\,\frac{R}{L}\left(\frac{t}{R}\right)^{\frac{5}{2}} - P_{\text{q}}$$

均值

$$\mu_{M_{\text{q}}} = 0.926\mu_E\,\frac{(\mu_t)^{\frac{5}{2}}}{\mu_L\,(\mu_R)^{\frac{3}{2}}} - \mu_{P_{\text{q}}} = 40.3$$

标准差

$$\left.\frac{\partial f}{\partial E}\right|_{\mu} = 0.926\,\frac{\mu_R}{\mu_L}\left(\frac{\mu_t}{\mu_R}\right)^{\frac{5}{2}} = 0.015\ 59$$

$$\left.\frac{\partial f}{\partial t}\right|_{\mu} = 0.926 \times \frac{5}{2} \times \frac{\mu_E}{\mu_L}\left(\frac{\mu_t}{\mu_R}\right)^{\frac{3}{2}} = 4.795\ 9$$

$$\left.\frac{\partial f}{\partial R}\right|_{\mu} = -\frac{3}{2} \times 0.926 \times \frac{\mu_E}{\mu_L}\left(\frac{\mu_t}{\mu_R}\right)^{\frac{5}{2}} = -0.444\ 3$$

$$\left.\frac{\partial f}{\partial L}\right|_{\mu} = -0.926\,\frac{\mu_E\mu_R}{(\mu_L)^2}\left(\frac{\mu_t}{\mu_R}\right)^{\frac{5}{2}} = 0.015\ 59$$

$$\left.\frac{\partial f}{\partial P_{\text{q}}}\right|_{\mu} = -1$$

$$\sigma^2_{M_q} \approx \sum_1^5 \left(\frac{\partial f}{\partial x_i}\right)^2\bigg|_\mu \cdot \sigma^2_{x_i} = 20.3$$

$$\sigma^2_{M_q} = 4.472\ 1$$

可靠性系数

$$\beta = \frac{\mu_{M_q}}{\sigma_{M_q}} = \frac{40.3}{4.472\ 1} = 9.011\ 4$$

经过查表可计算出可靠度

$$R = 1 - \Phi(-\beta) = 1 - \Phi(-9.011\ 4) = 0.999\ 999\ 99$$

第 8 章

机构可靠性分析

机构可靠性问题与结构可靠性或机械系统可靠性问题有明显区别。随着机械装备向高速、精密、轻型及自动化方面发展,运动精度降低或其他故障引起的机构失效问题日渐突出,在航空航天与精密武器装备系统中尤为明显。机构工作环境包括高、低温,盐雾,潮湿,振动,重载,噪声等,失效形式繁多,其中包括弹性变形、机构间隙、摩擦磨损、疲劳和腐蚀等,机构可靠性问题涉及多学科知识。

广义地讲,机构可靠性涉及机构构件可靠性和机构动作可靠性。为避免与机械结构可靠性问题混淆,机构可靠性通常特指机构动作可靠性。机构可靠性的狭义定义是,机构在规定的条件下和规定的时间范围内,精确、及时到达规定值或规定范围内的概率。机构可靠性包括运动精度可靠性(性能参数可靠性、几何参数可靠性)与动作可靠性(启动可靠性、持续运动可靠性、定位可靠性)。

|8.1 机构可靠性分析方法|

机构可靠性分析方法是,根据机构学及多体动力学理论建立运动学和动力学模型,确定失效判据,应用概率分析方法计算可靠度。机构的工作过程可以划分为三个阶段:启动阶段、运动阶段、定位阶段。相应的故障模式包括不能启动、不能运动、位移超差、速度超差、加速度超差、不能定位等。机构完成规定动作的概率即为机构可靠度。

8.1.1 机构可靠性通用数学模型

为了进行机构可靠性分析,首先要建立机构输出参数与其控制变量间的函数关系。机构运动方程可表达为

$$F(Y,X,\lambda)=0 \qquad (8-1)$$

式中:$Y=\begin{bmatrix} y_1 & y_2 & \cdots & y_n \end{bmatrix}^T$ 为机构输出量;$X=\begin{bmatrix} x_1 & x_2 & \cdots & x_n \end{bmatrix}^T$ 为机构输入量;$\lambda=\begin{bmatrix} \lambda_1 & \lambda_2 & \cdots & \lambda_n \end{bmatrix}^T$ 为考虑结构参数误差情况下的结构参数向量。$F=\begin{bmatrix} f_1 & f_2 & \cdots & f_n \end{bmatrix}^T$ 为运动方程。

机构输出位移、速度与机构输入量之间的关系式分别为

$$Y=Y(X,\lambda) \qquad (8-2)$$

$$\dot{\boldsymbol{Y}} = -(\partial \boldsymbol{F}^{-1}/\partial \boldsymbol{Y})(\partial \boldsymbol{F}/\partial \boldsymbol{X})\dot{\boldsymbol{X}} \qquad (8-3)$$

式中：

$$\frac{\partial \boldsymbol{F}}{\partial \boldsymbol{Y}} = \begin{bmatrix} \partial f_1/\partial y_1 & \partial f_1/\partial y_2 & \cdots & \partial f_1/\partial y_n \\ \partial f_2/\partial y_1 & \partial f_2/\partial y_2 & \cdots & \partial f_2/\partial y_n \\ \vdots & \vdots & & \vdots \\ \partial f_n/\partial y_1 & \partial f_n/\partial y_2 & \cdots & \partial f_n/\partial y_n \end{bmatrix} \qquad (8-4)$$

$$\frac{\partial \boldsymbol{F}}{\partial \boldsymbol{X}} = \begin{bmatrix} \partial f_1/\partial x_1 & \partial f_1/\partial x_2 & \cdots & \partial f_1/\partial x_n \\ \partial f_2/\partial x_1 & \partial f_2/\partial x_2 & \cdots & \partial f_2/\partial x_n \\ \vdots & \vdots & & \vdots \\ \partial f_n/\partial x_1 & \partial f_n/\partial x_2 & \cdots & \partial f_n/\partial x_n \end{bmatrix} \qquad (8-5)$$

由于参数具有不确定性，这些量可以写成如下形式：

$$\left. \begin{aligned} \boldsymbol{\lambda} &= \boldsymbol{\lambda}^* + \Delta\boldsymbol{\lambda} \\ \boldsymbol{X} &= \boldsymbol{X}^* + \Delta\boldsymbol{X} \\ \boldsymbol{Y} &= \boldsymbol{Y}^* + \Delta\boldsymbol{Y} \end{aligned} \right\} \qquad (8-6)$$

将式(8-1)在每个随机变量的均值处进行泰勒级数展开，可得

$$\Delta\boldsymbol{Y} = -(\partial \boldsymbol{F}^{-1}/\partial \boldsymbol{Y})\left[(\partial \boldsymbol{F}/\partial \boldsymbol{X})\Delta\boldsymbol{X} + (\partial \boldsymbol{F}/\partial \boldsymbol{\lambda})\Delta\boldsymbol{\lambda}\right] = \boldsymbol{0} \qquad (8-7)$$

令式(8-7)中 $\boldsymbol{Q} = (\partial \boldsymbol{F}^{-1}/\partial \boldsymbol{Y})(\partial \boldsymbol{F}/\partial \boldsymbol{X})$，$\boldsymbol{W} = (\partial \boldsymbol{F}^{-1}/\partial \boldsymbol{Y})(\partial \boldsymbol{F}/\partial \boldsymbol{\lambda})$，则

$$\Delta\boldsymbol{Y} = -\boldsymbol{Q}\Delta\boldsymbol{X} - \boldsymbol{W}\Delta\boldsymbol{\lambda} \qquad (8-8)$$

式(8-8)建立了输出位移误差与输入位移误差以及结构尺寸误差之间的函数关系式。

将式(8-8)对时间微分，得到输出速度误差与输入速度误差、输入位移误差以及结构误差间的关系式，即

$$\Delta\dot{\boldsymbol{Y}} = -\boldsymbol{Q}\Delta\dot{\boldsymbol{X}} - \boldsymbol{Q}_1\Delta\boldsymbol{X} - \boldsymbol{W}_1\Delta\boldsymbol{\lambda} \qquad (8-9)$$

式中：

$$\boldsymbol{Q}_1 = \frac{\partial \boldsymbol{F}^{-1}}{\partial \boldsymbol{Y}}\left[\frac{\mathrm{d}}{\mathrm{d}t}\left(\frac{\partial \boldsymbol{F}}{\partial \boldsymbol{X}}\right) - \frac{\mathrm{d}}{\mathrm{d}t}\left(\frac{\partial \boldsymbol{F}}{\partial \boldsymbol{Y}}\right)\boldsymbol{Q}\right] \quad \boldsymbol{W}_1 = \frac{\partial \boldsymbol{F}^{-1}}{\partial \boldsymbol{Y}}\left[\frac{\mathrm{d}}{\mathrm{d}t}\left(\frac{\partial \boldsymbol{F}}{\partial \boldsymbol{\lambda}}\right) - \frac{\mathrm{d}}{\mathrm{d}t}\left(\frac{\partial \boldsymbol{F}}{\partial \boldsymbol{Y}}\right)\boldsymbol{W}\right]$$

将式(8-9)对时间进行微分，并令

$$\boldsymbol{Q}_2 = \frac{\partial \boldsymbol{F}^{-1}}{\partial \boldsymbol{Y}}\left[\frac{\mathrm{d}^2}{\mathrm{d}t^2}\left(\frac{\partial \boldsymbol{F}}{\partial \boldsymbol{X}}\right) - \frac{\mathrm{d}^2}{\mathrm{d}t^2}\left(\frac{\partial \boldsymbol{F}}{\partial \boldsymbol{Y}}\right)\boldsymbol{Q} - 2\frac{\mathrm{d}}{\mathrm{d}t}\left(\frac{\partial \boldsymbol{F}}{\partial \boldsymbol{Y}}\right)\boldsymbol{Q}_1\right]$$

$$\boldsymbol{W}_2 = \frac{\partial \boldsymbol{F}^{-1}}{\partial \boldsymbol{Y}}\left[\frac{\mathrm{d}^2}{\mathrm{d}t^2}\left(\frac{\partial \boldsymbol{F}}{\partial \boldsymbol{\lambda}}\right) - \frac{\mathrm{d}^2}{\mathrm{d}t^2}\left(\frac{\partial \boldsymbol{F}}{\partial \boldsymbol{Y}}\right)\boldsymbol{W} - 2\frac{\mathrm{d}}{\mathrm{d}t}\left(\frac{\partial \boldsymbol{F}}{\partial \boldsymbol{Y}}\right)\boldsymbol{W}_1\right]$$

可得

$$\Delta\ddot{\boldsymbol{Y}} = -\boldsymbol{Q}\Delta\ddot{\boldsymbol{X}} - 2\boldsymbol{Q}_1\Delta\dot{\boldsymbol{X}} - \boldsymbol{Q}_2\Delta\boldsymbol{X} - \boldsymbol{W}_2\Delta\boldsymbol{\lambda} \qquad (8-10)$$

式(8-10)表达了输出加速度误差与输入加速度误差、输入速度误差、输入

位移误差及结构参数误差之间的关系。

与结构可靠性分析的应力-强度干涉模型类似,为了计算机构可靠性,也需要构造一个功能函数

$$G(\boldsymbol{Q}) = \boldsymbol{\delta} - \Delta \boldsymbol{Y} \tag{8-11}$$

式中:$\Delta \boldsymbol{Y}$ 为输出误差;$\boldsymbol{\delta}$ 为允许极限误差。

机构正常工作的条件是,式(8-11)中输出误差要小于允许误差。假设 $\Delta \boldsymbol{Y}$ 为正态分布的随机变量(由于影响 $\Delta \boldsymbol{Y}$ 的机构参数为随机变量,因此 $\Delta \boldsymbol{Y}$ 也为随机变量)。

$$f(\Delta \boldsymbol{Y}) = \frac{1}{\sqrt{2\pi}\,\sigma_{\Delta Y}} \exp\left[-\frac{1}{2}\left(\frac{\boldsymbol{Y}-\mu_{\Delta Y}}{\sigma_{\Delta Y}}\right)^2\right] \tag{8-12}$$

机构可靠度为

$$R = P(0 < \Delta \boldsymbol{Y} < \boldsymbol{\delta}) = \int_0^{\boldsymbol{\delta}} f(\Delta \boldsymbol{Y})\,\mathrm{d}\Delta \boldsymbol{Y} = \int_0^{\boldsymbol{\delta}} \frac{1}{\sqrt{2\pi}\,\sigma_{\Delta Y}} \exp\left[-\frac{1}{2}\left(\frac{\boldsymbol{Y}-\mu_{\Delta Y}}{\sigma_{\Delta Y}}\right)^2\right]\mathrm{d}\Delta \boldsymbol{Y}$$

$$\tag{8-13}$$

8.1.2　机构常见功能及其可靠性分析

设机构的输出参数为 $Y(t)$,是随机变量,机构输出参数的允许范围为 $[Y_{\min}, Y_{\max}]$,当 $Y_{\min} < Y(t) < Y_{\max}$ 时,机构工作可靠,因而随机事件 $[Y_{\min} < Y(t) < Y_{\max}]$ 发生的概率 $P\{Y_{\min} < Y(t) < Y_{\max}\}$ 即为机构可靠度。相应地,机构失效概率 $F = 1 - R = 1 - P\{Y_{\min} < Y(t) < Y_{\max}\}$。

1. 机构启动功能可靠性

机构实现启动,从静止状态到运动状态,必须保证驱动力 M_d 大于阻抗力 M_r,即,$M_d > M_r$。因此启动功能可靠度就是驱动力 M_d 大于阻抗力 M_r 的概率,即 $R_{st} = P(M_d > M_r)$。当已知驱动力和阻抗力的概率分布特性时,即可求出机构的启动可靠度。当驱动力和阻抗力都为正态分布且相互独立时,有

$$\beta = \frac{\overline{M}_d - \overline{M}_r}{\sqrt{\sigma_{Md}^2 + \sigma_{Mr}^2}}$$

式中:$\overline{M}_d, \sigma_{Md}$ 分别为驱动力均值和标准差;$\overline{M}_r, \sigma_{Mr}$ 分别为阻抗力均值和标准差。

机构启动可靠度为 $P(M_d - M_r < 0) = \Phi(-\beta)$。

例 8-1　锁紧机构解锁过程启动阶段的重要部件为轴向增力部件。轴向增力部件工作原理如图 8-1 所示。图 8-1(a)中处于自由状态的轴向增力部件驱

动杆启动,进而驱动承力杆转动;当根部锁紧机构其他部分完成预定运动时,承力杆上端的插头将在驱动件的驱动下插入固定在驱动件上的弹性卡中,轴向增力部件即从自由状态转换为锁紧状态,如图 8 - 1(b) 所示。当根部锁紧机构解锁时,驱动件将首先驱动轴向增力部件的驱动杆使承力杆上端的插头脱离弹性卡的卡槽,进而逐步使轴向增力部件由锁紧状态[见图 8 - 1(b)] 转换为自由状态[见图(8 - 1a)]。

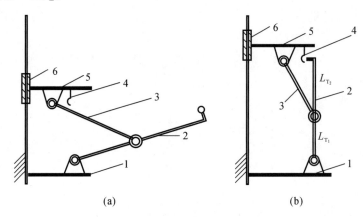

图 8 - 1　不同状态下的轴向增力部件
(a) 自由状态;　(b) 锁紧状态
1—定位件;2—承力杆;3—驱动杆;4—弹性卡;5—驱动件;6—直线轴承

弹性卡是根部锁紧机构启动解锁过程的关键,弹性卡的制造加工无具体标准,其所提供的约束力也不能精确地理论计算,假定其所能提供的最大径向弹性阻力为 F_k,以 F_p 表示驱动件作用下承力杆插头所受最大径向驱动力,Q 表示解锁过程启动失效,则可以建立如下可靠性模型:

$$P(Q)=P(F_p-F_k<0) \tag{8-14}$$

已知

$$F_p=L_{T_1}F\tan\theta/(L_{T_2}+L_{T_1}) \tag{8-15}$$

可靠性模型相应的根部锁紧机构解锁过程启动阶段功能函数可表示为

$$Z=L_{T_1}F\tan\theta/(L_{T_2}+L_{T_1})-F_k<0 \tag{8-16}$$

式中:F 为驱动杆径向驱动力;θ 为驱动杆与承力杆的夹角;L_{T_1} 与 L_{T_2} 为承力杆其中两段的长度,如图 8 - 1 中所示。

取 F_p 和 F_k 为随机变量,则功能函数 Z 即为随机变量函数。假设各随机参数均服从正态分布,则根部锁紧机构运解锁过程启动阶段的可靠指标和失效概率分别为

$$\beta = \frac{\mu_{z_s}}{\sigma_{z_s}} = \frac{\mu_{F_p} - \mu_{F_k}}{\sqrt{\sigma_{F_p}^2 + \sigma_{F_k}^2}} \tag{8-17}$$

$$P(Z) = P(F_p - F_k < 0) = \Phi(-\beta) \tag{8-18}$$

2. 机构运动功能可靠性

对于只要求从初始位置运动到指定位置的机构,对运动过程中的参数(位移、速度和加速度)无明确要求,其机构运动正常的判定准则为 $W_d > W_r$,即机构运动可靠度为运动过程中驱动力所做的功(主动功 W_d)大于阻抗力所做的功(被动功 W_r)的概率,即 $R_m = P(W_d > W_r)$。当已知主动功和被动功的分布特性时,即可求出机构运动的可靠度。当主动功和被动功都为正态分布且相互独立时,有

$$\beta = \frac{\overline{W}_d - \overline{W}_r}{\sqrt{\sigma_{W_d}^2 + \sigma_{W_r}^2}}$$

式中: $\overline{W}_d$, σ_{W_d} 分别为驱动力功均值和标准差; $\overline{W}_r$, σ_{W_r} 分别为阻抗力功均值和标准差。

例 8-2 根部锁紧机构的运动简图如图 8-2 所示。在锁紧状态下弹簧处于压缩状态,设伸缩连杆与 y 轴正向夹角为 α_1。经过解锁过程的启动阶段,驱动件继续沿 x 轴正向匀速运动,同时驱动由连杆 Ⅰ、连杆 Ⅱ 和弹簧组成的伸缩连杆绕 O_2 顺时针转动,弹簧也逐渐由受压变为受拉。以 α_2 表示锁紧滑销解锁时刻 α 值,解锁过程的运动阶段即 α 由 α_1 逐渐增大到 α_2 的过程。

为保证根部锁紧机构解锁过程运动阶段的可靠实现,需满足如下条件:

$$W_P - W_f - \Delta E_n - \Delta E_k > 0 \tag{8-19}$$

式中: W_P 为驱动力做功; W_f 为非系统内摩擦力做功; ΔE_n 为系统动能增量; ΔE_k 为系统势能增量。

$$z_m = W_P - W_f - \Delta E_n - \Delta E_k > 0 \tag{8-20}$$

$$PF_m = P(W_P - W_f - \Delta E_n - \Delta E_k < 0) \tag{8-21}$$

取驱动件在 x_s 轴上的坐标为 x,运动阶段结束时刻驱动件的坐标为 x_1,驱动力为 T,驱动件速度为 v,构件 i 的质量为 m_i($i=1,2,3,4,5$),构件 j 的长度为 L_j($j=1,2,3,4,5$),弹簧的刚度系数为 k, ω_1、ω_2 分别为连杆一和连杆二绕 O_1、O_2 转动的角速度, J_1、J_2 分别为连杆 Ⅰ 和连杆 Ⅱ 绕 O_1、O_2 的转动惯量,摩擦因数为 f,参照图 8-2 可得

$$\alpha + \beta = \pi/2 \tag{8-22}$$

$$\tan\alpha = \frac{x}{c} \qquad (8-23)$$

$$\omega_1 = \dot{\beta} \qquad (8-24)$$

$$\omega_2 = \dot{\alpha} \qquad (8-25)$$

$$W_P = T(x - x_0) \qquad (8-26)$$

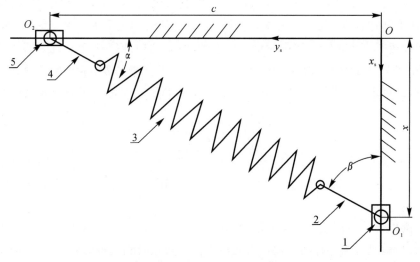

图 8 - 2　根部锁紧机构运动简图

1—驱动件；2—连杆 Ⅰ；3—弹簧；4—连杆 Ⅱ；5—锁紧滑销

驱动件坐标为 x 时，其所受到的摩擦力 F_f 可表示为

$$F_f = fk\left(\sqrt{c^2 + x^2} - L_2 - L_3 - L_4\right)\frac{c}{\sqrt{c^2 + x^2}} \qquad (8-27)$$

由此，可计算根部锁紧机构解锁过程运动阶段摩擦力做功

$$W_f = \int_{x_0}^{x} fk\left(\sqrt{c^2 + x^2} - L_2 - L_3 - L_4\right)\frac{c}{\sqrt{c^2 + x^2}}\mathrm{d}x \qquad (8-28)$$

另外，根据机构的位置和运动关系可以得到运动阶段系统的动能

$$E_n = \frac{1}{2}(m_1 + m_2)\dot{x}^2 + \frac{1}{2}J_1\omega_1^2 + \frac{1}{2}J_2\omega_2^2 \qquad (8-29)$$

系统的动能增量可表示为

$$\Delta E_n = \frac{1}{2}m_2\dot{x}^2 + \frac{1}{2}J_1\omega_1^2 + \frac{1}{2}J_2\omega_2^2 \qquad (8-30)$$

假定运动阶段开始时刻系统势能为 0，则系统的势能可表示为

$$E_k = \Delta E_k = m_1 g (x - x_0) + \frac{1}{2} k \left(\sqrt{c^2 + x^2} - \sqrt{c^2 + x_0^2} \right)^2 +$$

$$m_2 g \left(x - \frac{L_2}{2} \frac{x}{\sqrt{c^2 + x^2}} - x_0 + \frac{L_2}{2} \frac{x_0}{\sqrt{c^2 + x_0^2}} \right) +$$

$$m_4 g \left(\frac{L_4}{2} \frac{c}{\sqrt{c^2 + x^2}} - \frac{L_4}{2} \frac{c}{\sqrt{c^2 + x_0^2}} \right) \tag{8-31}$$

取 T，J_1，J_2 和 k 为随机变量，则主动力所做正功和阻力所做负功均为随机函数，其功能函数 $Z(\alpha)$ 即为随机变量函数。假设各随机参数均服从正态分布，则根部锁紧机构运动可靠性的可靠性指标和可靠度分别为

$$\beta = \frac{\mu_{Z_m}}{\sigma_{Z_m}} = \frac{\mu_{W_P} - \mu_{W_f} - \mu_{\Delta E_n} - \mu_{\Delta E_k}}{\sqrt{\sigma_{W_P}^2 + \sigma_{W_f}^2 + \sigma_{\Delta E_n}^2 + \sigma_{\Delta E_k}^2}} \tag{8-32}$$

$$PF_m = P(W_P - W_f - \Delta E_n - \Delta E_k < 0) = \Phi(-\beta) \tag{8-33}$$

3. 机构定位阶段可靠性

定位阶段是机构从运动状态到静止状态的过渡阶段。定位阶段的失效模式主要有不能到达指定位置和不能保持在规定位置。机构定位时一般会发生碰撞，因此使问题复杂化，而考虑碰撞效应的定位可靠性问题需要专门研究。不考虑碰撞效应的定位可靠性问题，对弹簧定位机构，在失去驱动力情况下，定位可靠性可按机构动能大于阻力功的概率计算，此时的计算公式与运动过程相同。

例 8 - 3 弹簧定位机构由一个运动销与一个定位弹簧组成，其结构如图 8 - 3 所示。其中运动销水平运动速度为 v_x，运动销质量为 m，弹簧刚度系数为 K，其中运动销水平运动速度、运动销质量与弹簧刚度系数为随机变量，则主动力所做正功和阻力所做负功均为随机函数，各随机参数均为正态分布。运动销动能

$$E_v = \frac{m v_x^2}{2} \tag{8-34}$$

弹簧阻力所做功

$$U = \frac{k (x_2 - x_1)^2}{2} \tag{8-35}$$

为保证运动销定位可靠实现，需满足如下条件：

$$Z = U - E_v > 0 \tag{8-36}$$

$$PF_m = P(U - E_v < 0) \tag{8-37}$$

设各随机参数均服从正态分布，其功能函数 Z 即为随机变量函数，则锁定机构运动可靠性的可靠指标和可靠度分别为

$$\beta = \frac{\mu_Z}{\sigma_Z} = \frac{\mu_U - \mu_{E_v}}{\sqrt{\sigma_U^2 + \sigma_{E_v}^2}} \tag{8-38}$$

$$PF_m = P(U - E_v < 0) = \Phi(-\beta) \qquad (8-39)$$

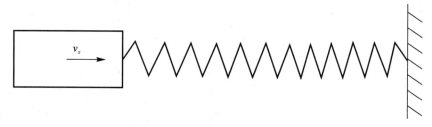

图 8 - 3   弹簧定位机构运动简图

8.1.3   算例

以弹翼展开机构为例,导弹发射时,一个驱动力矩 M_F 使弹翼绕销轴转动,克服阻力矩 M_f,展开一定的角度。当弹翼转到规定角度后,锁紧装置使弹翼保持位姿不变。弹翼工作正常与否以弹翼能否在规定时间内达到规定展开角度为标准。该弹翼展开机构可以简化为图8-4所示的摆动机构,摆动体为弹翼,该机构由固定销轴和展开体组成。

设摆动体所受的重力为 $G = mg$,长度为 l,销轴半径为 r,销轴中心距离摆动体左边界距离为 a。

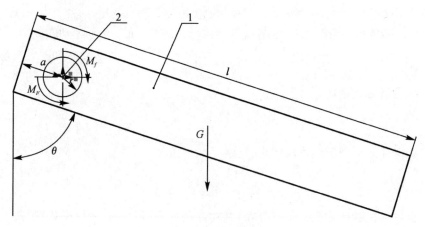

图 8 - 4   摆动机构简图

1—摆动体;2—销轴

1. 机构运动关系

在施加驱动力矩之前,整个装置处于静止状态。根据此时的受力分析可知,展开体重力与销轴提供的支持力二力平衡,有

$$F_N = G = mg \qquad (8-40)$$

由于

$$M_f = \mu F_N r \qquad (8-41)$$

所以有

$$M_f = \mu mg r \qquad (8-42)$$

式中:μ 为销轴与展开体之间的摩擦因数;r 为销轴半径。

将所有力和力矩对销轴 O 点计算力矩,可以得到

$$M_F - mg(\mu r + l - a) = \frac{1}{3}m\,(l-a)^2\,\frac{\mathrm{d}^2\theta}{\mathrm{d}t^2} \qquad (8-43)$$

当 $t=0$ 时,$\theta=0$,$\dfrac{\mathrm{d}\theta}{\mathrm{d}t}=0$,求解微分方程,可以得出角位移公式:

$$\theta = \frac{3M_F - 3mg(\mu r + l - a)}{2m\,(l-a)^2}t^2 \qquad (8-44)$$

式中:t 为驱动时间。

在上述摆动机构中,已知输入是驱动力矩 M_F 和驱动时间 t,结构参数有 l,a,r,m,输出参数为 θ。输出与输入及结构参数关系式为 $\theta = f(l,a,r,m,M_F,t)$。用上角标"$*$"表示标准值,用前置的"$\Delta$"表示误差值,则

$$\begin{aligned}
\theta &= \theta^* + \Delta\theta \\
&= f(l^* + \Delta l, a^* + \Delta a, r^* + \Delta r, m^* + \Delta m, M_F^* + \Delta M_F, t^* + \Delta t)
\end{aligned}$$
$$(8-45)$$

进行一阶泰勒展开,实际输出角

$$\theta = f(l^*, a^*, r^*, M_F^*, t^*) + \frac{\partial f}{\partial l}\Delta l + \frac{\partial f}{\partial a}\Delta a +$$

$$\frac{\partial f}{\partial r}\Delta r + \frac{\partial f}{\partial m}\Delta m + \frac{\partial f}{\partial M_F}\Delta M_F + \frac{\partial f}{\partial t}\Delta t \qquad (8-46)$$

输出角位移误差

$$\Delta\theta = \frac{\partial f}{\partial l}\Delta l + \frac{\partial f}{\partial a}\Delta a + \frac{\partial f}{\partial r}\Delta r + \frac{\partial f}{\partial m}\Delta m + \frac{\partial f}{\partial M_F}\Delta M_F + \frac{\partial f}{\partial t}\Delta t \qquad (8-47)$$

2. 考虑尺寸误差的可靠性模型

若考虑尺寸误差,假设驱动力矩、驱动时间为理想值,即有 $\Delta M_F = 0$,$\Delta t =$

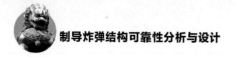

0,则

$$\frac{\mathrm{d}\theta}{\mathrm{d}l} = \frac{3\left[mg(l-a+2\mu r)-2M_F\right]}{2m(l-a)^3}t^2 \qquad (8-48)$$

$$\frac{\mathrm{d}\theta}{\mathrm{d}a} = \frac{3\left[-mg(l-a+2\mu r)+2M_F\right]}{2m(l-a)^3}t^2 \qquad (8-49)$$

$$\frac{\mathrm{d}\theta}{\mathrm{d}r} = \frac{-3g\mu}{2(l-a)^2}t^2 \qquad (8-50)$$

（1）摆动角误差的均值 $\mu_{\Delta\theta}$ 和方差 $\sigma_{\Delta\theta}$。已知 l,a,r 的统计特征值分别为 $\mu_l,\mu_a,\mu_r,\sigma_l,\sigma_a,\sigma_r$，则

$$\mu_{\Delta\theta} = E(\Delta\theta) = \frac{\mathrm{d}\theta}{\mathrm{d}l}E(\Delta l) + \frac{\mathrm{d}\theta}{\mathrm{d}a}E(\Delta a) + \frac{\mathrm{d}\theta}{\mathrm{d}r}E(\Delta r)$$

$$= \left\{\frac{3\left[mg(l-a+2\mu r)-2M_F\right]}{2m(l-a)^3}t^2\right\}\mu_l +$$

$$\left\{\frac{3\left[-mg(l-a+2\mu r)+2M_F\right]}{2m(l-a)^3}t^2\right\}\mu_a + \left[\frac{-3g\mu}{2(l-a)^2}t^2\right]\mu_r \quad (8-51)$$

由于弹翼生产加工时，要求加工精度比较高，设定 $\Delta l,\Delta a,\Delta r$ 彼此之间的相关性很小，可以忽略不计，则有

$$\sigma_{\Delta\theta} = D(\Delta\theta) = \left(\frac{\mathrm{d}\theta}{\mathrm{d}l}\right)^2\sigma_l^2 + \left(\frac{\mathrm{d}\theta}{\mathrm{d}a}\right)^2\sigma_a^2 + \left(\frac{\mathrm{d}\theta}{\mathrm{d}r}\right)^2\sigma_r^2$$

$$= \left\{\frac{3\left[mg(l-a+2\mu r)-2M_F\right]}{2m(l-a)^3}t^2\right\}^2\sigma_l^2 +$$

$$\left\{\frac{3\left[-mg(l-a+2\mu r)+2M_F\right]}{2m(l-a)^3}t^2\right\}^2\sigma_a^2 + \left[\frac{-3g\mu}{2(l-a)^2}t^2\right]\sigma_r^2 \quad (8-52)$$

（2）摆动角的可靠度 R。一般认为尺寸误差服从正态分布。正态分布的叠加仍然服从正态分布，所以输出角度误差也服从正态分布。可得其可靠度

$$R = P(Z>0) = \int_0^\infty f(z)\mathrm{d}x = \int_0^\infty \frac{1}{\sqrt{2\pi}}e^{-\frac{1}{2}\mu^2\Delta\theta}\mathrm{d}\mu = \Phi(\beta) \qquad (8-53)$$

式中：

$$\beta = \frac{\mu_z}{\sigma_z} = \frac{\mu_\Delta - \mu_{\Delta\theta}}{\sigma_\Delta^2 + \sigma_{\Delta\theta}^2} \qquad (8-54)$$

式中：μ_Δ,σ_Δ 分别为允许的极限角度误差均值和标准差；$\mu_{\Delta\theta},\sigma_{\Delta\theta}$ 分别为以上所求的特征值。

3. 考虑展开体质量的可靠性模型

若只考虑展开体质量对可靠性的影响，假设其他因素为理想状态，则

$$\frac{\mathrm{d}\theta}{\mathrm{d}m} = \frac{-3M_F t^2}{2m^2(l-a)^2} \tag{8-55}$$

已知 m 的统计特征值分别为 μ_m，σ_m，则摆动角误差的均值和方差分别为

$$\mu_{\Delta\theta} = E(\Delta\theta) = \frac{\mathrm{d}\theta}{\mathrm{d}m}E(\Delta m) = \frac{-3M_F t^2}{2m^2(l-a)^2}\mu_m \tag{8-56}$$

$$\sigma_{\Delta\theta} = D(\Delta\theta) = \left(\frac{\mathrm{d}\theta}{\mathrm{d}m}\right)^2 \sigma_m^2 = \left[\frac{-3M_F t^2}{2m^2(l-a)^2}\right]^2 \sigma_m^2 \tag{8-57}$$

4. 考虑转动副间隙误差的计算模型

在考虑运动副间隙误差时，有效长度模型理论是计算机构运动精度误差的基本方法，该理论的核心是将原始理想杆长进行变换，通过考虑铰链式运动副中径向间隙的随机变化和销轴位置的不确定性这两类因素的影响，将机构模型进行理想化处理，人为地设计出带有间隙和销轴位置偏差的"有效连杆"，把实际铰链关节间的误差完全转化为连杆的尺寸误差，以此来分析铰链间隙对输出运动精度的影响。图 8-5 为一对铰链关节式运动副的连接示意图。

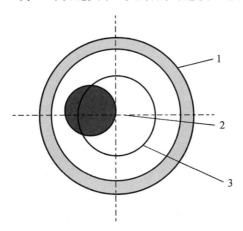

图 8-5 铰链连接示意图
1—套筒；2—销轴；3—误差圆

图 8-5 中销轴在套孔中进行不连续接触运动，销轴的几何中心在误差圆区域内随机分布。误差圆的半径则依赖于套孔直径和销轴直径两者之差。其运动副有效连接的理论模型如图 8-6 所示。

在图 8-6 所示的模型中，P 为套孔的几何中心，连杆 OP 长为 r，C 点是销轴的几何中心。由于间隙的存在，点 P 和点 C 不重合，因此 OC 这个实际连杆长度就包括了运动副的间隙误差，称为有效长度，设为 R。由几何关系可知：

$$R = \sqrt{(r+x)^2 + y^2} \tag{8-58}$$

式中: x, y 为销轴中心的局域坐标;局域坐标以 P 为圆心,以 OP 方向为 x 轴正方向。

R_c 为运动副的径向误差,即误差圆半径,有

$$R_c = (d_{套孔} - d_{销轴})/2 \tag{8-59}$$

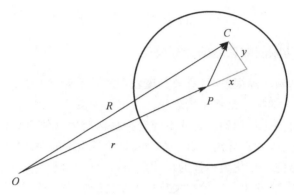

图 8-6   有效连接模型

由于 C 点总在误差圆内运动,所以

$$x^2 + y^2 < R_c^2 \tag{8-60}$$

此前在求解机构运动误差时只考虑了连杆长度 r,现在将运动副间隙也考虑进去,用有效长度 R 代替之前的 r。

当对成批机构进行抽样时,销轴中心 C 的分布是在 R_c 之间随机分布的,因而 x, y 也具有随机性,它们是根据 R_c 的分布规律而定的。假设都为标准正态分布,由概率知识推导得 x 的标准差为 $\sigma_x = T_z/6$,其中 T_z 为径向公差,且 $T_z = 2R_c$。所以,$\sigma_x = T_z/6 = R_c/3$, $\sigma_x^2 = R_c^2/9$。

对于一批机构而言,R_c 是统计值,用 $E(R_c^2)$ 表示 R_c^2 的均值,则

$$\sigma_x^2 = E(R_c^2)/9 \tag{8-61}$$

根据方差定义: $\sigma_{R_c}^2 = E(R_c^2) - E^2(R_c)$,则有 $E(R_c^2) = E^2(R_c) + \sigma_{R_c}^2$,代入式 (8-61),得

$$\sigma_x^2 = [E^2(R_c) + \sigma_{R_c}^2]/9 \tag{8-62}$$

同理可得

$$\sigma_y^2 = [E^2(R_c) + \sigma_{R_c}^2]/9 \tag{8-63}$$

式中,σ_x^2, σ_y^2 分别为销轴中心局域坐标 x, y 的方差;$\sigma_{R_c}^2$ 为径向间隙误差的方差;$E^2(R_c)$ 为径向间隙误差的均值。

根据标准正态分布的对称性,$E(x)=E(y)=0$,所以,在知道运动副径向间隙 R_c 的特征值后,就可以求出销轴中心局域坐标 x,y 的特征值。

5. 摆动机构运动副间隙误差的影响

根据以上理论,用有效长度 R 代替实际杆长 $l-a$,结合式(8-44),得

$$\theta = \frac{3M_F - 3mg(\mu r + R)}{2mR^2}t^2 \tag{8-64}$$

则均值公式为

$$\mu(\Delta\theta) = \left\{\frac{3\left[mg(R+2\mu r)-2M_F\right]}{2mR^3}t^2\right\}\mu_{\Delta R} \tag{8-65}$$

因为 $R^2=(r+x)^2+y^2$,所以 $E^2(R)=E^2(r)+2E(r)E(x)+E^2(x)+E^2(y)$。由于 $E(x)=E(y)=0$,有 $E(R)=E(r)$,所以有 $E(\Delta R)=E(\Delta r)$,即 $\mu_{\Delta R}=\mu_{\Delta r}$。将其代入式(8-65),得

$$\mu(\Delta\theta) = \left\{\frac{3\left[mg(R+2\mu r)-2M_F\right]}{2mR^3}t^2\right\}\mu_{\Delta r} \tag{8-66}$$

由此可以看出,用有效长度 R 代替杆长 r 后,对输出误差均值没有影响。将式 $R^2=(r+x)^2+y^2$ 代入式(8-66)中得

$$\sigma_\theta^2 = \left(\frac{\partial\theta}{\partial r}\right)\sigma_{\Delta r}^2 + \left(\frac{\partial\theta}{\partial x}\right)\sigma_{\Delta x}^2 + \left(\frac{\partial\theta}{\partial y}\right)\sigma_{\Delta y}^2 \tag{8-67}$$

因为 $R^2=(r+x)^2+y^2$,所以 $2R\partial R=2(r+x)\partial r$。$R,r,x$ 用均值 $\overline{R},\overline{r},\overline{x}$ 代入得

$$\frac{\partial R}{\partial r} = \frac{r+x}{R} = \frac{\overline{r}+\overline{x}}{\overline{R}} \tag{8-68}$$

所以

$$\frac{\partial\theta}{\partial r} = \frac{\partial\theta}{\partial R}\frac{\partial R}{\partial r} = \frac{\partial\theta}{\partial R}\frac{\overline{r}+\overline{x}}{\overline{R}} \tag{8-69}$$

因为 $\overline{x}=\overline{y}=0$,$\overline{R}=\overline{r}$,所以

$$\frac{\partial\theta}{\partial r} = \frac{\partial\theta}{\partial R} \tag{8-70}$$

同理可证

$$\frac{\partial\theta}{\partial x} = \frac{\partial\theta}{\partial R}\frac{\partial R}{\partial x} = \frac{\partial\theta}{\partial R}\frac{\overline{r}+\overline{x}}{\overline{R}} = \frac{\partial\theta}{\partial R} \tag{8-71}$$

$$\frac{\partial\theta}{\partial y} = \frac{\partial\theta}{\partial R}\frac{\partial R}{\partial y} = \frac{\partial\theta}{\partial R}\frac{\overline{y}}{\overline{R}} = 0 \tag{8-72}$$

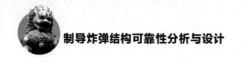

所以有

$$\sigma_\theta^2 = \left(\frac{\partial \theta}{\partial R}\right)\sigma_{\Delta r}^2 + \left(\frac{\partial \theta}{\partial R}\right)\sigma_{\Delta x}^2 \qquad (8-73)$$

式中:$\sigma_{\Delta r}^2$ 为杆长误差的方差;$\sigma_{\Delta x}^2$ 为局域坐标 x 的方差。

6. 考虑摩擦因数对机构可靠性的影响

不同材料之间摩擦因数不同,相同材料之间在加工成型后,粗糙度的差异也会导致摩擦因数不同。对于弹翼展开体和销轴来说,材料之间的表面处理情况、硬度、粗糙度的不同,储存状态造成的表面状态不同以及运动过程中的变形都会造成摩擦因数微小的波动。

已知展开体输出角度 θ 与摩擦因数之间成线性关系,通常情况下摩擦因数为正态分布,其中摩擦因数的均值为 μ_μ,方差为 σ_μ,可以计算得到角度 θ 的均值为 μ_θ,方差为 σ_θ,计算出系统可靠度为

$$R_\mu = \Phi\left(\frac{\mu_0 - \mu_\theta}{\sqrt{\sigma_0^2 + \sigma_\theta^2}}\right) \qquad (8-74)$$

式中:μ_0,σ_0 分别为允许的极限角度误差的均值和标准差。

由于驱动力矩与展开角度也成线性关系,因此同理可推出驱动力矩对此机构可靠性的影响。

7. 考虑驱动时间对机构可靠性的影响

在驱动力矩的作用下,摆动机构在 t 时达到指定摆动位置,为了使摆动机构有效工作,摆动机构到达规定位置的时间需要一个限制,即

$$t \leqslant T \qquad (8-75)$$

式中:t 为实际展开时间;T 为规定允许的摆动到位时间。

一般来说,摆动机构实际驱动时间 t 近似服从正态分布,则可得驱动时间可靠性公式为

$$R_t = P\{t \leqslant T\} \qquad (8-76)$$

进一步计算整理,得

$$R_t = P\left(\frac{t - \mu_t}{\sigma_t} \leqslant \frac{T - \mu_t}{\sigma_t}\right) = \Phi\left(\frac{T - u_t}{\sigma_t}\right) \qquad (8-77)$$

式中:μ_t 为实际展开时间样本均值;σ_t 为实际展开时间样本的标准差。

若结合弹翼展开结构,则应该给予充足的展开时间 t,使用强度较高的定位锁紧装置。

|8.2 机构可靠性仿真技术|

由于工程中多数机构运动过程与工作环境都很复杂,传统的基于统计概念和数学模型的可靠性分析方法难以应用。基于多体动力学及有限元分析软件与可靠性分析理论相结合的仿真方法,在复杂机构可靠性分析中有重要应用价值。

通过计算机仿真理论方法计算机构可靠度,是在机构参数化模型的基础上,借助蒙特·卡罗方法进行多次随机仿真模拟,然后利用数理统计方法对仿真结果进行统计,最后得到机构可靠度。

8.2.1 多体动力学仿真方法

机械系统分析软件 ADAMS(Automatic Dynamic Analysis of Mechanical System)是国际上广泛应用的机械系统动力学仿真分析软件。用户利用 ADAMS 可以建立和测试虚拟样机,在计算机上仿真分析复杂机械系统的运动性能。ADAMS 使用交互式图形环境与零件库、约束库、力库,建立三维机械系统参数化模型,并对机械系统运动性能进行仿真分析。ADAMS 仿真可用于估计机械系统性能、运动范围、峰值载荷等。ADAMS 包含 3 个基本的程序模块:ADAMS/View,ADAMS/Solver 和 ADAMS/PostProcessor。ADAMS/View 提供了一个面向用户的基本操作对话环境和虚拟样机分析与仿真的前处理功能,其中包括虚拟样机建模、样机模型数据的输入与编辑、虚拟样机与求解器和后处理等程序的连接、虚拟样机分析参数的设置、样机数据的输入和输出、同其他应用程序的接口等。ADAMS/Solver 是求解机械系统运动和动力学问题的程序。完成虚拟样机分析的准备工作以后,ADAMS/View 程序可以自动调用 ADAMS/Solver 程序模块,求解样机模型的静力学、运动学或动力学问题,完成仿真分析以后再自动返回 ADAMS/View 操作界面。ADAMS/PostProcessor 模块具有很强的后处理功能,它可以回放仿真结果,也可以绘制多种分析曲线,并可以将多个仿真结果进行比较,同时可以对分析结果曲线图进行编辑。

在 ADAMS 中虚拟样机建模分为以下几个步骤:

(1)定义刚体。构件是机构内可相互运动的刚体或刚体固定件。在定义刚体时,需要给出刚体局部坐标系的原点及方向,刚体质心的位置,刚体的质量,参

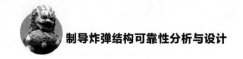

考坐标系的转动惯量、惯性矩等,还要定义一个固定件(例如 ground)作为参考系。在定义刚体其他要素(如约束点、力、标识点)时,必须给定该要素所对应的刚体以及相应刚体上的局部坐标。

(2)定义约束。约束是机构内两构件间的连接关系,在两个需要建立约束的构件间建立局部坐标系,在相应局部坐标系上建立构件间的约束,并根据要求定义约束方向。

(3)模型检查。判断机构运动系统是否奇异,排除系统冗余约束和其他定义错误。

8.2.2　弹翼展开机构多体动力学分析

弹翼展开机构由底座、转轴、折叠翼、涡卷弹簧组成。弹翼展开基本动作为,折叠翼锁紧机构解锁,折叠翼在涡卷弹簧的作用下绕转轴转动,在折叠翼展开过程中同时存在翼底与底座的接触碰撞力、转轴与轴孔的接触碰撞力、翼底与底座的摩擦力、转轴与轴孔的摩擦力、翼面所受风载轴向力与法向力,当四组折叠翼在规定时间内展到指定位置时完成其功能。弹翼展开过程多体动力学分析的目的是计算模拟出在相应环境下弹翼展开时间及展开到位时的瞬时速度等。

1. 技术路线

(1)计算选取涡卷弹簧刚度系数。
(2)简化几何体,提高运算效率。
(3)根据不同结构的组成材料赋予相应密度与力学参数。
(4)进行多体动力学计算。
(5)计算不同位置、不同摩擦因数弹翼的展开时间,检验弹翼解锁机构能否实现功能。

2. 材料设置

弹翼整体为铝合金,密度为 2.7×10^{-6} kg/mm^3。

为了计算准确和应用情况广泛,弹翼与底座的摩擦因数 μ 取 0.1,0.15,0.2,0.25,0.3。

3. ADAMS 多体动力学计算

在 ADAMS 中对刚体弹翼模型进行了多体动力学分析,将风载、重力和摩擦阻力同时考虑在内,分析了不同摩擦因数、不同位置的弹翼展开时间与展开速度。

图 8 - 7 为模型在 ADAMS 中的设置图。其中包含 3 个固定约束和 1 个旋转副,分别让底座与大地固定约束,弹翼铝合金部分与弹翼复合材料部分固定约束,销轴与底座固定约束,销轴与弹翼设置旋转副。

ADAMS 中设置的作用力包括重力、弹翼与底座接触力(摩擦力)、卷簧力、风载垂直于翼面方向力、解锁钩与弹翼接触力、解锁钩与销接触力、解锁钩与解锁轴接触力、解锁轴与螺线管安装座接触力、解锁轴与直流螺线管接触力、螺线管安装座与直流螺线管接触力。

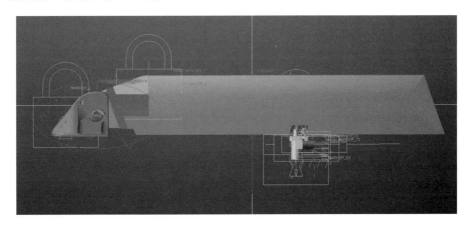

图 8 - 7   ADAMS 刚体设置图

4. ADAMS 多体动力学模拟结果分析

本书将弹翼设置成刚体形式,进行了模拟仿真,同时在不同形式下将底座与弹翼间的摩擦因数分别设置为 0.1,0.15,0.2,0.25,0.3,将重力按与地面成 45°夹角进行分解,并将垂直于地面方向的分量设置为正数和负数来仿真重力对弹翼展开的影响。同时,本书还在刚体情况下对销锁机构和钩索机构分别进行了模拟仿真。

5. 刚体模型分析

图 8 - 8 所示为整个机构为刚体,在不同情况下的弹翼展开角度-时间变化曲线,摩擦因数 $\mu=0.1\sim0.3$,G+代表重力为动力,G-代表重力为阻力。从图中发现,随着 μ 增大,曲线斜率减小,机构展开速度变慢。相同 μ 情况下,重力

为动力时的弹翼展开速度大于重力为阻力时的弹翼展开速度。随着 μ 的增加，当弹翼展开到位时机构的反弹角度减小，当 $\mu=0.1$ 时反弹角度最大，$\mu=0.3$ 时机构几乎没有反弹。

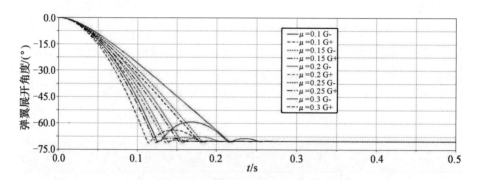

图 8 - 8　刚体弹翼展开角度-时间变化曲线

刚体模型在不同摩擦因数下，在弹翼展开过程中重力为阻力与重力为动力时的展开时间见表 8 - 1。

表 8 - 1　不同摩擦因数下的刚体模型展开时间

μ	0.1	0.15	0.2	0.25	0.3
$t(G-)/s$	0.125	0.139 8	0.157 8	0.183 3	0.217 9
$t(G+)/s$	0.113 8	0.123 6	0.135 9	0.153 8	0.18

刚体模型在不同摩擦因数下，在弹翼展开过程中重力为阻力与重力为动力时的展开时间差见表 8 - 2。

表 8 - 2　不同摩擦因数下的刚体模型展开时间差

μ	0.1	0.15	0.2	0.25	0.3
$\Delta t/s$	0.011 2	0.016 2	0.021 9	0.029 5	0.037 9

图 8 - 9 所示为在重力为阻力和重力为动力情况下，弹翼展开时间随翼底与底座摩擦因数变化曲线。从图中可以看出，两条曲线变化趋势一致，都是随着摩擦因数增加展开时间增加，且在同一摩擦因数下重力为阻力时的展开时间大于重力为动力时的展开时间。

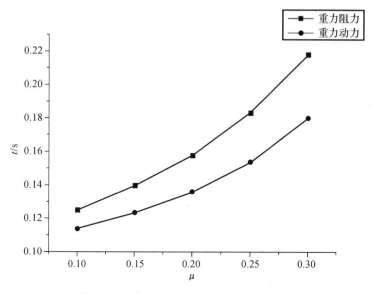

图 8 - 9 刚体弹翼展开时间-摩擦因数变化曲线

通过图 8 - 10 可以看出,随着摩擦因数的增加,弹翼展开时重力为动力与重力为阻力时弹翼展开时间的时间差在增加,因此可以得出结论:随着摩擦因数的增加,不同位置的弹翼展开时间差增大。

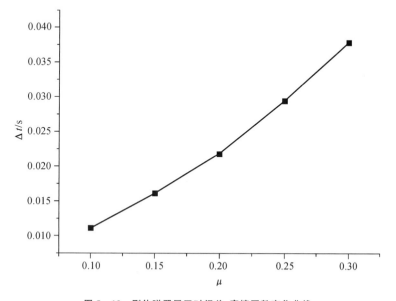

图 8 - 10 刚体弹翼展开时间差-摩擦因数变化曲线

图 8-11 所示为不同摩擦因数下,重力为动力与重力为阻力时弹翼展开角速度随时间变化曲线。从图中发现,随着摩擦因数的增加,弹翼与底座的撞击速度减小,且重力为动力时弹翼与底座的撞击速度大于重力为阻力时的撞击速度。

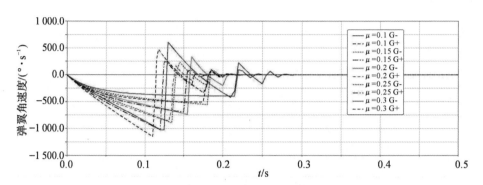

图 8-11　刚体弹翼角速度–时间变化曲线

刚体模型在不同摩擦因数下,在弹翼展开过程中重力为阻力与重力为动力时的展开撞击速度见表 8-3,展开撞击速度差见表 8-4。

表 8-3　不同摩擦因数下的刚体模型展开撞击速度

μ	0.1	0.15	0.2	0.25	0.3
$v(G-)/(mm \cdot s^{-1})$	1 024.93	896.32	741.81	553.74	394.81
$v(G+)/(mm \cdot s^{-1})$	1 150.32	1 020.8	864.69	674.22	512.1

表 8-4　不同摩擦因数下的刚体模型展开撞击速度差

μ	0.1	0.15	0.2	0.25	0.3
$\Delta v/(mm \cdot s^{-1})$	125.39	124.48	122.88	120.48	117.29

图 8-12 所示为重力为动力与重力为阻力时,弹翼与底座撞击速度随弹翼与底座摩擦因数变化曲线。图 8-13 所示为重力为动力与重力为阻力时,弹翼与底座撞击速度差随摩擦因数变化曲线。从图中可以看出,撞击速度差随着摩擦因数的增加几乎是线性减小,但不同摩擦因数下的撞击角速度差相差不大。

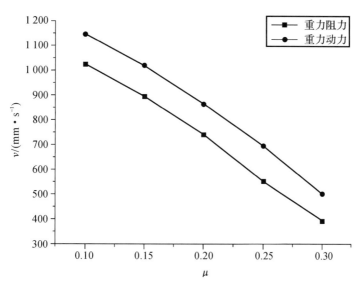

图 8 - 12 刚体弹翼撞击速度−摩擦因数变化曲线

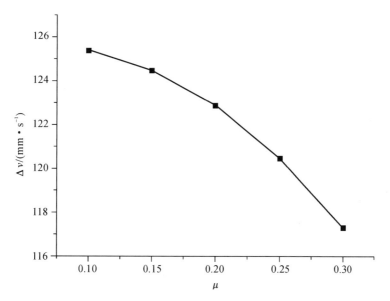

图 8 - 13 刚体弹翼撞击速度差−摩擦因数变化曲线

|8.3 弹翼展开与锁紧机构可靠性|

弹翼与舵翼展开机构是导弹装备系统的重要组成部分,其可靠性不仅是导弹完成任务的重要属性,也是影响导弹工作成功与否的关键。弹翼与舵翼在工作时,除风载外还会受到温度、振动、湿度等因素的综合作用而失效,因此弹翼与舵翼展开机构可靠性一直困扰着工程技术人员。究其原因,本质上是因为复杂的工作环境条件下难以进行可靠性分析造成的,所以难以建立弹翼与舵翼展开机构可靠性模型与可靠性指标。为了提高弹翼与舵翼展开机构的可靠性水平,进行弹翼与舵翼展开机构可靠性仿真和模拟技术研究势在必行,以定量地分析出其在不同环境因素综合影响下的可靠性水平,并制定出科学合理的弹翼与舵翼展开机构可靠性分析方法。

弹翼展开精度包括展开角度精度、展开时间精度、定位精度等。弹翼展开精度是直接影响导弹作战效果的关键因素,因此分析计算弹翼展开精度可靠性以及制造出高可靠性弹翼展开机构显得尤为重要。国内外学者十分重视弹翼展开机构展开精度可靠性研究,鉴于折叠展开机构的翼面的气动载荷是制约其可靠性技术研究的关键因素,因此本书主要介绍在风载影响下弹翼展开机构可靠性分析方法。

8.3.1 弹翼展开机构可靠性分析

图 8-14、图 8-15 所示分别为弹翼展开机构整体模型和整体透视模型。弹翼由弹翼展开机构、弹翼锁紧机构和弹翼锁定机构组成。图 8-15 中 A 为弹翼锁定机构,B 为弹翼锁紧机构。

本节首先介绍弹翼展开机构可靠性分析。弹翼在工作中影响其顺利展开的主要因素有涡卷弹簧刚度、翼底与底座摩擦因数、翼底与转轴摩擦因数、翼底与底座间隙、转轴与轴孔间隙、风载法向力、风载轴向力。现将这七种影响弹翼展开的主要影响因素变为随机变量,并根据设计要求的公差范围以及弹翼展开过程中风载的试验数据,根据"3σ 法则"来确定随机变量的均值与标准差,见表 8-5。根据不同影响因素随机变量的均值与标准差,需要在 ADAMS 中设置相应的随机参数,并将设置好的随机参数赋值到相应的影响因素上。然后设置测量器,测量弹翼展开角度。再设置角度传感器,并将角度测量器所测得的弹翼转的角度赋值给角度传感器,将角度传感器设置为当其达到要求展开角度时停止仿真,并记录下仿真时间。角度传感器设置完毕,新建 ADAMS/insight 设计目标,并将其设置为时间。

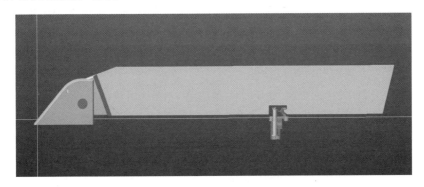

图 8 - 14　弹翼展开机构整体模型

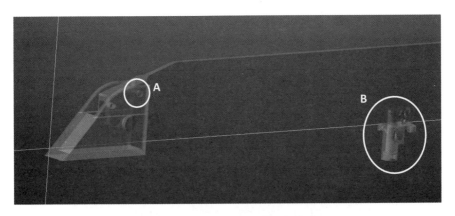

图 8 - 15　弹翼展开机构整体透视模型

表 8 - 5　各随机变量均值、标准差和取值范围

随机变量	均值	标准差	取值范围
转轴半径/mm	7.9	0.033 3	(7.8,8)
翼底宽度/mm	17.9	0.033 3	(17.8,18)
摩擦因数	0.125	0.008 3	(0.1,0.15)
风载法向力/N	60	3.333	(50,70)
风载轴向力/N	6	0.333	(5,7)
弹簧刚度/(N·mm⁻¹)	5	0.166 7	(4.5,5.5)

在 ADAMS/View 中将所有关键要素设置完毕,通过 ADAMS 中的 insight 模块进入 Monte-Carlo 仿真系统,并在 insight 中的影响因素模块中,赋予各个影响因素的均值与标准差。在相应模块中选取需要的设计目标作为结果存储数值。最后,设置 Monte-Carlo 仿真中的仿真次数,全部设置完毕后进行 Monte-Carlo 循环仿真,仿真结束读取仿真数据,并根据展开时间要求求出多次 Monte-Carlo 仿真下弹翼展开机构可靠性。

如图 8-16 所示为弹翼展开时间频率直方图及用正态分布进行拟合的结果,得到弹翼展开时间概率分布函数的均值为 0.15,标准差为 0.003 2。设允许最大展开时间为 0.16s,通过积分,得到弹翼展开机构可靠度,即

$$f(t) = \frac{1}{0.003\ 2\sqrt{2\pi}}\exp\left[-\frac{1}{2}\left(\frac{t-0.15}{0.003\ 2}\right)^2\right] \tag{8-78}$$

$$R = \int_0^{0.16} f(t)\mathrm{d}t \tag{8-79}$$

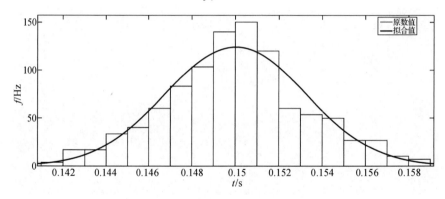

图 8-16　弹翼展开时间频率直方图及拟合

8.3.2　弹翼展开锁定与锁紧机构可靠性分析

弹翼展开机构要想顺利完成展开任务,弹翼锁定与锁紧机构能否正常工作起到至关重要的作用。当弹翼展开到规定位置时,如果锁定机构不能正常完成任务,弹翼将会反弹,严重影响打击精度。当导弹挂载飞行时,如果锁紧机构失效,弹翼会在挂飞时自动展开,使导弹撞击载机而发生重大事故;而当需要弹翼展开时,锁紧机构不能及时分离弹翼而使弹翼不能及时展开则会使导弹发射失败。

1. 锁紧机构可靠性分析

锁紧机构中的压缩弹簧是锁紧机构能否正常释放弹翼的关键因素,如果弹

簧刚度不够则不能按照要求及时释放弹翼。因此将锁紧机构压缩弹簧刚度设为随机变量,并根据压缩弹簧国家标准中的弹簧刚度公差最大范围取弹簧误差为设计值的 10%。

根据锁紧机构体积大小,选择好压缩弹簧型号并根据误差大小设置随机变量变化范围。为了提高计算效率,减少仿真时间,测量弹翼展开角度,并将角度传感器设置到 10°。这样当锁紧机构完全释放弹翼时,弹翼转角达到角度传感器设置值,系统自动停止仿真并记录时间开始下次仿真。通过仿真 1 000 次发现全部解锁成功,因此可以确定锁紧机构可靠性满足要求。

2. 锁定机构可靠性分析

锁定机构的作用是当弹翼展开到位时锁销在弹簧的作用下弹起插入弹翼锁定孔,锁定机构固定弹翼。如果锁定机构工作失效,弹翼会发生回弹使弹翼展开失效,因此分析弹翼锁定机构可靠性十分关键。本书将锁定销直径、销孔直径、销孔位置、弹簧刚度设置为随机变量,各随机变量的取值范围按照设计公差的上下极限设置,弹簧刚度的取值范围设置为设计值的 ±10%。

仿真过程中测量锁销的弹起高度,并将距离传感器按照销头长度 8 mm 设置。这样当锁定机构完全固定弹翼时,锁销弹起高度达到距离传感器设置值,系统自动停止仿真并记录时间开始下次仿真。通过仿真 1 000 次发现全部固定成功,因此可以确定锁定机构可靠性满足要求。

第 9 章

基于寿命数据的可靠性评估方法

基于产品寿命数据评估其可靠性,是最直接、也是工程中应用最多的方法。本章介绍根据寿命试验或实际观测数据估计产品可靠度的参数估计方法和非参数估计方法,包括矩估计方法、极大似然估计方法、秩估计法,涉及的寿命数据类型有确切寿命数据和截尾寿命(删失)数据,涉及的分布类型有指数分布、正态分布和威布尔分布。

|9.1 可靠性试验数据类型|

根据产品的寿命试验观测或服役记录数据估计其可靠性指标,有重要工程应用价值。可靠性试验及现场观测数据包括准确的寿命数据和截尾寿命数据(也称删失数据)。准确的寿命数据是在试验或实际使用中观测到的、产品从开始服役到发生失效所经历的确切寿命时间(包括载荷作用次数、行驶里程等)数据。截尾数据是尚未失效的产品所经历的服役时间数据(可知寿命大于此值,称其为右截尾寿命数据),或已失效的产品不确切的服役时间数据(只知寿命小于此值,称其为左截尾寿命数据)。

截尾数据可细分为以下几种类型:

Ⅰ型截尾(定时截尾):试验开始时有多件产品受试,试验在达到规定时间时结束。试验结束时,一些产品发生失效,另一些产品尚未失效。对于尚未失效的产品,获得的信息是其寿命大于试验时间。这样的数据称为右截尾数据,获得的信息是寿命大于截尾时间(试验经历的时间)。这种情形的试验时间是固定的,但失效样本数量是不确定的。

Ⅱ型截尾(定数截尾):试验开始时有多件产品同时受试,试验在规定的一定数目的产品发生失效后结束。这时也会产生一定量的右截尾数据。这种情形的失效样本的数量是确定的,但所需的试验时间是不确定的。

左截尾:如果已知一个样本在试验或服役中发生了失效,但由于试验或服役

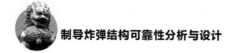

开始时间未知,或失效的准确时间是未知的,只知道样本的寿命小于某值,这样的数据称为左截尾数据。

单一截尾:单一截尾指试验观测过程中只有一个截尾时间。例如上述Ⅰ型截尾和Ⅱ型截尾。

多重截尾:试验观测过程中包含几个不同的截尾时间。例如,有 100 个样品参与测试,试验在 1 000 h 处有一个截尾点,即部分测试到 1 000 h 尚未失效的样品退出了试验,其他样品则继续测试。测试到 1 200 h 又有一些尚未失效的样品退出试验,因而在 1 200 h 处又出现了一个截尾点。依此类推,这种情况下就有多个截尾点,或称结果数据是多重截尾的。

区间数据:确切的寿命时间未知,但知道失效发生于某一个时间区间内,这样的数据称为区间数据或分组数据。

|9.2　寿命分布参数估计方法|

可靠度是产品寿命大于指定值的概率。因此,若能通过试验观测获得寿命概率分布,就可计算出寿命大于任意值的概率,即可靠度。同时,可靠度、失效概率、失效率与寿命分布之间具有确定的函数关系。因此,若能根据试验观测数据获得产品的寿命分布,也就获得了其失效概率、失效率等可靠性指标。

9.2.1　矩估计法

矩估计是最直接、最简单的分布参数估计方法。假定有 n 个产品寿命试验观测数据(某随机变量的 n 个样本),从小到大依次排列为 $x_1,x_2,\cdots,x_n$。这组数据分散在 x_1 至 x_n 之间,根据这些样本值,可以估计出产品母体寿命随机变量分布的数字特征(均值和标准差等),进而得到其概率密度函数。

随机变量 X 的平均值(记为 $\bar{x}$ 或 μ_x)是常用的、表示其中心位置的参数。若样本容量为 n,其观测值为 $x_1,x_2,\cdots,x_n$,则有

$$\bar{x} = \frac{1}{n}\sum_{i=1}^{n} x_i \qquad\qquad (9-1)$$

均值并不一定是对应于 50% 的失效概率或 50% 可靠度的值,且对样本中可能出现的个别偏大或偏小样本数据比较敏感。表征随机变量中心位置的另一个参数是中位数。中位数是累积概率分布函数值 $F(x)=0.5$ 所对应的 x 值,记为 x_{med}。在某随机变量的一组样本数据中,若数据的个数为奇数,中位数的估计

值就是这组数据从小到大排列后位于中间的那个数,即

$$x_{\text{med}} = x_{(n+1)/2} \tag{9-2}$$

若该组数据的个数为偶数,则把这组数据从小到大排列后位于中间位置的两个数的算术平均值作为中位数的估计值,即

$$x_{\text{med}} = [x_{n/2} + x_{(n+1)/2}]/2 \tag{9-3}$$

当样本数据数量较多时,中位数能很好地表征随机变量的中心位置,且不受个别大样本值或小样本值的影响。但在样本数据个数较少时,这样估计出的中位数则却未必能很好地表征随机变量的中心位置。

还有一个表征随机变量集中位置的参数,称为众数 x_{mod}。众数也称为最频繁值,是与概率密度函数 $f(x)$ 的最大值对应的 x 的值,即

$$\mathrm{d}f(x)/\mathrm{d}x\,(x = x_{\text{mod}}) = 0 \tag{9-4}$$

图 9-1 展示了某随机变量的均值、中位数和众数三者之间的关系。对于概率分布具有对称性的随机变量(例如正态分布随机变量),以上三个参数在数值上是相等的。

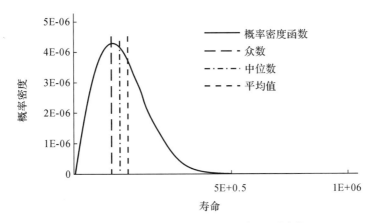

图 9-1　随机变量的概率密度函数及中心位置参数

随机变量 X 的分散程度通常用其方差(记为 S^2 或 σ_x^2)或标准差(记为 S 或 σ_x)表示。方差是随机变量样本值与其均值差的二次方值,即

$$S^2 = \frac{1}{n-1}\sum_{i=1}^{n}(x_i - \bar{x})^2 \tag{9-5}$$

方差的算术二次方根称为标准差,即

$$S = \sqrt{\frac{1}{n-1}\sum_{i=1}^{n}(x_i - \bar{x})^2} \tag{9-6}$$

标准差是最常用的表示随机变量分散性的参数。在均值一定的条件下,标

准差越小,表明随机变量的分散性越小,样本数据的散布范围越小。图9-2所示为具有相同均值、不同标准差的 3 个正态分布随机变量的分布曲线。

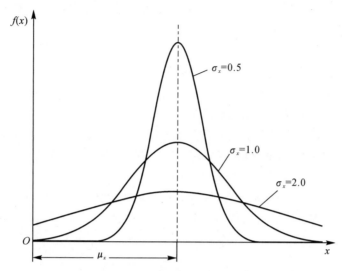

图 9 - 2   相同均值、不同标准差的正态随机变量分布曲线

随机变量的标准差与均值之比称为变异系数,用 C_x 表示,即

$$C_x = \frac{S}{\bar{x}} \tag{9-7}$$

随机变量的一组样本数据中最大值与最小值之差称为极差,用 Δ 表示,即

$$\Delta = x_{\max} - x_{\min} \tag{9-8}$$

随机变量的一阶原点矩等于随机变量的平均值,随机变量对于均值的二阶矩等于随机变量的方差。对于指数分布和正态分布,这些矩提供了分布参数的直接估计量。对于另一些分布,例如威布尔和对数正态分布,分布参数需要通过令样本矩(统计计算结果)等于理论矩(随机变量数字特征的函数)来解出分布参数。在这种情况下,所需的矩的数目取决于待估计的参数的数量。

例如,两参数威布尔分布随机变量 $X \sim W(\eta, \beta)$ 的均值和方差的理论表达式分别为

$$E(x) = \eta\,\Gamma\left(1 + \frac{1}{\beta}\right) \tag{9-9}$$

$$V(x) = \eta^2\left[\Gamma\left(1 + \frac{2}{\beta}\right) - \Gamma^2\left(1 + \frac{1}{\beta}\right)\right] \tag{9-10}$$

其分布参数 (η, β),即两个未知数能够通过方程"理论矩(表达式)=根据样本数据计算出的估计值"求解出来。

例 9 - 1　假设某产品的寿命服从威布尔分布,且已知 9 个产品样本的失效时间分别为 29,49,72,43,35,93,67,53 和 104。试用矩法确定威布尔分布的尺度参数和形状参数。

解　容易计算,9 个失效样本寿命的均值是 60.6,方差是 657.7。根据式(9-9)和式(9-10),用矩法可写出以下两个表达式:

$$60.6 = \eta \, \Gamma\left(1 + \frac{1}{\beta}\right)$$

$$657.5 = \eta^2\left[\Gamma\left(1 + \frac{2}{\beta}\right) - \Gamma^2\left(1 + \frac{1}{\beta}\right)\right]$$

解这两个方程,可得 η 和 β 的估计值分别约为 68.3 和 2.54。

9.2.2　极大似然估计法

极大似然估计法是令已知样本出现的概率取极大值来确定其概率分布函数的参数值的方法。若 x_1, x_2, $\cdots$, x_n 是服从概率密度函数 $f(x,\theta)$ 的随机变量样本,其中,θ 是待估计的未知分布参数,则似然函数定义为随机变量的联合概率密度函数:

$$L(x_1, x_2, \cdots, x_n; \theta) = f(x_1, \theta) f(x_2, \theta) \cdots f(x_n, \theta) \tag{9-11}$$

θ 的极大似然估计,是使似然函数取得最大值的 θ。为了简化计算,通常先将似然函数取自然对数。这样,乘积运算就变成了求和运算:

$$\ln L(x_1, x_2, \cdots, x_n; \theta) = \sum_{i=1}^{n} \ln f(x_i, \theta)$$

解方程

$$\frac{\partial \ln L(x_1, x_2, \cdots, x_n, \theta)}{\partial \theta} = 0 \tag{9-12}$$

即可求得分布参数 θ 的估计值。

极大似然法得到的是一个无偏估计,但不表明估计值与真实值相符合的程度。极大似然法的优点是可以根据截尾试验数据估计随机变量分布函数的参数。

对于概率密度函数为 $f(x,\theta)$、累积分布函数为 $F(x,\theta)$ 的随机变量,如果只知道其样本中的前 k 个顺序统计量 $x_{(1)}$, $x_{(2)}$, $\cdots$, $x_{(k)}$,而关于其他 $n-k$ 个样本的已知信息只是这些样本值均大于 $x_{(k)}$,即其他 $n-k$ 个样本是右截尾数据,那么这种情况下的似然函数形式为

$$L(x_1, x_2, \cdots, x_n; \theta) = \prod_{i=1}^{k} f(x_{(i)}, \theta) [1 - F(x_{(k)}, \theta)]^{n-k} \tag{9-13}$$

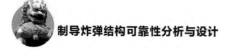

式中:k 为失效样本数;$n-k$ 为未失效样本数。

如果只知道第 i 个样本的寿命大于或小于 x_i(x_i 为已知量),但不知道准确的失效时间或寿命,令 x_1,x_2,$\cdots$,x_k 为失效样本(左截尾样本),x_{k+1},x_{k+2},$\cdots$,x_n 为未失效样本(右截尾样本),则有如下似然函数:

$$L(x_1,x_2,\cdots,x_n;\theta)=\prod_{i=1}^{k}F(x_i,\theta)\cdot\prod_{i=k+1}^{n}\left[1-F(x_i,\theta)\right] \qquad (9-14)$$

对指数分布进行参数估计的一个简单方法是极大似然法。指数分布的概率密度函数是

$$f(x)=\frac{1}{\theta}e^{-x/\theta} \quad x\geqslant 0 \qquad (9-15)$$

参数 θ 的极大似然估计是

$$\hat{\theta}=\frac{\displaystyle\sum_{i=1}^{n}x_i}{r} \qquad (9-16)$$

式中:x_i 是第 i 个样本寿命试验观测值,它可以是失效数据(寿命),也可以是右截尾数据;n 是总样本数;r 是失效样本数。

例 9 - 2 假设某弹簧寿命数服从指数分布 $f(x)=\lambda e^{-\lambda x}$,已知 12 个弹簧的寿命试验数据,即样本量 $n=12$,其寿命(载荷循环数)样本值 x_i 分别为 30 183,14 871,35 031,76 321,43 891,31 650,20 120,11 655,6 300,18 442,88 900 和 12 310。试估计其平均寿命和失效率。

解 根据式(9 - 16),可知平均寿命估计值为

$$\theta=\frac{\displaystyle\sum_{i=1}^{n}x_i}{n}=\frac{\displaystyle\sum_{i=1}^{n}x_i}{10}=25\ 471.2$$

由于寿命服从指数分布时,失效率等于平均寿命的倒数,故

$$\lambda=1/\theta=1/25\ 471.2=3.9\times 10^{-5}$$

例 9 - 3 假设某弹簧寿命数服从指数分布 $f(x)=\lambda e^{-\lambda x}$,已知 12 个受试弹簧(即样本量 $n=12$)中寿命较短的 7 个样品的寿命试验数据 $x_i(i=1,2,\cdots,7)$ 分别为 30 183,14 871,35 031,76 321,43 891,31 650 和 20 120($r=7$),另 5 个样品的寿命均大于 80 000,试估计其平均寿命和失效率。

解 平均寿命:

$$\theta=\frac{\displaystyle\sum_{i=1}^{7}x_i+5\times 80\ 000}{7}=652\ 067$$

失效率:

$$\lambda = 1/\theta = 1/652\ 067 = 1.53 \times 10^{-6}$$

指数分布参数的区间估计也不复杂。对于定时截尾试验,指数分布参数 θ 的区间估计公式如下:

$$\frac{2\sum_{i=1}^{n}x_i}{\chi^2_{(\alpha/2,2r+2)}} \leqslant \theta \leqslant \frac{2\sum_{i=1}^{n}x_i}{\chi^2_{(1-\alpha/2,2r)}} \qquad (9-17)$$

对于定数截尾试验,有如下关于 θ 的区间估计:

$$\frac{2\sum_{i=1}^{n}x_i}{\chi^2_{(\alpha/2,2r)}} \leqslant \theta \leqslant \frac{2\sum_{i=1}^{n}x_i}{\chi^2_{(1-\alpha/2,2r)}} \qquad (9-18)$$

式中:$\chi^2_{(\alpha,n)}$ 为自由度数 n 的 χ^2 分布的 α 分位数。

例 9-4 假设某产品寿命服从指数分布,对其 15 个样本进行 1 000 h 测试。测试过程中,有 4 个样本分别在测试到 120 h,190 h,560 h 和 812 h 时发生失效,其他未失效样本在 1 000 h 时停止测试,试估计该产品的平均寿命和失效率的 90% 的置信区间。

解 应用式(9-17),置信度为 90% 时,显著度 $\alpha=0.1$,由 χ^2 分布表可查得,$\chi^2_{(0.05,10)}=18.307$,$\chi^2_{(0.95,8)}=2.733$,则根据这些截尾试验数据,估计出的平均寿命 θ 的 90% 置信区间为

$$\frac{2 \times 12\ 682}{18.307} \leqslant \theta \leqslant \frac{2 \times 12\ 682}{2.733}$$

即

$$1\ 385.5 \leqslant \theta \leqslant 9\ 280.6$$

给定置信度的失效率是相同置信度的平均寿命的倒数,因此

$$\frac{1}{9\ 280.6} \leqslant \lambda \leqslant \frac{1}{1\ 385.5}$$

即

$$0.000\ 107\ 7 \leqslant \lambda \leqslant 0.000\ 721\ 7$$

对于服从指数分布的随机变量,在完全无失效数据的场合,有如下单侧置信下限的估计公式:

$$\frac{-nt}{\ln\alpha} \leqslant \theta \qquad (9-19)$$

式中:n 为样本数;t 为测试时间;α 是显著性($\alpha=1-C$,C 为置信度)。

例 9-5 有寿命服从指数分布的某产品,随机抽取 20 个样本进行寿命测

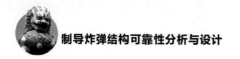

试,测试进行到 230 h 停止试验时没有失效发生,试估计单侧置信限为 90% 时的平均寿命 θ。

解 由式(9-19)可得

$$\frac{-20 \times 230}{\ln(0.1)} = 1\,997.8 \text{ h}$$

对应的可靠性的置信区间为

$$e^{-\frac{x}{\theta_L}} \leqslant R(x) \leqslant e^{-\frac{x}{\theta_U}} \tag{9-20}$$

式中:θ_L 为平均失效时间的置信下限;θ_U 为平均失效时间的置信上限。

相应地,寿命置信区间为

$$-\theta_L \ln(1-P) \leqslant x \leqslant -\theta_U \ln(1-P) \tag{9-21}$$

式中:P 为对应于寿命 x 的失效概率,即 $P = 1 - R(x)$。

9.2.3　正态分布的极大似然估计

正态分布的随机变量的概率密度函数为

$$f(x) = \frac{1}{\sigma\sqrt{2\pi}} \exp\left[-\frac{1}{2}\left(\frac{x-\mu}{\sigma}\right)^2\right] \quad -\infty < x < \infty \tag{9-22}$$

式中:μ 为分布的均值;σ 为分布的标准差。

样本中存在截尾数据时,正态分布的参数可用极大似然估计方法估计。正态分布的极大似然估计方程如下:

$$\left.\begin{array}{l}
\dfrac{\partial L}{\partial \mu} = \dfrac{r}{\sigma}\left[\dfrac{\bar{x}-\mu}{\sigma} + \displaystyle\sum_{i=1}^{k}\dfrac{h(x_i)}{r}\right] = 0 \\[4mm]
\dfrac{\partial L}{\partial \sigma} = \dfrac{r}{\sigma}\left[\dfrac{S^2 + (\bar{x}-\mu)^2}{\sigma^2} - 1 + \displaystyle\sum_{i=1}^{k}\dfrac{z(x_i)h(x_i)}{r}\right] = 0
\end{array}\right\} \tag{9-23}$$

式中:r 为失效样本数;k 为截尾样本数;$\bar{x}$ 为失效的样本均值;S 为失效的样本标准差;$z(x_i)$ 为标准偏量 $\left[z(x_i) = \dfrac{x_i-\mu}{\sigma}\right]$;$h(x_i) = \dfrac{\varphi[z(x_i)]}{\sigma\{1-\Phi[z(x_i)]\}}$ 是第 i 点的风险函数估计,其中,$\varphi[z(x_i)]$ 是对应于第 i 点的标准正态概率密度函数,$\Phi[z(x_i)]$ 是对应于第 i 点的标准正态累积分布函数。

求解方程组式(9-23)需要应用迭代方法,直到达到所要求的精确度。估计表达式如下:

$$\hat{\mu}_j = \hat{\mu}_{j-1} + h \tag{9-24}$$

$$\hat{\sigma}_j = \hat{\sigma}_{j-1} + k \tag{9-25}$$

式中:h 是分布均值的修正系数;k 是分布标准偏差的修正系数。

每次迭代的修正系数可由以下表达式估计得到:

$$h\,\frac{\partial^2 L}{\partial \mu^2} + k\,\frac{\partial^2 L}{\partial \mu \partial \sigma} = -\frac{\partial L}{\partial \mu} \qquad (9-26)$$

$$h\,\frac{\partial^2 L}{\partial \mu \partial \sigma} + k\,\frac{\partial^2 L}{\partial \sigma^2} = -\frac{\partial L}{\partial \sigma} \qquad (9-27)$$

式中:

$$\frac{\partial^2 L}{\partial \mu^2} = -\frac{r}{\sigma^2}\Big(1 + \sum_{i=1}^{k} \frac{A_i}{r}\Big) \qquad (9-28)$$

$$\frac{\partial^2 L}{\partial \mu \partial \sigma} = -\frac{r}{\sigma^2}\Big[\frac{2(\bar{x}-\mu)}{\sigma} + \sum_{i=1}^{k} \frac{B_i}{r}\Big] \qquad (9-29)$$

$$\frac{\partial^2 L}{\partial \sigma^2} = -\frac{r}{\sigma^2}\Big\{\frac{3\big[s^2+(\bar{x}-\mu)^2\big]}{\sigma^2} + \sum_{i=1}^{k} \frac{C_i}{r}\Big\} \qquad (9-30)$$

式(9 - 28)~ 式(9 - 30) 中,$A_i = h(x_i)\big[h(x_i)-z(x_i)\big]$,$B_i = h(x_i) + z(x_i)A_i$,$C_i = z(x_i)\big[h(x_i)+B_i\big]$。

方差可以通过求局部信息矩阵的逆得到。局部信息矩阵为

$$\boldsymbol{F} = \begin{bmatrix} -\dfrac{\partial^2 L}{\partial \mu^2} & -\dfrac{\partial^2 L}{\partial \mu \partial \sigma} \\[2ex] -\dfrac{\partial^2 L}{\partial \mu \partial \sigma} & -\dfrac{\partial^2 L}{\partial \sigma^2} \end{bmatrix} \qquad (9-31)$$

求逆后,方差为

$$\boldsymbol{F}^{-1} = \begin{bmatrix} \mathrm{var}(\hat{\mu}) & \mathrm{cov}(\hat{\mu},\hat{\sigma}) \\[1ex] \mathrm{cov}(\hat{\mu},\hat{\sigma}) & \mathrm{var}(\hat{\sigma}) \end{bmatrix} \qquad (9-32)$$

待估计参数的$(1-\alpha)100\%$ 的置信区间是

$$\hat{\mu} - K_{\alpha/2}\sqrt{\mathrm{var}(\hat{\mu})} \leqslant \mu \leqslant \hat{\mu} + K_{\alpha/2}\sqrt{\mathrm{var}(\hat{\mu})} \qquad (9-33)$$

$$\frac{\hat{\sigma}}{\exp\left[\dfrac{K_{\alpha/2}\sqrt{\mathrm{var}(\hat{\mu})}}{\hat{\sigma}}\right]} \leqslant \sigma \leqslant \hat{\sigma}\exp\left[\dfrac{K_{\alpha/2}\sqrt{\mathrm{var}(\hat{\mu})}}{\hat{\sigma}}\right] \qquad (9-34)$$

式中:$K_{\alpha/2}$ 是标准正态概率密度函数的反函数。

9.2.4　威布尔分布的极大似然估计

两参数威布尔概率密度函数如下：

$$f(x) = \frac{\beta x^{\beta-1}}{\theta^\beta} \exp\left[\left(\frac{x}{\theta}\right)^\beta\right], x \geqslant 0 \qquad (9-35)$$

式中：β 为形状参数；θ 为尺度参数。

威布尔分布的极大似然估计方程是

$$\left.\begin{aligned} &\frac{1}{r}\sum_{i=1}^{r}\ln(x_i) = \left[\sum_{i=1}^{n}x_i^\beta\ln(x_i)\right]\left(\sum_{i=1}^{n}x_i^\beta\right)^{-1} - \frac{1}{\beta} \\ &\hat{\theta} = \left(\frac{1}{r}\sum_{i=1}^{n}x_i^{\hat{\beta}}\right)^{1/\hat{\beta}} \end{aligned}\right\} \qquad (9-36)$$

式中：r 为失效样本数；n 为样本总数。

方程组式（9-36）需要通过迭代法求解，估计的方差能够通过求自身信息矩阵的逆来得到，即

$$\boldsymbol{F} = \begin{bmatrix} -\dfrac{\partial^2 L}{\partial \beta^2} & -\dfrac{\partial^2 L}{\partial \beta \partial \theta} \\ -\dfrac{\partial^2 L}{\partial \beta \partial \theta} & -\dfrac{\partial^2 L}{\partial \theta^2} \end{bmatrix} \qquad (9-37)$$

对数似然方程的第二部分偏差

$$\frac{\partial^2 L}{\partial \beta^2} = \sum_r \left[-\frac{1}{\beta} - \left(\frac{x_i}{\theta}\right)^\beta \ln^2\left(\frac{x_i}{\theta}\right)\right] + \sum_k \left[-\left(\frac{x_i}{\theta}\right)^\beta \ln^2\left(\frac{x_i}{\theta}\right)\right] \quad (9-38)$$

$$\frac{\partial^2 L}{\partial \theta^2} = \sum_r \left[\frac{\beta}{\theta^2} - \left(\frac{x_i}{\theta}\right)^\beta \left(\frac{\beta}{\theta^2}\right)(\beta+1)\right] + \sum_k \left[-\left(\frac{x_i}{\theta}\right)^\beta \left(\frac{\beta}{\theta^2}\right)(\beta+1)\right]$$

$$(9-39)$$

$$\frac{\partial^2 L}{\partial \beta \partial \theta} = \sum_r \left\{-\frac{1}{\theta} + \left(\frac{x_i}{\theta}\right)^\beta \left(\frac{1}{\theta}\right)\left[\beta\ln\left(\frac{x_i}{\theta}\right)+1\right]\right\} +$$
$$\sum_k \left\{\left(\frac{x_i}{\theta}\right)^\beta \left(\frac{1}{\theta}\right)\left[\beta\ln\left(\frac{x_i}{\theta}\right)+1\right]\right\} \qquad (9-40)$$

式中：$\displaystyle\sum_r$ 代表所有失效的总和；$\displaystyle\sum_k$ 代表所有测试点的总和。

被估计参数的方差

$$\boldsymbol{F}^{-1} = \begin{bmatrix} \mathrm{var}(\hat{\beta}) & \mathrm{cov}(\hat{\beta},\hat{\theta}) \\ \mathrm{cov}(\hat{\beta},\hat{\theta}) & \mathrm{var}(\hat{\theta}) \end{bmatrix} \qquad (9-41)$$

被估计参数约 $100\%(1-\alpha)$ 的置信区间是

$$\frac{\hat{\beta}}{\exp\left[\dfrac{K_{a/2}\sqrt{\mathrm{var}(\hat{\beta})}}{\hat{\beta}}\right]} \leqslant \beta \leqslant \hat{\mu} + \hat{\beta}\exp\left[\dfrac{K_{a/2}\sqrt{\mathrm{var}(\hat{\beta})}}{\hat{\beta}}\right] \qquad (9-42)$$

$$\frac{\hat{\theta}}{\exp\left[\dfrac{K_{a/2}\sqrt{\mathrm{var}(\hat{\theta})}}{\hat{\theta}}\right]} \leqslant \theta \leqslant \hat{\theta}\exp\left[\dfrac{K_{a/2}\sqrt{\mathrm{var}(\hat{\theta})}}{\hat{\theta}}\right] \qquad (9-43)$$

式(9-42)和式(9-43)中，$K_{a/2}$ 是标准正态概率密度函数的倒数。

|9.3 非参数估计方法|

9.3.1 秩估计法

非参数估计方法是不依赖具体概率分布形式，直接进行可靠度估计的方法，也称为经验估计方法。若有某产品的一组试验观测寿命数据，根据这些数据，可以应用非参数估计方法，只根据这些寿命数据大小排列的次序及相应的寿命值估计寿命分布函数 $F(t)$ 和可靠度 $R(t)$ 在各寿命点的值。这种利用寿命数据次序信息估计产品可靠度的方法称为秩估计方法。

1. 简单秩估计

已知 n 个产品样本的寿命（失效时间）分别为 $t_1 \leqslant t_2 \leqslant \cdots \leqslant t_i \leqslant t_{i+1} \leqslant \cdots \leqslant t_{n-1} \leqslant t_n$，寿命分布形式未知。显然，可以认为各寿命样本出现的概率相等，均为 $1/n$。对于这样的数据，有如下估计对应于各失效时间的失效概率（累积分布函数值）的简单秩估计公式：

$$\hat{F}(t_i) = \frac{i}{n}, \qquad i = 1, 2, \cdots, n \qquad (9-44)$$

这一般意味着

$$\hat{F}(t) = \frac{i}{n} \quad t_{i-1} \leqslant t < t_i, \quad i = 1, 2, \cdots, n$$

图 9-3 是只有 5 个寿命数据时的简单秩估计结果示意图。简单秩估计的结果是，当 $t \geqslant t_n$ 时，$\hat{F}(t) = 1.0$，这显然是不合理的，尤其当样本量很小时。

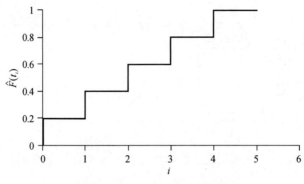

图 9 - 3　简单秩估计结果示意图

2. 平均秩估计

对于按大小次序排列的 n 个样本值 t_i，$i=0,1,2,\cdots,n$，可以证明，次序统计量服从 Beta 分布，数学期望为 $E\{\hat{F}(t_i)\}=i/(n+1)$。由此可知，$F(t_i)$ 的平均秩估计为

$$\hat{F}(t_i)=\frac{i}{n+1}, \quad i=1,2,\cdots,n \tag{9-45}$$

3. 中位秩估计

中位数是对于应于 50% 累积概率的样本值，中位秩估计具有更清晰的数学意义。中位秩估计公式为

$$\hat{F}(t_i)=\frac{i}{i+(n+1-i)F_{2(n+1-i),2i,0.5}}, \quad i=1,2,\cdots,n \tag{9-46}$$

中位秩估计最常用的近似表达形式之一为

$$\hat{F}(t_i)=\frac{i-0.3}{n+0.4}, \quad i=1,2,\cdots,n \tag{9-47}$$

4. 中位秩估计的置信区间

$F(t_i)(i=1,2,\cdots,n)$ 的秩估计服从参数为 i 和 $(n+1-i)$ 的贝塔（Beta）分布，因此，$(1-\alpha)$ 置信限为

$$P[F_{1-\alpha/2}(t_i)\leqslant F(t_i)\leqslant F_{\alpha/2}(t_i)]\geqslant 1-\alpha \tag{9-48}$$

式中：

$$F_{1-\alpha/2}(t_i)=\frac{i}{i+(n-i+1)F_{[2(n-i+1),2i,\alpha/2]}} \tag{9-49}$$

$$F_{\alpha/2}(t_i) = \frac{i}{i + (n-i+1)F_{[2(n-i+1),2i,1-\alpha/2]}} \tag{9-50}$$

根据分布函数的 $F(t)$ 秩估计量，可推导出可靠性函数 $R(t)$ 和失效率函数 $\lambda(t)$。

由

$$R(t_i) = 1 - F(t_i)$$

得

$$\hat{R}(t) = \frac{n+0.7-i}{n+0.4} \quad t_{i-1} \leqslant t < t_i, \quad i = 1,2,\cdots,n \tag{9-51}$$

由

$$\hat{f}(t) = \frac{\hat{F}(t_{i+1}) - \hat{F}(t_i)}{\Delta t_i} = \frac{1}{\Delta t_i(n+0.4)}, \quad t_{i-1} \leqslant t < t_i$$

得

$$\hat{\lambda}(t) = \frac{\hat{f}(t)}{\hat{R}(t)} = \frac{1}{\Delta t_i(n+1)} \bigg/ \frac{(n+1-i)}{(n+1)} = \frac{1}{\Delta t_i(n+0.4-i)}, \quad t_{i-1} \leqslant t < t_i \tag{9-52}$$

其中，$\Delta t_i = t_{i+1} - t_i$。

例9-6 试应用秩估计方法，根据表9-1前3列的9个寿命数据，估计产品的可靠度和失效率。

解 估计结果见表9-1后3列。

表9-1 可靠性秩估计算例表

i	t_i	t_{i+1}	$F(t_i) = i/10$	$R(t_i) = (10-i)/10$	$\lambda_i = 1/[(10-i)\Delta t]$
0	0	60	0	1.0	0.001 7
1	60	150	0.1	0.9	0.001 2
2	150	299	0.2	0.8	0.000 8
3	299	550	0.3	0.7	0.000 6
4	550	980	0.4	0.6	0.000 4
5	980	1 270	0.5	0.5	0.000 7
6	1 270	1 680	0.6	0.4	0.000 6
7	1 680	2 100	0.7	0.3	0.000 8

续 表

i	t_i	t_{i+1}	$F(t_i)=i/10$	$R(t_i)=(10-i)/10$	$\lambda_i=1/[(10-i)\Delta t]$
8	2 100	2 400	0.8	0.2	0.001 7
9	2 400	—	0.9	0.1	—

9.3.2 基于截尾寿命数据的可靠性估计

1. 修正秩法

假设有如表 9-2 所示的试验观测数据,其中包括准确的寿命数据和右截尾数据(上标为＋者)。表中寿命观测数据的排列方式为,记录值从小到大排为一列(表中的第 2 列),不区分寿命观测数据中的准确寿命数据和截尾数据。表中第 1 列为各数据的秩($1,2,\cdots,n$),第 3 列为各数据的逆秩($n,n-1,\cdots,1$)。

表 9-2　寿命观测数据及其秩与逆秩

i	t_i	i'
1	t_1	n
2	t_2^+	$n-1$
3	t_3	$n-2$
⋮	⋮	⋮
k	t_k^+	$n-k+1$
⋮	⋮	⋮
n	t_n	1

为了根据这样的数据估计对应于各失效时间的可靠度,首先定义修正秩 O_i :

$$O_i=\frac{逆秩 \times 前位调整秩 O_{i-1}+(n+1)}{1+逆秩} \tag{9-53}$$

利用修正秩,即可应用前面介绍的秩估计方法估计对应于各记录寿命值的可靠度。具体方法及步骤如下例所示。

例 9-7　假设有如表 9-3 所示的试验数据,试应用修正秩方法估计对应寿命的可靠度。

表 9 - 3　寿命观测数据及修正秩

秩	寿命(载荷循环次数)	寿命数据类型	逆秩	修正秩
1	544	失效	10	1
2	663	失效	9	2
3	802⁺	右截尾	8	—
4	827⁺	右截尾	7	—
5	897	失效	6	$(6 \times 2 + 10 + 1)/(6 + 1) = 3.29$
6	914	失效	5	$(5 \times 3.29 + 10 + 1)/(5 + 1) = 4.58$
7	939⁺	右截尾	4	—
8	1 084	失效	3	$(3 \times 4.58 + 10 + 1)/(3 + 1) = 6.18$
9	1 099	失效	2	$(2 \times 6.18 + 10 + 1)/(2 + 1) = 7.79$
10	1 202⁺	右截尾	1	—

表 9 - 3 中,各数据的秩分别为 $1,2,\cdots,10$。相应地,逆秩分别为 $10,9,\cdots,$ 1。可规定 $t = 0$ 对应的秩为 0。根据修正秩计算公式,修正失效数据对应的秩,结果如表中最后一列所示。

应用修正秩估计获得的可靠度估计结果见表 9 - 4。

表 9 - 4　可靠度估计结果

秩	寿命记录数据	修正秩	失效概率(平均秩估计)	失效概率(中位秩估计)
1	544	1	9.1%	6.7%
2	663	2	18.2%	16.2%
3	802	—	—	—
4	827	—	—	—
5	897	$(6 \times 2 + 10 + 1)/(6 + 1) = 3.29$	29.9%	28.4%
6	914	$(5 \times 3.29 + 10 + 1)/(5 + 1) = 4.58$	41.6%	41.1%
7	939	—	—	—
8	1 084	$(3 \times 4.58 + 10 + 1)/(3 + 1) = 6.18$	56.2%	56.7%
9	1 099	$(2 \times 6.18 + 10 + 1)/(2 + 1) = 7.79$	70.8%	72.2%
10	1 202	—	—	—

2. 卡普兰-迈耶(Kaplan - Meier) 公式

假设观测母体包括 n 个样本,在 $t_0 = 0$ 时投入运行。运行过程中,有些样本发生了失效,另一些样本退出运行。记录的数据包括每个失效产品的失效时间和各失效发生前仍在运行的样本数量。

令发生失效的时间为 $t_1, t_2, \cdots, t_k$，按从小到大的顺序排列，n_i 为时刻 t_i 之前仍在运行的样本数，w_i 为在 $(t_i-1)-t_i$ 时间段内退出运行（并未发生失效）的样本数。显然，$n_1 = n - w_1$，$n_2 = n_1 - 1 - w_2$，以此类推。

要根据这样的观测数据估计样本的可靠度，有如下的 Kaplan-Meier 公式：

$$R(t) = \prod_{\{i:t_i \leqslant t\}} \left(1 - \frac{1}{n_i}\right) \tag{9-54}$$

表 9-5 展示了一组寿命数据及应用 Kaplan-Meier 公式进行可靠度估计计算的过程。

表 9-5　寿命数据及可靠度估计结果

i	t_i	$1-1/n_i$	$R(t_i)$
1	150	9/10	$R(150) = (9/10) \times 1 = 0.90$
2	340^+	—	
3	560	7/8	$R(560) = (7/8) \times 0.90 = 0.787\,5$
4	800	6/7	$R(800) = (6/7) \times 0.7875 = 0.675$
5	$1\,130^+$	—	—
6	1 720	4/5	$R(1\,720) = (4/5) \times 0.675 = 0.54$
7	$2\,470^+$	—	—
8	$4\,210^+$	—	—
9	5 230	1/2	$R(5\,230) = (1/2) \times 0.54 = 0.27$
10	6 890	0/1	$R(6\,890) = (0) \times 0.27 = 0.0$

例 9-8　ABS 制动器的可靠性试验观测共获得 50 个样本数据，其中的 12 个失效寿命数据见表 9-6。该观测数据中还包括表中未列的 38 个右截尾试验数据，其试验中止时的运行里程为 55 000 km。应用 Kaplan-Meier 公式，中间计算结果列于表中的第 4 列，最终估计出的可靠度值见表中最后一列。

表 9-6　ABS 制动器寿命数据及可靠性估计值

失效样本序号	里程数 /km	失效前存活样本量 n_i	$1-1/n_i$	$R(t_i)$
1	3 220	50	0.980	0.980
2	6 250	49	0.980	0.960

续 表

失效样本序号	里程数 /km	失效前存活样本量 n_i	$1-1/n_i$	$R(t_i)$
3	12 660	46	0.978	0.939
4	15 610	42	0.976	0.920
5	22 980	39	0.974	0.893
6	27 570	35	0.971	0.867
7	30 800	34	0.971	0.842
8	33 460	30	0.967	0.814
9	38 500	27	0.963	0.784
10	41 290	25	0.960	0.753
11	44 870	20	0.950	0.715
12	50 070	16	0.938	0.671

3. 基于分组数据的可靠性评估

寿命数据是以区间的形式记录的,即把观测时间分成了 $k+1$ 个区间$[t_i,$ $t_{i+1})$,$i=0,1,2,\cdots,k(t_0=0,t_{k+1}\to\infty)$。设 n_i 为到时刻 t_i 尚存活的样本数$(n_0=n)$,且

$$\Delta n_i = n_i - n_{i+1}$$

$$\Delta t_i = t_{i+1} - t_i$$

$$\bar{t}_i = \frac{t_{i+1}+t_i}{2}$$

对于分组数据,一个普遍接受的经验估计:

$$\hat{R}(t) = \frac{n_i}{n}, \quad t_i \leqslant t < t_{i+1}, i=0,1,2,\cdots,n \qquad (9-55)$$

$$\hat{f}(t) = \frac{\hat{R}(t_i)-\hat{R}(t_{i+1})}{\Delta t_i} = \frac{\Delta n_i}{n\Delta t_i}, \quad t_i \leqslant t < t_{i+1} \qquad (9-56)$$

$$\hat{\lambda}(t) = \frac{\hat{f}(t)}{\hat{R}(t)} = \frac{\Delta n_i}{n_i\Delta t_i}, \quad t_i \leqslant t < t_{i+1} \qquad (9-57)$$

可以用以下两个公式估计寿命均值 $\bar{t}$ 和方差 S^2:

$$\bar{t} = \sum_{i=1}^{k} \frac{\Delta n_i \bar{t}_i}{n} \qquad (9-58)$$

$$S^2 = \sum_{i=1}^{k} \frac{\Delta n_i (\bar{t}_i - \bar{t})^2}{n-1} \qquad (9-59)$$

例 9-9　设有 $N=200$ 个样品投入试验,每 8 h 记录一次失效样品数。试验记录数据及可靠性指标 $R(t),f(t),\lambda(t)$ 估计见表 9-7。

表 9-7　试验数据

区间序号	t_i	t_{i+1}	n_i	Δn_i	$R(t_i)$	$f(t_i)$	$\lambda(t_i)$
0	0	8	200	3	1.000	1.875	1.875
1	8	16	197	2	0.985	1.250	1.269
2	16	24	195	6	0.975	3.750	3.846
3	24	32	189	5	0.945	3.125	3.307
4	32	40	184	9	0.920	5.625	6.114
5	40	48	175	15	0.875	9.375	10.714
6	48	56	160	19	0.800	11.875	14.844
7	56	64	141	20	0.705	12.500	17.730
8	64	72	121	29	0.605	18.125	29.959

4. 基于区间数据估计可靠度的迭代方法

应用下式进行迭代计算,可根据区间数据估计产品的可靠度:

$$\hat{R}_{i+1} = \left(1 - \frac{\Delta n_i}{h_i'}\right) \times \hat{R}_i \qquad (9-60)$$

式中:$\hat{R}_i$ 为寿命大于 t_i 的概率估计值;$\Delta n_i = n_i - n_{i+1}$ 为第 i 区间内的失效样本数;h_i 为第 i 区间开始时尚存活的产品数,$h_i = h_{i-1} - \Delta n_{i-1} - c_{i-1}$,$c_{i-1}$ 为第 $i-1$ 区间内的截尾样本数;h_i' 为第 i 区间开始时存活产品数修正值,$h_i' = h_i - c_i/2$,c_i 为第 i 区间内的截尾样本数;$\Delta n_i / h_i'$ 为第 i 区间开始时尚存活的产品对应于第 i 区间的条件失效概率;$1 - \Delta n_i / h_i'$ 为第 i 区间开始时(时刻 t_{i-1})尚存活的产品对应于第 i 区间的条件存活率。

例 9-10　从 800 辆车中收集到的车辆悬挂寿命数据如表 9-8 所示。由表中数据可知,有些车辆中途退出了试验。根据这些数据,应用式(9-60),可估计出相应的可靠度指标见表 9 - 9。

表 9 - 8　车辆悬挂寿命数据

里程(×1 000)/km	Δn_i	c_i	h_i
0 ~ 6	3	3	800
6 ~ 12	5	2	794
12 ~ 18	10	10	787
18 ~ 24	30	9	767
24 ~ 30	24	12	728
30 ~ 36	50	7	692
36 ~ 42	45	11	635
42 ~ 48	95	15	579
48 ~ 54	140	20	469
54 ~ 60	175	18	309

表 9 - 9　车辆悬挂寿命数据及可靠性估计值

里程(×1 000)/km	Δn_i	c_i	h_i	h_i'	p_i	$\hat{R}_i$
0 ~ 6	3	3	800	798.5	0.996	0.996
6 ~ 12	5	2	794	793.0	0.994	0.990
12 ~ 18	10	10	787	782.0	0.987	0.977
18 ~ 24	30	9	767	762.5	0.961	0.939
24 ~ 30	24	12	728	722.0	0.967	0.908
30 ~ 36	50	7	692	688.5	0.927	0.842
36 ~ 42	45	11	635	629.5	0.929	0.782
42 ~ 48	95	15	579	571.5	0.834	0.652
48 ~ 54	140	20	469	459.0	0.695	0.453
54 ~ 60	175	18	309	300.0	0.417	0.189

第 10 章
提升弹体结构及机构可靠性的途径

弹体结构是制导炸弹的承力载体,设计安全可靠的结构是实现制导炸弹的使用性能和作战威力的前提和根本保障。从载荷控制、传力路线、材料选取、结构细节控制、细节设计等方面,分析提高弹体结构及机构可靠性的途径,保证制导炸弹结构能承受指定的环境载荷,满足强度、刚度和寿命等要求。

|10.1 概　　述|

制导炸弹弹体结构是制导炸弹的主要载体,在轻量化总体要求下,设计出安全可靠的结构,是实现制导炸弹的先进使用性能和作战威力的基本前提和根本保障。制导炸弹弹体结构由多个零部件组合在一起构成,不同零部件之间的连接应考虑载荷控制、传力路线、材料选取、结构细节控制、细节设计的一般要求,使制导炸弹结构能承受指定的环境载荷,满足使用的刚度、强度和寿命等要求。

|10.2 载 荷 控 制|

载荷是制导炸弹在贮存、运输、挂机飞行以及自主飞行过程中,施加在弹体结构上的各种作用力的总称。

制导炸弹结构初步设计完成后,需通过仿真分析和静力试验等方式,验证弹体结构的强度、刚度及可靠性是否满足要求,在此过程中,载荷分析与计算至关重要,载荷分析的结果不但是弹体结构仿真分析的输入,而且是确定静力试验工况的参考依据。

制导炸弹主要承受惯性载荷及各种气动载荷,为明确弹体结构在载荷作用下的内力及分布情况,对弹体结构进行受力分析,得出弹体结构的轴力、剪力及弯矩等计算结果,以此校核弹体结构主要连接部位的强度及弹体结构关键件的强度。另外,为保证制导炸弹在挂机飞行过程中的安全性,需根据制导炸弹的挂载形式,对吊耳(吊挂)及止动器等部件的受力情况进行分析计算,以保证制导炸弹与挂架连接的安全可靠。

制导炸弹在寿命周期内,主要考虑地面载荷、挂机载荷及自主飞行载荷的影响。为保证制导炸弹弹体结构设计的可靠性,在进行载荷计算分析过程中,应考虑安全系数。

此外,制导炸弹所受载荷具有一定的随机特性。在整个寿命周期内,制导炸弹在同一时刻受多种载荷影响,并且各种载荷随时间变化存在一定的随机性,作用在制导炸弹上的载荷一般服从正态分布或对数正态分布。在对制导炸弹弹体结构进行可靠性计算时,应考虑载荷的随机特性。

10.2.1　地面载荷

地面载荷主要指制导炸弹在地勤处理及地面运输等过程中受到的载荷,可以分为两种:

(1)地勤处理中的载荷,如起吊载荷、支撑载荷等。

(2)运输过程中的载荷,如支撑载荷等。

10.2.2　挂机载荷

挂机载荷主要指制导炸弹在挂机飞行及挂机着陆过程中受到的载荷,可以分为4种:

(1)沿弹身表面分布的气动载荷。气动载荷指作用在制导炸弹表面的作用力,以吸力或压力的形式作用在弹体表面。

(2)惯性载荷。惯性载荷由沿弹身分布的质量力引起。

(3)吊挂(吊耳)载荷。

(4)止动器预紧力。

10.2.3　自主飞行载荷

自主飞行载荷主要指制导炸弹投放后,自主飞行过程中受到的载荷,可以分为两种:

（1）气动载荷。气动载荷的大小与制导炸弹的飞行状态有关,炸弹不同部位受到的气动载荷也不一样。

（2）惯性载荷。

在进行制导炸弹结构可靠性设计过程中,应根据炸弹的地面载荷、挂机载荷以及自主飞行载荷等工况,适当考虑安全系数,对制导炸弹弹体结构可靠性设计进行载荷控制。

|10.3 传力路线优化|

制导炸弹弹体结构由大量零件组成,其主要作用是承受、传递载荷(包括剪力、弯矩、转矩),并维持气动外形。传力路线优化有助于提高制导炸弹结构可靠性水平。

在进行制导炸弹弹体结构可靠性设计时,应研究载荷在结构中传递的方式以及路径,合理安排受力构件和传力路线,使载荷合理地分配和传递,减少或避免构件受附加载荷。结构设计时应避免传力路线上构件不连续;尽量减少传力路线拐折;传力路线如有交叉,一般构件应给主要受力构件或受载严重的构件让路。

在制导炸弹挂机飞行过程中,制导炸弹结构的传力路线一般通过吊耳(吊挂)传到承力结构,然后传递到头舱和控制尾舱等弹身结构以及弹翼结构。在制导炸弹弹体结构设计过程中,应针对弹翼及弹身的组成、功能及传力特点进行分析,优化结构传力路线。

10.3.1 弹翼结构传力路线优化

弹翼的主要功能是为制导炸弹提供升力,实现炸弹的远距离滑翔飞行。从减小气动阻力、适应载机高空高速飞行要求、减小挂载空间、提高载机挂载量、减小雷达反射面以及提高载机隐身性要求等方面考虑,弹翼一般采用折叠机构。因此,弹翼主要在制导炸弹自主飞行任务剖面受到气动载荷的影响。通常,弹翼组件一般由弹翼、驱动机构、安装组件等组成,载荷一般通过弹翼传递至安装组件及驱动机构,然后传递到弹身上。

弹翼结构一般分为整体式和蒙皮骨架式,整体式弹翼一般由铝合金薄板机加而成,其传力相对比较简单,载荷作用在弹翼上以后,通过安装组件传递到弹身。结构设计过程中,通过选用高强度铝合金材料、合理加强弹翼根部应力集中区域位置的设计及减少弹翼与弹身连接的安装组件/零件的数量等措施,对整体式弹翼结构传力路线进行优化。

蒙皮骨架式弹翼的基本结构元件由纵向骨架、横向骨架以及蒙皮等组成。

(1)纵向骨架是沿翼展方向布置的结构件,包括梁、纵墙和桁条。

1)梁是弹翼中重要纵向承力构件,承受着全部或大部分的弯矩和剪力。

2)纵墙的缘条较弱或没有缘条,可以看作梁退化后的结果,因此其主要承受并传递剪力。

3)桁条为次要纵向承力件,其作用主要是支持和加强蒙皮,提高蒙皮的稳定性,承受来自蒙皮的局部气动载荷,并将翼肋互相连接起来。

(2)横向骨架是沿翼弦方向布置的结构件,主要包括普通翼肋和加强翼肋。

1)普通翼肋将由蒙皮传来的气动载荷传给翼梁,保证翼剖面形状,维持气动外形;通过翼肋还可以将蒙皮和桁条受压长度减小,提高蒙皮、桁条稳定性。

2)加强翼肋除具有普通翼肋的功能外,还可以承受集中载荷,主要布置在集中载荷作用的翼剖面处。

(3)蒙皮固定在横向和纵向骨架上,形成光滑的弹翼表面,以产生飞行所需要的升力和减小气动阻力。蒙皮除承受作用在翼面上的气动载荷,并把它传给骨架外,还参与结构整体受力。视具体结构的不同,蒙皮可能承受剪应力和正应力。

在蒙皮骨架式弹翼结构设计过程中,参照骨架、蒙皮等受力分析,根据作用在弹翼上的载荷,对骨架中的梁、纵墙、桁条及翼肋等进行结构优化。

10.3.2 弹身结构传力路线优化

弹身的组成与弹翼相似,分为整体式和蒙皮骨架式两种。

整体式弹身结构主要由金属舱体通过对接或套接的形式连接而成。整体式弹身主要受气动力及自身惯性力影响,挂机飞行时传力路线一般为:载荷通过吊耳(吊挂)传递到吊耳座,再通过战斗部舱传递至头舱及尾舱等舱段。结构设计过程中,在尾舱等铸件舱体中合理布置加强筋,增加舱体的刚性;同时,舱段连接的部位选用高强度螺钉,若强度仍不能满足要求,可在与螺钉配合的舱体端面添加钢丝螺套。

蒙皮骨架式弹身主要由骨架和蒙皮组成,骨架主要由隔框、长桁、桁梁等组成。弹身与弹翼的结构和受力存在以下不同:

(1)弹翼由于受到翼形的限制,其在垂直翼面方向的尺寸远小于弹翼的弦长和展长,因此在垂直于翼面方向的刚度较小;弹身截面多为圆形、椭圆形、矩形等形状,在垂直方向和水平方向的弯曲刚度相差不大。

(2)弹翼的载荷主要为分布在整个翼面上的气动力,而弹身载荷除气动力外,更为主要的载荷是由机动过载引起的惯性力。

弹身的受力分析主要从隔框和纵梁承受惯性集中载荷开始,分析集中载荷在弹身内的传递,直至载荷被来自弹翼或支撑部位的支反力平衡为止。

1)隔框。隔框的功能与弹翼中翼肋的功能相似,可分为普通框与加强框两大类。

普通框用来向蒙皮和桁条提供支持,提高其稳定性,维持弹身的气动外形。一般沿弹身周边空气压力为对称分布,此时气动力在框上自身平衡。普通框一般都设计成环形框,当弹身为圆截面时,气动力引起的普通框内力为环向拉应力;当弹身截面为有局部接近平直段的圆形或矩形时,在平直段内就会产生局部弯曲内力。此外,普通框还受到因弹身弯曲变形引起的分布压力 p,p 在框内部自平衡。

加强框除具有普通框的作用外,其主要功用是将惯性集中力和其他部件传到弹身结构上的集中力加以扩散,然后拉力和弯矩以正应力形式传递给桁梁或桁条,剪切力以剪流的形式传给蒙皮。一般在舱段的前、后对接面上都采用加强框将相邻舱段传来的螺钉和定位销集中载荷扩散到桁梁(桁条)和蒙皮上。

2)长桁。长桁是弹身结构的重要纵向构件,主要用以承受弹身轴向载荷和弯曲载荷产生的轴力。另外,长桁可以提高蒙皮刚度,承受作用在蒙皮上的部分气动力并传给隔框,减小蒙皮在气动载荷下的变形,提高蒙皮的受压、受剪失稳临界应力,与弹翼的长桁相似。

3)桁梁。桁梁的作用与长桁基本相同,不同点在于其截面积比长桁大,传递轴向力和弯矩的能力比长桁强。

4)蒙皮。弹身蒙皮的作用是维持弹身的气动外形,并保持表面光滑,所以它承受局部气动力。蒙皮在弹身总体受载中,与长桁共同承担由于整体弯曲和轴向力引起的正应力,以及剪力和转矩引起的剪应力。

在蒙皮骨架式弹翼结构设计过程中,结合蒙皮骨架式弹身的受力分析,根据作用在弹身上的气动载荷及惯性载荷,对骨架中的隔框、长桁、桁梁等进行优化

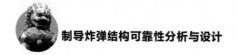

设计,增强骨架的刚度。另外,在弹身骨架的相应位置,在载机挂架支撑座的支撑区域,以及从吊耳(吊挂)传递下来的载荷的传递区域等设置桁梁等结构,保证作用力在弹身上的传递。

|10.4　弹体结构材料选取及控制|

制导炸弹要求结构紧凑且重量轻,应根据制导炸弹的特点、结构功能、成本及工艺性等因素来选择材料,同时选择材料也是制导炸弹结构总体设计的重要环节,通过制导炸弹使用状态下的应力、温度及寿命要求等主要因素正确选取材料,进而确定结构件的壁厚和重量,因此,材料优劣对于制导炸弹的性能至关重要。弹体所用材料的品种多,性能各异,可分为金属材料、非金属材料和复合材料。按材料在弹体结构中的作用,可分为结构材料和功能材料。结构材料主要用于承受载荷,保证结构强度和刚度,如舱体、接框或安装弹上设备的支承部位等,它们常常是一些性能较高的金属材料(合金钢、铝合金)。功能材料主要是指在密度、膨胀系数、导电、透无线电波、耐磨、绝热、防锈、耐腐、吸振、密封等方面有独特性能的材料,这些材料常常是非金属材料,如高温陶瓷、光学玻璃、橡胶、塑料、黏结剂和密封剂等。

10.4.1　材料的选用原则

选择材料要综合考虑各种因素,选用的主要原则是重量轻,有足够的强度、刚度和断裂韧性,具有良好的环境适应性、加工性和经济性(视工作环境而定)。

(1)充分利用材料的机械及物理性能,使结构重量最轻。为满足这一要求,对有强度要求的构件选用比强度大的材料,合金钢、镁合金和铝合金的比强度大致相当,而钛合金的比强度最大,基于价格和加工性能,通常不选用钛合金作为弹体结构的主体材料。

对非受力构件,由于它们的剖面尺寸一般由构造要求或工艺要求来决定,要减轻它们的重量,应选用密度小的材料,如铝合金、镁合金、复合材料、塑料等。采用铝合金材料应尽量去除无用重量;镁合金的密度更小,由于结构防腐蚀等原因,目前在弹体结构材料中较少采用。

(2)所选用材料应具有足够的环境适应性,也就是要求材料在规定的使用环境条件下具有保持正常的机械性能、物理性能、化学性能、高耐腐蚀及不易脆化的能力等。

（3）所选用材料应具有良好的工艺性能。材料的工艺性能包括成形性、切削性、焊接性、铸造性及锻造性能等。它体现对材料使用某种加工方法或过程获得合格产品的可能性或难易程度。因此，材料的工艺性能如何，会影响制导炸弹的生产周期和生产成本。

（4）选用的材料要成本低，来源充足，供货方便，立足于国内。尽量选用国家已定置标准、规格化的材料，同一产品中选用的材料品种不宜过多，应尽量避免采用稀有的昂贵材料。

（5）相容性设计。相互接触的不同非金属材料间、金属与非金属材料间或不同金属材料间，应具有良好的相容性，不应产生有损伤材料物理、力学性能的化学反应、渗透、溶胀、电化学腐蚀、氢脆等，当不可避免时，应采取材料表面工艺、隔离等防护措施。

10.4.2　常用材料

1. 黑色金属

在制导炸弹结构用材中，黑色金属占有较大的比例，起着很重要的作用。其中，用得较多的材料是碳素结构钢、合金结构钢和不锈钢。

（1）碳素结构钢。在这一类钢中应用较多的牌号主要是 Q235、45 等，Q235 号钢主要用于设备支架、舱体普通框等，45 号钢则主要用于紧固件和定位销。

（2）合金结构钢。常用的牌号是 40Cr，30CrMnSiA，35CrMnSiA，40CrNiMoA 等，其中 40Cr 钢用于轴类零件。

（3）不锈钢。在此类钢中应用较为广泛的是 1Cr18Ni9Ti 钢和 12Cr18Ni9 钢，其中 12Cr18Ni9 钢主要用于紧固件，1Cr18Ni9Ti 钢主要用于箍带或其他特殊部件。不锈钢具有耐腐蚀性、抗氧化性、良好的可焊性等优点。

2. 有色金属

有色金属材料品种繁多，具有许多优良的机械、物理和化学性能，是制导炸弹结构的主要材料，常用的有铝合金、镁合金等。

（1）铝合金。铝合金是目前制导炸弹结构材料中应用最为广泛的材料，其主要特点有：①密度低，具有较高的比强度和比刚度；②工艺性能良好，易于机械加工、成形和铸造；③良好的导热性和导电性；④表面可自然形成氧化保护膜，抗腐蚀性能好；⑤价格低廉。铝合金种类繁多，根据生产工艺的不同，可分为变形铝合金、铸造铝合金等。

1) 变形铝合金。此类铝合金具有良好的塑性变形能力，工艺性好，适宜于锻造、挤压、拉伸、切削等工艺。根据性能和用途，变形铝合金又可分为硬铝、防锈铝、锻铝、超硬铝和特殊铝五类，在制导炸弹结构材料中应用最多的是硬铝、防锈铝、锻铝。

a. 硬铝：硬铝又称杜拉铝，时效后有较高的硬度和强度。硬铝中应用最多的是 2A12 铝合金，常用来制造制导炸弹桁梁、加强框、窗口盖板、弹翼、舵翼、蒙皮及支架等结构件。

b. 防锈铝：防锈铝的特点是抗腐蚀性能好，易于加工成形，可焊性能好并具有良好的低温性能，但它不能热处理强化。应用较多的是 5A06，3A12，主要用于骨架舱体结构的蒙皮、框体、弹翼、舵翼、支架等结构件。

c. 锻铝：锻铝的特点是具有良好的热塑性，主要用于生产锻件。应用较多的是 2A50，2A14 等。2A14 力学性能优于 2A50，广泛用于舱体加强框、支架，作为板材还可以用于蒙皮，另外，2A14 具有较强的抗均匀腐蚀、抗电偶腐蚀、抗应力腐蚀、抗疲劳腐蚀能力，因此，是制导炸弹结构中优选材料之一。

2) 铸造铝合金。铸造铝合金的力学性能不如变形铝合金好，但其铸造性能好。它可以分为铝硅基、铝铜基、铝镁基和铝锌基四类。

a. 铝硅系铸造铝合金：此类铝合金在制导炸弹结构中得到广泛应用，因为它具有极好的流动性、高抗腐蚀能力和良好的加工性能，还可浇注复杂型腔的零件。随着石膏性熔模铸造和熔模壳型精密铸造技术的发展，也可获得未经切削加工的光滑表面。代表性牌号有 ZL101，ZL101A，ZL102，ZL102A，…，ZL114，ZL114A，其中最常用的是 ZL101A 和 ZL114A。目前，制导炸弹中薄壁铸造舱体常采用 ZL114A，ZL114A 也具有较强的抗均匀腐蚀、抗电偶腐蚀、抗应力腐蚀、抗疲劳腐蚀能力。

b. 铝铜系铸造铝合金：这类材料可以经过热处理强化，获得比其他类系铸造铝合金更高的力学性能。不足之处是铸造性能差，易受晶间腐蚀。代表性牌号有 ZL201，ZL201A，ZL202，ZL205 等。

c. 铝镁系铸造铝合金：这类材料突出的特点是耐腐蚀性能好，具有较好的切削加工性能。缺点是铸造性能较差，所以使用上受到一定限制。代表性牌号有 ZL301,ZL303 等。

d. 铝锌系铸造铝合金:这类材料经自然时效即可获得良好的机械性能。它有良好的尺寸稳定性,切削加工性能和耐腐蚀性能良好。缺点是铸造性能差。代表性牌号有 ZL401,ZL402 等。

(2)镁合金。镁合金的主要优点是:①密度小,比铝合金低 1/3,其强度和弹性模量没有铝合金高,但仍有较高的比强度和比刚度。②减振性能好,可承受较大的冲击载荷。③有良好的导热性和导电性。④具有优良的可切削加工、铸造和锻造性能。镁合金的缺点是屈服强度和弹性模量低。它在空气中形成的氧化膜很脆,不致密,不能起到保护作用。在湿热条件下或海水及氯离子(Cl^-)大量存在的溶液中易受腐蚀。因此镁合金零件在加工、使用、贮存期间要注意保护,表面应进行化学氧化处理,并涂漆。随着制导炸弹重量轻型化的要求越来越高,镁合金在制导炸弹结构材料中有广泛的应用前景。

3. 树脂基纤维复合材料

复合材料是由不同组分材料通过复合工艺组合而成的新型材料,它既能保留原组分材料的主要特色,又通过复合效应获得原组分所不具备的性能。树脂基纤维复合材料主要由高性能纤维和树脂构成,具有比强度高、比模量高、耐疲劳、耐振动、可设计性强等特点,作为承力结构件、结构功能件已广泛应用于航天航空、兵器等各领域。目前,航空弹药的头舱、弹翼、舵翼、舱体等零部件大量采用碳纤维为主导的先进复合材料制备,极大提高了武器系统效能。为了正确选择结构复合材料,需要对复合材料的性能有一个全面的认识,下面介绍复合材料的铺层设计的一般原则及优缺点供设计者参考。

(1)树脂基纤维复合材料铺层设计的一般原则和工艺。

1)铺层设计原则。铺层设计应考虑保证结构能最有效、最直接地传递给定方向外载荷,提高承载能力、结构稳定性和抗冲击损伤能力。

a. 以受拉、压为主的构件,应以 0°铺层居多为宜。

b. 以受剪为主的构件,应以±45°铺层居多为宜。

c. 从稳定性和耐冲击观点,材料外表面宜选用±45°铺层。

d. 铺层方向应按强度、刚度要求确定,为满足层压力学性能要求,可以设计任意方向铺层,但为简化设计、分析与工艺,通常采用 4 个方向铺层,即 0°,±45°,90°铺层。

e. 从结构稳定性、减少泊松比和热应力及避免树脂直接受载考虑,建议一个构件中应同时包含 4 种铺层,如在 0°,±45°的层压板中必须有 6%～10%的 90°铺层。

2)工艺。铺层设计应避免固化过程中由于弯曲、拉伸、扭转等耦合效应引起的翘曲变形。

a. 避免使用同一方向的铺层组,如果使用,通常不得多于 4 层(约 0.6 mm),避免使用 90°的铺层组。

b. 相邻铺层间夹角一般不大于 60°。

c. 防电腐蚀性设计。当设计含铝合金、合金钢结构的构件时,为防止金属材料的电腐蚀,应在铝、钢之间增加玻璃纤维复合材料的绝缘层。

d. 公差控制。当设计对公差有严格要求而难以由成形工艺直接获得其尺寸公差的构件时,控制公差部位的外表面应布置辅助铺层,通过机械加工方式,达到精确控制尺寸公差的目的。

(2)树脂基纤维复合材料的优点。

1)轻质高强。树脂基纤维复合材料密度一般为 1.4～2.0 g/cm³,只有钢件的 1/4～1/5,比轻质铝金属轻 1/3 左右,而其强度和刚度可达到或超过碳钢的水平。

2)抗疲劳性能好。疲劳破坏是材料在交变载荷作用下,由于裂纹的形成和扩展而造成的低应力破坏。复合材料在纤维方向受拉时的疲劳特性要比金属好。金属材料的疲劳破坏是由里向外经过渐变然后突然扩展的。复合材料的疲劳破坏总是从纤维或基体的薄弱环节开始,逐渐扩展到结合面上。

3)减振性能好。受力结构的自振频率除与形状有关外,还同结构材料的比模量二次方根成正比。

4)可设计性好。复合材料不同于金属材料,具有材料与构件的同步性。设计者可通过改变树脂类型、树脂含量、纤维材料的品种、纤维铺层方向、单层厚度、铺层次序、层数、成形工艺等要素,实现材料的多元化性能。

5)耐腐蚀性能好。常见的环氧基纤维复合材料一般都耐酸、弱碱、盐、有机溶剂、海水,并耐湿热。

6)破损安全性好。复合材料的破坏不像传统材料那样突然发生,而是经过基体损伤、开裂、界面脱胶、纤维断裂等一系列过程。当复合材料构件超载并有少量纤维断裂时,载荷会通过基体的传递迅速重新分配到未破坏的纤维上去,这样,短期内不至于使整个结构或构件丧失承载能力。

7)具有优异的电、磁、热性能。复合材料具有良好的透波、吸波、防中子辐射、耐烧蚀、隔热、耐热性能,如石英玻璃纤维结构复合材料就是很好的透波材料,酚醛树脂基复合材料能耐 3 000℃ 的烧蚀冲刷,高耐热复合材料可实现 400℃ 长期使用。复合材料导热系数只有 0.4 W/(m·℃),这是普通金属材料无法比拟的。

(3)树脂基纤维复合材料的缺点。与金属材料相比,尽管复合材料具有上述许多优点,但也存在不少缺点,主要表现在如下几个方面:

1)层间强度低。一般情况下,纤维增强复合材料的层间剪切强度和层间拉伸强度低于基体的剪切强度和拉伸强度。因此,在层间应力作用下很容易引起层合板分层破坏,从而导致复合材料结构的破坏,这是影响复合材料在某些结构物上使用的重要因素。

2)韧性差。多数树脂基复合材料的纤维和基体均属于脆性材料,因此其韧性与金属材料相比要差得多,不能承受过大的载荷。

3)材料性能分散性大。影响复合材料性能的因素很多,其中包括纤维和基体性能的高低及离散性大小,孔隙、裂纹和缺陷的多少,工艺流程和操作过程是否合理,固化工艺是否合适,生产环境和条件是否满足要求等。此外,与金属材料相比,复合材料的性能不够稳定,分散性较大。

4)加工性能较差。一般情况下,由于层间剪切强度低,复合材料在加工时容易出现分层现象;对于芳纶复合材料的加工目前还缺乏理想的加工手段。

5)材料成本较高。复合材料中的纤维材料价格较高,在制导炸弹结构材料中的应用受到一定的限制。

|10.5 弹体结构细节控制|

10.5.1 结构细节设计的一般要求

在设计制导炸弹弹体结构时,尤其要考虑细节设计,细节设计往往更能改善结构可靠性水平。制导炸弹弹体结构细节设计的一般要求主要包含以下内容:

(1)构件应有足够的刚度,防止在重复载荷的作用下,因过度变形引起裂纹。

(2)相互连接零件的刚度及连接刚度应相互匹配,变形协调,以防止牵连变形使连接部位开裂。

(3)次要构件应合理地与主承力构件连接。

(4)采用适当的补偿件,减小连接部位的装配应力。

(5)尽量减少由于开口、切槽、钻孔、焊接、尖角和壁厚差导致的应力集中。

(6)控制螺纹连接件的预紧力矩。

(7)应考虑电化学腐蚀的影响,尽量减少电位差大的不同金属零件的直接接触。

(8)结构设计中应考虑结构相容性问题。

(9)应避免零件上多个应力集中因素相互叠加而引起复合应力集中等。

10.5.2　抗疲劳设计的控制要求

疲劳是影响制导炸弹结构可靠性和产品使用寿命的重要因素。疲劳为材料在循环应变作用下,由于某点或某些点逐渐产生了局部的永久结构变化,从而在一定的循环次数以后,形成裂纹或发生断裂的现象。

制导炸弹结构的疲劳强度应根据与使用条件一致的载荷谱、压力谱及振动谱进行设计,并采用下列提高疲劳强度的措施:

(1)合理控制零件表面加工粗糙度,表面加工粗糙度增加,会降低结构疲劳极限。

(2)弹体结构设计及装配过程中,尽量避免应力集中。

(3)综合考虑材料的比强度、比刚度、抗疲劳能力和裂纹扩展性。

(4)合理设计传力路线,特别是集中传力的接头。

(5)选用合适的连接形式和紧固件。

(6)采用适当的设计补偿,尽量降低装配应力。

(7)尽量减少由于开口、切槽、钻孔、焊接、尖角和壁厚差导致的应力集中。

(8)采用必要的工艺强化措施,避免残余拉应力。

(9)控制螺纹连接的预紧力矩。

10.5.3　紧固件连接的控制要求

制导炸弹弹体结构紧固件连接涉及连接方式、密封及防护处理等多个方面,连接设计不合理会直接导致各种电腐蚀在制导炸弹上的发生,影响炸弹产品的可靠性水平。紧固件连接一般采用如下措施:

(1)应尽量选用同种金属或电位差小的不同金属(包括镀层)相互连接。

(2)应根据相容性合理地进行金属与非金属之间的连接设计。

(3)铆钉连接时,应尽量不使材料强度较高的零件夹在材料强度较低的零件之间。

(4)避免铆钉承受拉力,并尽量避免采用不对称连接。

(5)螺栓连接时,应保证对接表面相互贴合。

(6)弹体结构外表面易积水的部位,应采用不锈钢紧固件。

10.5.4　胶接设计的控制要求

黏接与机械连接(螺纹连接、铆接)及焊接(熔焊、钎焊、压焊等)并称三大连接工艺,是一种使用最早、发展最为迅速、应用最为广泛的材料连接方法。随着科技的进步和经济的发展,黏接的应用已扩展到许多领域,如航空、航天、兵器、船舶、电子、机械等行业,为各行各业简化工艺、节约能源、降低成本、提高经济效益提供了一条有效途径。

黏接技术相比铆接、焊接具有黏接接头疲劳强度高,黏接结构表面流线性好,比强度高,受力面积大而使应力分布均匀,密封性能好,耐高、低温,耐腐蚀,黏接结构简单等优点,已被广泛应用于武器装备的方方面面。以美国为例,黏接技术应用到多种武器装备中,例如制导航空炸弹(如 PAVEWAY 系列、JDAM、SDB 等)、地-地导弹(如"人马座""斗牛士""鲨鱼""鹅式"等)、空-空导弹(如"奈基")。国内的长征系列火箭、卫星、导弹、制导炸弹等武器装备中也大量采用黏接技术,如:①弹体结构中的金属与金属、金属与非金属、非金属与非金属采用黏接技术,把用其他连接方式要变形的薄壁结构黏接起来;②复合材料弹翼、舱体大量采用黏接或黏接-铆接混合连接,其均匀的应力分布,使弹体部分结构采用轻质材料成为了可能,增大了装药量,全弹杀伤力得到进一步增强;③一些复杂外形和难加工的部件、要求精度较高的连接端框、仪器安装板上的镶嵌件等也采用黏接技术,黏接强度得到飞行试验验证,满足使用要求。

1. 黏接的一般原则

部件黏接过程中会涉及黏接剂、黏接材料、黏接接头的设计等,为了提高黏接结构的可靠性,一般要遵循如下原则。

(1)合理设计黏接接头,接头应尽可能承受或大部分承受剪切或拉伸力,有尽可能大的黏接面积。

（2）玻璃钢、碳纤维等材料的黏接接头,应能防止层压材料的层间剥离,采用斜接。

（3）选用耐久的黏接剂体系,包括综合性能优良的配套黏接剂以及与黏接剂相匹配的抑制腐蚀底胶。

（4）根据制导炸弹的使用及贮存环境条件,合理确定黏接接头形式、黏接剂体系、黏接工艺等,进行必要的环境试验,使黏接构件满足使用环境要求。

（5）选择正确的黏接表面处理方法,使金属、非金属等与黏接剂表面形成牢固、耐久的界面层。

（6）对胶缝边缘、紧固件连接处、开孔处、清理修边边缘等,采用密封剂和涂层实施可靠的保护,防止潮气或其他腐蚀介质的渗入。

（7）不同材料黏接时,根据电极电位匹配情况合理选择,防止界面附近基体材料发生电化学腐蚀。

2. 黏接件防腐结构设计

（1）应考虑黏接剂与被黏接材料的相容性,被黏接的表面处理应符合耐久性要求。

（2）应考虑黏接结构承受的载荷类型、黏接强度、使用环境、贮存环境等,满足相应的设计要求。

（3）根据黏接结构类型,如钣金黏接、非金属黏接、黏接-铆接结构、黏接-螺纹结构、黏接-焊接结构等,选用相应的黏接剂。

（4）黏接过程中,涂胶方法宜采用顺向法、反向法、交叉法、点图法、线涂法,点图法、线涂法如图 10-1 所示。

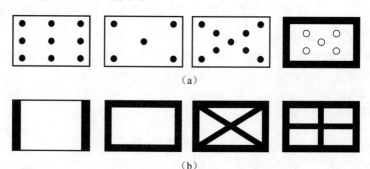

图 10-1 涂胶方式

(a)点涂法；(b)线涂法

(5)黏接固化中黏接接头因温度变化产生热应力,黏接接头设计过程中应考虑黏接剂与被黏接物的线膨胀系数,制导炸弹常用被黏物与黏接剂的线膨胀系数见10-1。

表 10-1 制导炸弹常用被黏物与黏接剂的线膨胀系数

被黏物	线膨胀系数/($10^{-5}K^{-1}$)	黏接剂	线膨胀系数/($10^{-5}K^{-1}$)
钢	1.2	聚乙烯	10～25
不锈钢	1.7	环氧树脂	1～4
黄铜	1.7	酚醛树脂	5～6
铝	2.5	聚氨酯	2.5～4
聚苯乙烯	6～8	厌氧胶	12～14
聚氯乙烯	5～20	硅橡胶	20～25
尼龙	8～9		

(6)黏接接头应设计为对接、角接、T 字接、搭接、斜接等形式,如图 10-2 所示。

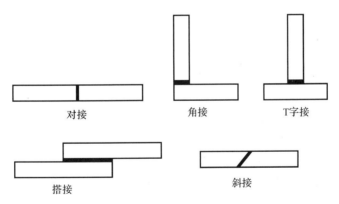

图 10-2 黏接结构常见结构形式

3. 黏接剂选用要求

应全面了解黏接材料类型、黏接件的使用环境、应力水平等,结合黏接剂的使用规范,合理选用黏接剂。

(1)选用黏接剂时应注意综合性能,要选用经过长期使用发生老化、性能降低后仍能满足强度和韧度使用要求的黏接剂。

(2)多个零件黏接时应尽量选用同一种黏接剂,并能在一次固化中完成。

(3)零件形状复杂、难以满足均匀配合时,应选用填充性能好、固化压力变化对黏接性能影响不大的黏接剂。

(4)一般选用与黏接剂相匹配的抑制腐蚀底胶一起使用。

(5)黏接剂与被黏接材料应具有较好的相容性。

4. 涂胶要求

(1)涂胶应朝一个方向移动,速度不能过快,便于空气排出。

(2)胶层厚度控制在 0.08~0.15 mm 为宜。

(3)涂胶遍数因被黏接物和黏接剂的性质不同而异,一般涂一遍即可,而多数的溶剂型黏接剂和多孔被黏物,需涂胶 2~3 遍。

(4)黏接剂的用量控制在 120~130g/ mm² 为宜。

(5)黏接边缘的余胶宽度不大于 3 mm。

10.5.5　焊接设计的控制要求

在制导炸弹弹体结构中,焊接设计是经常出现的一种结构形式,如战斗部舱段焊接,吊耳座与战斗部壳体的焊接,钣金件焊接成控制尾舱舱体等,这些焊接结构与使用环境介质相互作用会引起金属变质或破坏,主要发生在焊接接头处,从腐蚀现象上看,大多数属于电化学性质的,是金属材料与电解质溶液接触,通过电极反应产生的腐蚀。焊接结构一般会出现均匀腐蚀、应力腐蚀、点蚀、晶间腐蚀、缝隙腐蚀等腐蚀类型,因此,应合理设计焊接结构,防止腐蚀发生。不良的焊接结构形式是一种先天性缺陷,很难在以后弥补,所以在焊接结构设计过程中应做到,焊接结构不会积水藏灰,没有缝隙尖角,结构简捷流畅,防护处理方便。

某型制导炸弹的支承架焊接在战斗部壳体上,焊后放置在某试验站,贮存 3 年,焊缝处出现了腐蚀现象,腐蚀形貌如图 10-3 所示。

图 10-3　焊接腐蚀示意图

1. 一般设计要求

（1）减小或消除焊后残余应力与变形，合理布置焊缝，使其避开高应力区、应力集中部位、加工面、圆弧过渡区等，并应焊后检测。

（2）焊接前应打磨清洗干净焊接表面，焊接后应进行彻底清洗，以防焊剂的腐蚀。

（3）应合理地根据金属材料的电位差选择焊条，防止焊条与基体金属发生电偶腐蚀。

（4）尽量避免或减少因形状、强度、刚度等的突变及小圆角而引起的应力集中，焊后要磨光，关键承力部位的焊缝加厚处焊后进行机械处理。

（5）对于氢脆敏感性高的材料，应时刻监控焊接环境中的氢含量，尽量不要在含氢的环境条件下进行焊接。

（6）尽可能选用焊接性好、韧性高的材料，尽量减少焊缝的数量和长度。

（7）部件焊接后应清除焊渣，一般采用无损探伤检测方法检查气孔、未焊透、夹渣、裂纹等缺陷，检测到后应排除掉。

（8）结构焊缝完整、匀称和适当修平，在表面处理之前清除焊剂、金属飞溅物等。

（9）避免断续焊和弯头处焊接。

（10）应采用合理的焊接结构形式，如图10-4所示；不同壁厚管件的焊接如图10-5所示；某型产品采用断续焊，断续焊出现腐蚀，腐蚀形貌如图10-6所示。

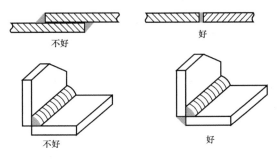

图 10-4　焊接结构形式

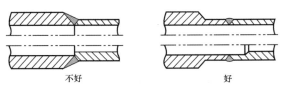

图 10-5　不同壁厚管件的焊接

图 10-6　断续焊腐蚀形貌

2. 焊接件热处理

焊接件的热处理可分为焊接前热处理和焊接后热处理,一般应根据焊接件的尺寸大小、焊接件的刚性等综合分析,最终确定选用哪种热处理方式。如战斗部壳体尺寸较大,常采用分段焊接,零部件可在焊接前进行热处理。同种材料焊接后的热处理,应按该种材料的热处理规范进行;不同材料的焊接件焊后热处理,应按主体材料的热处理规范进行。

3. 焊接前的清洗

焊接件焊接前清洗一般常采用如下工艺:有机溶剂除油→上挂→化学去油→热水清洗→冷水清洗→腐蚀→冷水清洗→冷水清洗→出光→冷水清洗→冷水清洗→热水清洗→干燥→下挂、自检。

以制导炸弹常用铝合金零件为例,简要说明一下焊接前的清洗过程:

有机溶剂除油适用于表面油脂、污垢严重的焊接件的除油处理,一般采用手工擦拭清洗法进行除油。

铝合金零件应有上道工序的合格证明文件,无上道工序合格证明文件的零件不允许进行化学清洗处理,零件入槽清洗前,应挂装捆扎牢固。有严重锈迹、氧化皮的零件,必须用砂布打磨后,方可进行清洗。

化学去油工艺参数见表 10-2。

表 10-2　化学去油工艺参数

名　称	控制范围	名　称	控制范围
工业硅酸钠	5~8 mL/L	时　间	10~20 min
海鸥洗涤剂	10~15 mL/L	温　度	50~70℃
十二烷基硫酸钠	5~10 g/L		

热水清洗工艺参数见表 10 - 3。

表 10 - 3　热水清洗工艺参数

名　称	控 制 范 围
工业氢氧化钠	40～60 g/L
温度	50～70℃
时间	20～40 s

冷水清洗工艺参数见表 10 - 4。

表 10 - 4　冷水清洗工艺参数

名　称	控 制 范 围
温度	5～35℃
时间	2～4 min

4. 焊接件的表面处理

(1)一般应在焊接后进行表面处理。

(2)焊接后需要镀镉的焊接件,不允许有未焊死的焊缝及超过标准规定的气孔,焊接后需要进行化学氧化处理的焊接件,在焊缝处不应有夹杂和未焊透。

(3)钢质焊接构件表面经过氧化处理后,虽然其表面的耐腐蚀性有一定程度的提高,但其耐腐蚀性仍降低,为了进一步提高耐腐蚀性,需要将形成氧化膜的焊接构件浸入肥皂或重铬酸钾溶液里,将氧化膜松孔填实或钝化,使其表面形成油膜,进一步提高耐腐蚀性。

(4)钢质焊接件可采用磷化处理后涂底漆和面漆。

(5)铝合金焊接件可采用阳极氧化处理后涂底漆和面漆。

10.5.6　结构防腐蚀的控制要求

在制导炸弹设计阶段,应注意到零、部、组件,乃至整个系统集成,并应该注意结构防腐蚀设计。制导炸弹使用环境条件复杂,受到各种环境因素的影响,构件会产生不同程度的腐蚀、氧化、老化及霉变等,可能引起弹上设备性能下降,甚至完全失效。在制导炸弹的结构设计中,设计是否合理,对环境适应能力影响最大,也是最主要的。

由于制导炸弹结构形式、材料、腐蚀形式的多样性,使用环境、贮存环境的复杂性,要对制导炸弹结构防腐蚀设计提出定量化的设计指标、设计规范等较为困难,目前仍停留在定性分析、经验积累阶段居多,一些条件好的研究所、生产制导炸弹的厂家已逐步开展了大量环境试验,积累了部分试验数据,用于产品设计。在制导炸弹结构防腐蚀设计过程中应注意如下基本原则:

(1)制导炸弹结构外形应尽量简单。制导炸弹结构复杂往往造成设计分离面和工艺分离面增多,增加许多装配间隙,引起液体、灰尘、盐雾的沉积,造成缝隙腐蚀、应力腐蚀、点蚀等。

(2)对于制导炸弹在使用中不允许更换的零、部件,应从合理选材、各种防护层的选用及应力水平的控制方面进行设计,采用合理的结构设计,以确保其寿命。

(3)在制导炸弹结构设计上,尤其是暴露在外的所有构件,应避免积水。

(4)在制导炸弹全寿命周期内,尽量采用免维护设计。

(5)制导炸弹弹体结构中应避免出现易积存腐蚀介质、冷凝水或雨水的结构,一般采用开泄流孔或泄流槽的方法。

(6)着重核算强度与刚度。在腐蚀环境下,制导炸弹所受应力往往会与腐蚀因素相互促进,产生应力开裂腐蚀,特别是在制导炸弹多次挂机飞行条件下,更易发生腐蚀疲劳,因此核算强度和刚度很重要。

参考文献

[1] 谢里阳,王正,周金宇,等.机械可靠性基本原理与方法[M].2 版.北京:科学出版社,2012.

[2] 谢里阳.可靠性设计[M]. 北京:高等教育出版社,2013.

[3] O′CONNOR P D T,KLEYNER A. Practical Reliability Engineering [M]. 5th ed. New Jersey:Wiley,2012.

[4] 孙志礼,陈良玉. 实用机械可靠性设计理论与方法[M]. 北京:科学出版社,2003.

[5] 国家国防科技工业局.航天产品故障模式、影响及危害性分析指南 QJ 3050A — 2011[S]. 北京:中国航天标准化研究所,2011.

[6] 章斌.折叠翼展开机构工作可靠性仿真与试验研究[D]. 杭州:浙江理工大学,2015.

[7] 陈颖,康锐.FMECA 技术及其应用[M]. 2 版. 北京:国防工业出版社,2014.

[8] 樊富有,刘林海,陈军.制导炸弹结构总体分析与设计[M].西安:西北工业大学出版社,2016.

[9] 常新龙.导弹总体结构与分析[M].北京:国防工业出版社,2010.

[10] 朱文予.机械可靠性设计[M].上海:上海交通大学出版社,1997.

[11] 卢玉明.机械零件的可靠性设计[M].北京:高等教育出版社,1989.

[12] 吴波,黎明发.机械零件与系统可靠性模型[M].北京:化学工业出版社,2003.

[13] 王善,何健.导弹结构可靠性[M].哈尔滨:哈尔滨工程大学出版社,2002.

[14] 牟致忠. 机械可靠性:理论、方法、应用[M]. 北京:机械工业出版社,2011.

[15] 张晓南,卢晓勇,杨俊峰,等. 军用工程机械可靠性设计理论与方法[M]. 北京:国防工业出版社,2014.

[16] 曾声奎,赵延弟,张建国,等.系统可靠性设计分析教程[M]. 北京:北京航空航天大学出版社,2001.

[17] 赵宇. 可靠性数据分析[M]. 北京:国防工业出版社,2011.

[18] 纪玉杰. 机构动作可靠性仿真技术研究[D]. 沈阳:东北大学,2006.

[19] 张建国,刘英卫,苏多.飞行器机构可靠性分析技术及应用[J]. 航空学报,2006,27(5):827-829.

[20] 李良巧. 机械可靠性设计与分析[M]. 北京:国防工业出版社,1998.

[21] 孙志礼. 机构运动可靠性设计与分析技术[M]. 北京:国防工业出版社,2015.

[22] 倪健,陆凯,张铎. 导弹折叠翼展开机构的可靠性定性分析[J].上海航天,2000,17(3):33-36.

[23] 林世雄. 武器系统可靠性[J]. 上海航天,1993,10(6):44-52.

[24] LAI K L,CAROLINA L,TSAI H M. Aeroelastic Simulations Using Gridless Boundary Condition and Small Perturbation Techniques [J]. Computer & Fluids,2010(39):829-844.